国家职业技能等级认定培训教材

高技能人才培养用书

西式烹调师

（技师　高级技师）

国家职业技能等级认定培训教材编审委员会 组编

王　森　郭小粉　主编

本书依据《国家职业技能标准 西式烹调师（2018年版）》的要求，按照标准、教材、试题相衔接的原则编写。本书介绍了西式烹调师技师、高级技师应掌握的技能和相关知识，涉及原料加工及腌渍、冷菜烹调、热菜烹调、菜单设计、指导与创新、经典菜肴制作与创新、宴会设计与菜单制订、厨房管理等内容，并配有模拟试卷及答案。

本书理论知识与技能训练相结合，图文并茂，适用于职业技能等级认定培训、中短期职业技能培训，也可供中高职、技工院校相关专业师生参考。

图书在版编目（CIP）数据

西式烹调师：技师　高级技师 / 国家职业技能等级认定培训教材编审委员会组编；王森，郭小粉主编. — 北京：机械工业出版社，2023.12
（高技能人才培养用书）
国家职业技能等级认定培训教材
ISBN 978-7-111-74302-6

Ⅰ.①西… Ⅱ.①国… ②王… ③郭… Ⅲ.①西式菜肴－烹饪－职业技能－鉴定－教材　Ⅳ.①TS972.118

中国国家版本馆CIP数据核字（2023）第225176号

机械工业出版社（北京市百万庄大街22号　邮政编码100037）
策划编辑：卢志林　范琳娜　　　责任编辑：卢志林　范琳娜
责任校对：张爱妮　薄萌钰　韩雪清　责任印制：邓　博
北京盛通印刷股份有限公司印刷
2024年1月第1版第1次印刷
184mm×260mm·18.5印张·412千字
标准书号：ISBN 978-7-111-74302-6
定价：79.80元

电话服务	网络服务
客服电话：010-88361066	机 工 官 网：www.cmpbook.com
010-88379833	机 工 官 博：weibo.com/cmp1952
010-68326294	金 书 网：www.golden-book.com
封底无防伪标均为盗版	机工教育服务网：www.cmpedu.com

国家职业技能等级认定培训教材

编审委员会

主　任　李　奇　荣庆华

副主任　姚春生　林　松　苗长建　尹子文
　　　　周培植　贾恒旦　孟祥忍　王　森
　　　　汪　俊　费维东　邵泽东　王琪冰
　　　　李双琦　林　飞　林战国

委　员（按姓氏笔画排序）
　　　　于传功　王　新　王兆晶　王宏鑫
　　　　王荣兰　卞良勇　邓海平　卢志林
　　　　朱在勤　刘　涛　纪　玮　李祥睿
　　　　李援瑛　吴　雷　宋传平　张婷婷
　　　　陈玉芝　陈志炎　陈洪华　季　飞
　　　　周　润　周爱东　胡家富　施红星
　　　　祖国海　费伯平　徐　彬　徐丕兵
　　　　唐建华　阎　伟　董　魁　臧联防
　　　　薛党辰　鞠　刚

序

新中国成立以来,技术工人队伍建设一直得到了党和政府的高度重视。20世纪五六十年代,我们借鉴苏联经验建立了技能人才的"八级工"制,培养了一大批身怀绝技的"大师"与"大工匠"。"八级工"不仅待遇高,而且深受社会尊重,成为那个时代的骄傲,吸引与带动了一批批青年技能人才锲而不舍地钻研技术、攀登高峰。

进入新时期,高技能人才发展上升为兴企强国的国家战略。从2003年全国第一次人才工作会议,明确提出高技能人才是国家人才队伍的重要组成部分,到2010年颁布实施《国家中长期人才发展规划纲要(2010—2020年)》,加快高技能人才队伍建设与发展成为举国的意志与战略之一。

习近平总书记强调,劳动者素质对一个国家、一个民族发展至关重要。技术工人队伍是支撑中国制造、中国创造的重要基础,对推动经济高质量发展具有重要作用。党的十八大以来,党中央、国务院健全技能人才培养、使用、评价、激励制度,大力发展技工教育,大规模开展职业技能培训,加快培养大批高素质劳动者和技术技能人才,使更多社会需要的技能人才、大国工匠不断涌现,推动形成了广大劳动者学习技能、报效国家的浓厚氛围。

2019年国务院办公厅印发了《职业技能提升行动方案(2019—2021年)》,目标任务是2019年至2021年,持续开展职业技能提升行动,提高培训针对性实效性,全面提升劳动者职业技能水平和就业创业能力。三年共开展各类补贴性职业技能培训5000万人次以上,其中2019年培训1500万人次以上;经过努力,到2021年年底技能劳动者占就业人员总量的比例达到25%以上,高技能人才占技能劳动者的比例达到30%以上。

目前,我国技术工人(技能劳动者)已超过2亿人,其中高技能人才超过5000万人,在全面建成小康社会、新兴战略产业不断发展的今天,建设高技能人才队伍的任务十分重要。

机械工业出版社一直致力于技能人才培训用书的出版,先后出版了一系列具有行业影响力,深受企业、读者欢迎的教材。欣闻配合新的《国家职业技能标准》又编写了"国家职业技能等级认定培训教材"。这套教材由全国各地技能培训和考评专家编写,具有权威性和代表性;将理论与技能有机结合,并紧紧围绕《国家职业技能标准》的知识要求和技能要求编写,实用性、针对性强,既有必备的理论知识和技能知识,又有考核鉴定的理论和技能题库及答案;而且这套教材根据需要为部分教材配备了二维码,扫描书中的二维码便可观看相应资源;这套教材还配合机工教育、天工讲堂开设了在线课程、在线题库,配套齐全,编排科学,便于培训和检测。

这套教材的出版非常及时,为培养技能型人才做了一件大好事,我相信这套教材一定会为我国培养更多更好的高素质技术技能型人才做出贡献!

中华全国总工会副主席
高凤林

前言

为了进一步贯彻《国务院关于大力推进职业教育改革与发展的决定》精神，推动西式烹调师职业培训和职业技能等级认定的顺利开展，规范西式烹调师的专业学习与等级认定考核要求，提高职业能力水平，针对职业技能等级认定所需掌握的相关专业技能，组织有一定经验的专家编写了《西式烹调师》系列培训教材。

本书以国家职业技能等级认定考核要点为依据，全面体现"考什么编什么"，有助于参加培训的人员熟练掌握等级认定考核要求，对考证具有直接的指导作用。在编写中根据本职业的工作特点，以能力培养为根本出发点，采用项目模块化的编写方式，以西式烹调师技师、高级技师需具备的技能——原料加工及腌渍、冷菜烹调、热菜烹调、菜单设计、指导与创新、经典菜肴制作与创新、宴会设计与菜单制订、厨房管理等来安排项目内容。引导学习者将理论知识更好地运用于实践中，对于提高从业人员的基本素质，掌握西式烹调的核心知识与技能有直接的帮助和指导作用。

本书由王森、郭小粉担任主编，张婷婷、栾绮伟、徐海姝、李子文、霍辉燕、于爽、向邓一、张姣、张娉娉参与编写。

本书编写期间得到了国家职业技能等级认定培训教材编审委员会、苏州王森食文化传播有限公司等组织和单位的大力支持与协助，提出了许多十分中肯的意见，使本书在原来的基础上又增加了新知识，在此一并感谢！

由于编者水平有限，书中难免存在不妥之处，恳请广大读者提出宝贵意见和建议。

编 者

目录

序
前言

第一部分　技　师

项目 1　原料加工及腌渍

1.1　原料加工 ········· 003
 1.1.1　禽类脱骨加工知识 ········· 003
 1.1.2　海鲜卷加工知识 ········· 004

技能训练
 整鸡脱骨 ········· 006
 三文鱼卷加工 ········· 007

1.2　原料腌渍 ········· 009
 1.2.1　禽类腌渍加工知识 ········· 009
 1.2.2　海鲜烟熏加工知识 ········· 014

技能训练
 法式香草烤鸡腿 ········· 016
 烟熏三文鱼 ········· 018

复习思考题 ········· 018

项目 2　冷菜烹调

2.1　冷菜调味汁制作 ········· 020
 2.1.1　海鲜调味汁的制作工艺 ········· 020
 2.1.2　水果调味汁的制作工艺 ········· 021
 2.1.3　坚果调味汁的制作工艺 ········· 023
 2.1.4　日式调味汁的制作工艺 ········· 024

技能训练
 海鲜调味汁：龙虾汁 ········· 026

  水果调味汁：甜橙酱 ··· 027

  坚果调味汁：青酱 ·· 028

  日式调味汁：味噌芝士酱汁 ································ 029

2.2 冷菜加工与拼摆 ·· 030

  2.2.1 刺身拼盘的制作工艺 ································· 030

  2.2.2 果冻的制作工艺 ······································ 032

  2.2.3 果雕装饰的制作工艺 ································· 034

技能训练

  刺身拼盘 ·· 036

  虾沙拉 ··· 038

  草莓酸奶果冻 ·· 039

复习思考题 ·· 040

项目 3 热菜烹调

3.1 汤类制作 ··· 042

  3.1.1 野味产品相关知识 ···································· 042

  3.1.2 菌菇相关知识 ··· 043

  3.1.3 分子料理胶囊技术相关知识 ······················· 044

技能训练

  奶油菌菇汤 ··· 047

  蜜瓜胶囊 ·· 049

3.2 少司制作 ··· 050

  3.2.1 黑菌的相关知识 ······································ 050

  3.2.2 松茸的相关知识 ······································ 051

  3.2.3 酒的相关知识 ··· 051

  3.2.4 分子料理泡沫技术 ···································· 053

技能训练

  松露酱汁 ·· 055

  松茸蘑菇酱汁 ·· 056

  红酒少司 ·· 057

  龙虾少司 ·· 058

3.3 热菜加工 ······ 059
- 3.3.1 填馅技术知识 ······ 059
- 3.3.2 酥皮类菜肴制作工艺 ······ 060
- 3.3.3 油浸菜肴制作工艺 ······ 064
- 3.3.4 烩的烹调工艺 ······ 065
- 3.3.5 低温慢煮烹调工艺 ······ 066

技能训练
- 烤火鸡 ······ 068
- 酥皮牛柳 ······ 070
- 油封鸭腿 ······ 072
- 黑橄榄番茄烩兔腿 ······ 074
- 虾仁慕斯 ······ 075
- 低温慢煮牛肉 ······ 076

3.4 甜品制作 ······ 077
- 3.4.1 水果派的制作工艺与要求 ······ 077
- 3.4.2 蛋挞的制作工艺与要求 ······ 080
- 3.4.3 布丁的制作工艺与要求 ······ 082

技能训练
- 苹果派 ······ 083
- 葡式蛋挞 ······ 086
- 焦糖布丁 ······ 088

复习思考题 ······ 090

项目 4
菜单设计

4.1 套餐菜单设计 ······ 092
- 4.1.1 套餐成本核算知识 ······ 092
- 4.1.2 套餐营养平衡知识 ······ 095
- 4.1.3 菜单设计知识 ······ 097

技能训练
- 编制西式三道套餐菜单 ······ 099
- 编制西式五道套餐菜单 ······ 099

4.2 季节菜单设计 ········ 100
4.2.1 时令食材烹调要点 ········ 100
4.2.2 美食节菜单设计知识 ········ 100

技能训练
编制时令菜单 ········ 102
编制美食节菜单 ········ 103

4.3 点菜菜单设计 ········ 107
4.3.1 成本核算毛利率控制知识 ········ 107
4.3.2 酒会菜单成本核算方法 ········ 108

技能训练
西餐厅点餐菜单 ········ 110
鸡尾酒会菜单 ········ 112

复习思考题 ········ 113

项目 5 指导与创新

5.1 培训指导 ········ 115
5.1.1 初级、中级、高级人员理论知识和技能培训的内容与要求 ········ 115
5.1.2 西餐厨房英语教学内容和方法 ········ 120

5.2 工艺创新 ········ 127
5.2.1 国际西餐发展动态 ········ 127
5.2.2 创新思维与创新理论相关知识 ········ 128
5.2.3 西餐制作新材料和新工艺知识 ········ 130

技能训练
油炸蜗牛配欧片泥佐大蒜泡沫 ········ 132
烩海鲜西班牙冷汤 ········ 134
蔗糖珍珠 ········ 136
液氮玫瑰 ········ 137
地中海佛卡夏面包配烤时蔬 ········ 138
西班牙海鲜饭 ········ 140

复习思考题 ········ 142

第二部分 高级技师

项目 6 经典菜肴制作与创新

6.1 经典菜肴制作 145
 6.1.1 欧美经典菜肴的工艺特点 145
 6.1.2 亚洲经典菜肴的工艺特点 148

技能训练
 白胡椒鸭肝酱与糖渍樱桃 150
 红酒炖牛脸肉配南瓜土豆泥 153
 藏红花烩牛肚配樱桃番茄 155
 菜花慕斯配海鲜塔塔 157
 葱香烧乳鸽 159
 韩式脆皮炸鸡 161
 三贯手握寿司 163
 泰国绿咖喱鸡 165

6.2 菜肴创新 167
 6.2.1 西餐发展史 167
 6.2.2 西方饮食文化 169

技能训练
 冰镇豌豆汤配薄荷慕斯节瓜芝士寿司 170
 脆皮欧芹温泉蛋配蘑菇佐培根泡沫 173

复习思考题 175

项目 7 宴会设计与菜单制订

7.1 宴会与酒水的摆台设计与装饰 177
 7.1.1 黄油雕的制作工艺和要求 177
 7.1.2 冰雕的制作工艺和要求 179
 7.1.3 酒会、宴会摆台设计要求 182
 7.1.4 蔬果雕的制作工艺和要求 185

技能训练
 菜肴和器皿的搭配呈现 189

7.2 菜单制订 ··· 193
7.2.1 主题餐厅菜单制订知识及格式 ························· 193
7.2.2 宴会菜单制订知识及格式 ····································· 194
7.2.3 美食节菜单制订知识及格式 ·································· 196

技能训练
主题餐厅菜单 ·· 197
西餐宴会菜单 ·· 198
美食节菜单 ·· 199
英文菜单 ·· 199

复习思考题 ·· 200

项目 8 厨房管理

8.1 厨房人员配备 ·· 202
8.1.1 厨房管理知识 ··· 202
8.1.2 餐厅经营和服务知识 ··· 207

8.2 宴会安排 ·· 214
8.2.1 宴会运营知识 ··· 214
8.2.2 宴会展台布置知识 ··· 221

8.3 成本控制与食品管理 ·· 223
8.3.1 餐饮成本控制核算知识 ··· 223
8.3.2 食品安全卫生知识 ··· 227
8.3.3 HACCP 的知识 ··· 232

8.4 厨房布局 ·· 235
8.4.1 厨房布局知识 ··· 235
8.4.2 厨房设备相关知识 ··· 237

复习思考题 ·· 242

项目 9 指导与创新

9.1 培训 ... 244
9.1.1 培训计划编制要求 ... 244
9.1.2 培训方法 ... 248

技能训练
编制西式烹调师培训计划 ... 250
西餐基础英语 ... 250

9.2 技术研究 ... 257
9.2.1 西餐菜肴制作的质量分析与缺陷纠正方法 ... 257
9.2.2 烹调的基础理化知识 ... 261
9.2.3 技术研究总结撰写要求与方法 ... 268

复习思考题 ... 269

模拟试卷 ... 270
西式烹调师（技师）理论知识试卷 ... 270
西式烹调师（高级技师）理论知识试卷 ... 276

参考答案 ... 281
西式烹调师（技师）理论知识试卷标准答案 ... 281
西式烹调师（高级技师）理论知识试卷标准答案 ... 283

参考文献 ... 284

第一部分
技师

项目 1
原料加工及腌渍

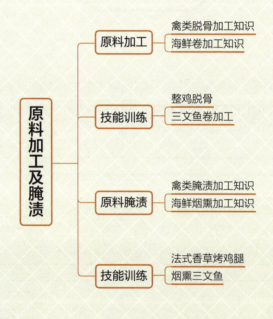

1.1 原料加工

1.1.1 禽类脱骨加工知识

禽类脱骨指剔除禽肉中的全部骨骼或主要骨骼,同时保持原料完整形态的操作工艺。

1. 禽类的骨骼结构

了解禽类的骨骼结构是操作人员进行禽类脱骨分解和初加工的基础。

(1) 禽类骨骼的特点

1) 禽类的骨骼坚硬、致密且轻脆。

2) 与畜类不同,禽类骨骼中大部分骨髓被空气替代,形成许多气室,气室与呼吸道相通使骨骼质量大大减轻,这些因素都有利于禽类的疾走和飞行。

(2) 禽类骨骼的主要构成

1) 头骨。禽类的头骨由面骨、颅骨等构成,其中头骨中有一块特殊的方骨。

2) 躯干骨。禽类的躯干骨包括椎骨、肋骨和胸骨。

3) 四肢骨。禽类的四肢骨分为前肢骨和后肢骨。

① 前肢骨也称上肢骨,包括肩胛骨、乌喙骨、锁骨、前脚骨等。

② 后肢骨比较发达,是支撑体重和运动的主要支柱,由盆骨、腿骨组成。其中盆骨由髂骨、坐骨和耻骨构成,腿骨包括股骨、小腿骨、后腿骨、后脚骨等。

2. 禽类原料脱骨工艺流程

熟练运用刀工技法是禽类脱骨分解必备基本功,进行禽类脱骨时,下刀需在肉与骨头之间,或者骨头与骨头之间,使用单一刀法或混合刀法,出刀力度在轻与重之间灵活调整。禽类脱骨的常用刀具是剔骨刀,常用刀工技法有切、划、割。以鸭子示例禽类脱骨,如下。

1) 去头颈、爪。先切除鸭子头部、脖子和鸭爪。

2) 取胸脯肉。用刀插入鸭胸,沿着胸腔骨剔下鸭胸肉,切除多余皮脂。

3) 取翅膀。将鸭翅向外拉开,从关节处切下鸭翅,切除鸭翅的尖部,脱出翅骨,注意皮面完整。

4) 腿部。将鸭腿向外拉开,从关节处切下鸭腿,脱出腿骨,注意皮面完整。

禽类去骨腿肉适宜制作肉卷、腿排。

禽类很少进行整只脱骨,大多是拆解使用,整只脱骨适宜体型较小的禽类如鸽子、鹌鹑,

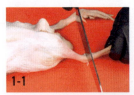

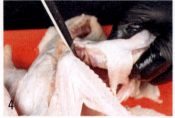

将它们脱骨后，可以在内部填充馅料，用于烤制、煎制。

3．禽类脱骨质量标准

1）骨肉分离清晰，骨不带肉、肉不带骨。

2）拆解完成后，禽类的表皮、肉质完整。

1.1.2　海鲜卷加工知识

海鲜卷在西餐开胃菜、主菜中都较常见，其做法是将海鲜类材料通过加工制作成卷状，再通过炸、蒸、煎等方法加热成熟，在食材允许的条件下也可以生食。

1．海鲜卷的分类

（1）**无馅料类海鲜卷**　将海鲜处理成大的片状，再直接卷起成卷筒状，这类卷的方式适用于处理较大片的海鲜原材料，如海鲈鱼或者质地较散的肉类。

（2）**含馅料类海鲜卷**　将海鲜处理成大的片状，在片状食材上加入馅料，将馅料包裹再卷起成圆柱状。

1）含馅料类海鲜卷的外皮材料。现代西餐制作中，含馅海鲜卷的外皮材料是多变的，可以是蔬菜叶、面包片、肉片、鱼片等，内部馅料一般使用海鲜食材混合其他材料制成，不同的组合方式决定了其成熟方式的不同，一般卷制完成后可通过煎、烤、炸等方式定型成熟。

含馅料类海鲜卷

如果使用海鲜类产品作为外皮材料，一般用刀具将海鲜产品制成片状，然后采用单片卷，或者单片组合叠加成大片状，之后再进行卷制。对于一些肉质比较坚硬的海鲜片，可以通过腌渍等方式进行预处理，以方便后期卷制。

肉类可以使用肉锤将肉块锤成片状，然后卷制。

2）海鲜卷的馅料。一般情况下，在风味上馅料需要与外部的片状材料匹配。海鲜卷的馅料常以海鲜食材为主，佐以芝士、蔬果。

馅料制作的方式众多，可以直接炒、煎等，也可以混合搅拌制作成慕斯状态的馅料。

2. 海鲜卷制作的工艺流程

（1）无馅料类海鲜卷的制作方式

1）将海鲜类食材切割成大小均匀的片状。

2）加入调味料如盐、胡椒粉等，进行涂抹腌渍。

3）将腌渍完成的海鲜片放于平铺的保鲜膜上，借由保鲜膜将食材自下而上卷起、卷紧实。

4）将保鲜膜两端空气排出，收口封紧。观察整体形态是否稳定，根据情况可选择将成品放入冰箱冷藏定型。

5）取出，去除保鲜膜。将海鲜卷切片或整条摆盘即可。

（2）含馅料类海鲜卷的制作方式

1）将食材处理成大小均匀的片状。

2）腌渍后铺在保鲜膜上。

3）将需要卷入的馅料均匀挤在片状食材上。

4）借由保鲜膜带起片状食材进行卷制，直至卷紧成圆柱状。

5）将保鲜膜两端空气排出，收口封紧。观察整体形态是否稳定，根据情况可选择将成品放入冰箱冷藏定型。

含馅料类海鲜卷的外皮 1　　含馅料类海鲜卷的外皮 2

6）取出，去除保鲜膜。将海鲜卷切片或整条摆盘即可。

3. 海鲜卷的制作要点

1）制作海鲜卷时，尽量不要卷进空气，否则成品容易形成孔洞，影响美观。

2）卷制时需要卷紧，否则会影响食材外观形态和产品牢固度，同时也会影响受热情况，不利于内部食材成熟。

4. 海鲜卷的质量标准

1）海鲜卷形态紧实饱满，整体不松散。

2）海鲜卷粗细均匀。

3）海鲜带有食材原有风味，无异味，无异样的色泽。

技能训练
整鸡脱骨

原料配方

整鸡　　　　　　　　　　1 只

制作过程

准备：用锋利的刀具直接将鸡的头、颈部切下。再将鸡翅尖沿骨缝从鸡翅膀上切下，同样的处理方式将鸡爪从关节处同鸡腿部分离。

拆解部位	工艺流程	示例图
取鸡翅	先用手将鸡翅向外拉开，再用刀将鸡翅的前两节切下来即可	
取鸡腿	将鸡腿向外拉开，用刀将鸡腿与鸡身间的皮割开	
	将鸡翻过来，将鸡腿向外拉开，用刀沿着鸡腿骨轻轻地将肉与骨分离即可	
取鸡胸	将鸡胸朝上，从紧贴脊骨的一侧，将肉划开	
	用刀沿着鸡骨切至翅根处，边沿着鸡骨剔肉，边用手将肉向外整块拉出，用同样的方法取出另外一边鸡胸肉	
	将鸡胸翅根处的肉用刀剔除，留骨即可	
鸡腿脱骨	先用刀沿着鸡骨把两端的肉切开。一手拿刀，一手拿着鸡骨，再用刀沿着鸡骨轻轻地将骨与肉分离	
	重复以上动作，直至将整个鸡腿骨去除即可	

质量标准　1）外形完整、鸡皮无破损。
　　　　　　 2）分割准确、剔骨干净。

鸡的不同部位与适用烹调方式
1）鸡胸肉：脂肪含量较低，适宜低温烹饪、煎制和制作肉卷。
2）鸡翅中：西餐中鸡翅中适宜烤制。
3）鸡腿部：脂肪含量适中，适宜煎制、烤制和炖煮，也可以脱骨制成腿排或肉卷。

三文鱼卷加工

项目 1　原料加工及腌渍

原料配方

三文鱼片	10 片
三文鱼片（馅料用）	50 克
奶油奶酪	50 克
土豆泥	50 克
红洋葱	20 克
苹果（去皮）	1/2 个
蛋黄酱	20 克

腌料配方

盐、砂糖、黑胡椒、莳萝、橙皮丝、柠檬皮　　各适量

制作过程

准备：将盐、砂糖、黑胡椒混合（用量比例为6:2:1），再混合适量莳萝、橙皮丝、柠檬皮调成腌渍调料，在三文鱼表面撒上密密的一层，用保鲜膜包裹，放入冰箱中腌渍一晚。使用时需清洗。

1）将腌好的三文鱼片（馅料用）、奶油奶酪、土豆泥放进料理机中，搅拌均匀。加入蛋黄酱，继续搅打成泥，取出。将红洋葱、苹果（去皮）切成小块，加入鱼肉泥中，继续搅拌均匀，制作成馅料备用。

2）将三文鱼片放在保鲜膜上，排列整齐。

3）将馅料装进裱花袋中，在铺好的三文鱼片上挤入馅料。

4）借助保鲜膜将其卷起。

5）将两端收口收紧，放入冰箱冷藏备用。

制作关键
1）卷的时候要卷紧，以免馅料和三文鱼片之间有空隙，过于松散，切制时容易散掉。
2）三文鱼片叠放要规整、间隔均匀。
3）卷制时要避免露馅。

质量标准
1）外形圆柱形、紧实。
2）有新鲜三文鱼的香气。

1.2 原料腌渍

1.2.1 禽类腌渍加工知识

1. 腌渍的相关知识

（1）**腌渍的定义**　腌渍是将食材与一定量的盐、糖或酸味剂等辅料混合，静置一段时间后，调料向食材内扩散和渗透，食材形成特定风味的过程。

腌渍是较常用的一种食材处理方法，一般在肉类、蔬菜等食材正式烹调之前进行腌渍，多处于预处理阶段。

腌渍不但可以赋予食材特殊风味，而且利用组织内的高渗透压能够抑制有害微生物活动，抑制腐败菌生长，防止食品腐败变质，所以适当时间的腌渍也是保持食材品质的一种储存方法。

腌渍时需要将腌渍辅料和食材充分搅拌均匀，方可达到腌渍的最佳效果。

（2）**腌渍的时间**　影响腌渍时间的因素很多，具体实践时需要根据情况灵活调整。

1）依据食材性质调整时间。质地偏嫩且含水量较多的食材腌渍时间相对较短，因其入味较快。反之腌渍时间较长。

2）依据食材大小调整时间。体积较小或切分后较小的食材，腌渍时间较短。反之，大块或整只食材的腌渍，则需要较长时间才能入味。

3）依据环境温度调整时间。储存食材的环境气温较高时，食材内部分子运动较快，腌渍的时间较短。

4）依据腌渍目的调整时间。如果只是简单提升风味为主，那么腌渍时间一般相对较短；如果同时需要延长食材的保存时间，那么腌渍时间会长一些，且腌渍辅料用量也会多一些。

（3）**腌渍的主要原理**

1）分子扩散与渗透作用。当一定量的调味辅料与食材混合后，食材外层的组织分子最先察觉到内外浓度的不同，在自然条件下，浓度不同会产生分子自由扩散现象，而在生物组织中同样会产生这类现象，不过由于生物组织中的细胞膜属于半透膜，半透膜只允许低浓度溶液中的水分子或其他小分子穿过半透膜向浓度高的地方扩散，这种带有选择性的扩散属于渗透现象。

在腌渍过程中，食材内外不断进行分子扩散与渗透，水分子及其他小分子随着组织内浓度不均衡而不断流动，也带着辅料中的风味分子进入食材中，但生物组织中的蛋白质、脂肪等大分子物质因为没法直接穿过半透膜依然保留在组织内。

所以一定时间的腌渍会给食材带来更多风味，且对食材营养物质影响较小。同时出于食材内部水分及某些小分子的流失，腌渍也会对食材的质地、口感等产生一定的影响。

2）分子间的化学反应。用于腌渍的调味料种类繁多，对应的食材也是千变万化，不同的组合搭配可能会通过化学反应引发新的物质生成。

比如多数鱼带有腥味，而腥味多来自氨化物、硫化氢等物质，此时如果使用食醋来腌渍鱼类，食醋中的醋酸会与碱性的氨化物发生化学反应生成新的物质，从而减少鱼类整体的腥臭味。

（4）腌渍的作用

1）使原材料在烹制前入味。因食材体积、烹饪时间和烹饪方式的特殊性，一些食材需要在制作前完成调味，否则会出现风味不足的情况，如烤制类菜品，制作烤鸡一定要提前将食材充分腌渍入味，方能烘烤，因为在制作过程中很难再对其进行调味。

2）去除异味。通过加入不同香料、调味料进行腌渍，可以在一定程度上帮助食材内部营造新的环境，从而起到改善原材料本身风味的作用，如使用食醋腌渍可以减轻鱼类的腥臭味等。在西餐中也常使用红酒类、酱汁类来腌渍，或将食材浸泡在牛奶中，通常情况下需要隔夜腌渍，具体腌渍时间和腌渍用料根据食材质地决定。

3）增加菜肴成熟后的风味。以酒类腌渍举例，加入酒类腌渍的食材经由高温加热，酒中的乙醇会与肉类脂肪中的脂肪酸结合从而生成具有浓郁香气的酯类化合物，增加香味物质的交换和扩散，优化口感、提升风味。

4）嫩化动物性原材料的肌肉纤维组织。动物性原材料结缔组织中的胶原纤维蛋白含量较多，经含有酸、碱、酶分子材料的腌渍，其肌纤维蛋白会有一定程度的溶解，或者可以在烹调时帮助加速胶原蛋白的水解，从而使肉质变得更为松软，肉类的韧性被弱化。

5）延长半成品的保鲜时间。在原料腌渍过程中，盐、酒、醋、油脂等腌渍原料会在一定程度上隔绝氧气，从而降低食材腐败变质的概率。半成品保鲜时间的延长，在一定程度上可以为西餐主厨争取更多时间，用于科学合理安排配餐顺序，为安排菜品烹调工序创造更便利的条件。

2. 禽类腌渍的工序

（1）**挑选步骤**　新鲜的禽类一般辨别方式如下。

1）外观：表皮颜色光亮、新鲜，色泽不暗沉。

2）触觉：用手触摸表面无粘手感，肉质有弹性不松散。

3）气味：嗅闻无腐败变质的味道。

（2）**清洗、晾干步骤**　在腌渍之前，需要将禽类原材料彻底清洗。建议佩戴手套，用流动的清水将肉类表皮上的杂质、内脏上附带的杂质清除干净，如肥油、膜状物、胸腔内血块等。

清洗干净的禽类食材需要用厨房纸巾吸干表面水分,或者直接晾干后再使用。

3. 禽类腌渍常用调味料

（1）**香草、香料** 香草、香料常以新鲜枝叶或碾碎的干料形式出现,用于禽类的腌渍。西餐中常用于禽类腌渍、烹饪的香草、香料见下表。

名称	示例图	特点及用途
迷迭香		叶片绿色,形似松树枝 迷迭香常作为禽肉腌料,适用于烤、炖、焖等烹饪方式
百里香		叶片较小,呈深绿色,叶杆较粗,香味浓郁 百里香是西餐中常用香料,适用于烤鸡、煎鸡排、鸡肉少司等菜肴腌渍等
罗勒		叶片较大且叶片纹路清晰,香气突出 罗勒是西餐常用香料,适用于禽类的腌渍、炒、炖等
龙蒿		叶片细长,类似柳叶,颜色深绿 龙蒿常用于制作少司,或者作为菜品的装饰配菜用
鼠尾草		叶片为长椭圆形,带有绒毛,因此得名 鼠尾草常用于禽类或畜类的腌渍,也可用于香肠制作等
薄荷		叶片绿色,边缘呈锯齿状,味道清凉 薄荷可用于禽肉的腌渍,也可以用于菜品装饰
欧芹		叶片小且卷曲,有光泽,香味浓郁 欧芹是西餐中常见香料,可用于腌渍火鸡等,也可以作为调味品或装饰
月桂叶		叶片较大,呈较淡的绿色 月桂叶常用于禽类的腌渍,也可用于炖菜、填馅等

（2）**香辛食材类**

1）洋葱。洋葱是西式烹饪中的常用食材,具辛辣味,用于腌渍时可以将洋葱切丝或切碎,同食材混合。

2）蒜。蒜味道辛辣,可以整颗使用或切碎用于腌渍食材。

3）香料组合。西餐中的香料种类繁多,其中洋葱、西芹和胡萝卜被称为"芳香蔬菜",洋葱、西芹和京葱被称为"白芳香蔬菜"。两者都是较常见的香料组合,可用于食材腌渍、制汤。

使用时将蔬菜切制成大小相同的块状即可,蔬菜的切制尺寸根据腌渍、烹煮时间而定,若制作时间较长,可切成较大的块状,若只需要其在短时间内释放香味,可将蔬菜切成较小的块状。

（3）调味料

1）固体类。盐、砂糖、黑胡椒、白胡椒、辣椒、肉桂等调味料是常见的基础调味料，它们常呈粒状或粉状，可用于食材的基础调味、去腥增香等，同种食材粉末有大小不一的品类，需根据腌渍时间及目的来选择。

如粗盐和细盐的主要成分都是氯化钠，但是因为精加工程度不同，粗盐的杂质中还含有其他矿物质分子，这些分子经水解后可以刺激味觉系统，口感比细盐更加浓郁。

2）非固体类。除固体调味料，还有膏状、液体类调味料，如酒类、调味汁、果汁、油脂等。从分子扩散的角度来看，相比固体调味料，在相同条件下，多数液体调味料的扩散速度要更快，入味的程度更深。

4. 禽类腌渍的工艺

禽类常见的腌渍工艺有如下几种。

分类	干腌法	湿腌法	注射腌渍法	混合腌渍法
操作方法	干腌法是将腌料擦在肉的表面，然后一层层堆起来的腌渍方法	湿腌法是将肉浸泡在腌料中腌渍的方法，常用于分割肉、肋部肉的腌渍。配制腌渍汁时，一般是用沸水将各种腌渍材料溶解，冷却后使用	注射腌渍法是用针头注射机将配制好的腌渍汁均匀注射入肉内部的一种腌渍方法	混合腌渍法是将湿腌法和干腌法结合起来，或将注射腌渍法和干腌法结合起来的一种腌渍方法
优点	风味好、易保藏	腌渍得比较均匀	时间短，效率高，成本低	结合了各种腌渍法的优点
缺点	时间较长，容易过咸	色泽和风味不如干腌法	风味略差，容易腌渍得不均匀	操作较烦琐
适合产品	风干肉类	卤肉类	块状肉制品	香肠、肉糜火腿

（1）**干腌法** 腌渍时使用的腌料全部为干性食材的方法称为干腌法，如盐、胡椒粉、香草等。一般方法是将干质材料涂抹或撒在禽类肉质表面进行腌渍。

用干腌法制作的禽类肉质干爽，适宜煎制、烤制等干性烹饪方式。

（2）**湿腌法** 腌渍时使用的腌料含有液体的方法称为湿腌法，可以选用酒类，如白兰地、红酒等，或者酸性物质，如醋、果汁等。一般可以先混合各类腌渍材料制作成腌渍汁，再加入禽类食材进行浸泡或表面涂抹。

湿腌法可以使腌渍汁更均匀地渗入食材内部，从而形成均匀的色泽和风味。湿腌法的操作时间不宜过久，因为浸泡于腌渍汁中的肉质水分含量较高，容易滋生微生物细菌。

干腌法

用湿腌法制作的禽类肉质湿润，适宜炖、烩等烹饪方式。

（3）**注射腌渍法** 注射腌渍法是一种特殊的腌渍方法，采用特殊工具将腌渍汁直接注入食材内部，加速风味浸入。

（4）**混合腌渍法** 将各种腌渍方法组合使用称为混合腌渍法，方法是先将禽类食材进行一定时间的干腌渍，再加入液体腌渍材料进行湿腌渍，此种方式取各类腌渍方法的优点，既可以防止肉质脱水变干，也可以在一定程度上避免肉质腐败变质。

特殊腌渍方法：油封

油封即油脂腌渍，是一种较为特殊的腌渍方法。

法国西南部的油封鹅、油封鸭腿就是非常有名的油封料理。法国油封鸭腿是先将肉类用盐等混合香料腌渍一天，然后清洗、干燥后浸入油脂中，低温（常用温度为60~70℃）加热4~5小时，取出滤干，表面撒盐，之后将热油倒在肉上，或者油炸，成品可以直接食用，也可长时间常温储存。

油封

油封是一种特殊腌渍、烹调方法，也是一种传统的肉类防腐方法，虽然在长时间的油浸过程中细菌已基本消失，但是在储存过程中表面和内部油脂还会出现一些化学反应，产生轻微腐败味，这也是传统油封肉的风味特点。

5. 腌渍的注意事项

1）除特殊需求外，避免将腌渍的食材直接暴露在空气中，可以采用抽真空或保鲜膜密封的方式来隔绝空气。因为空气可能会引起食材的颜色变化，同时影响食材外皮的水分含量。

2）除特殊需求外，腌渍时将食材放置在温度为0~4℃的环境中较为适宜，如果是炎热的夏季建议将盛装食材的容器放入冰箱冷藏，过高的环境温度会加速微生物的生长繁殖，增加腐败变质的可能性。

6. 禽类腌渍的保存方法

（1）密封保存 食品的腐败变质主要是由酶和微生物引起的，而这其中大多数活动需要依赖氧气，所以隔绝空气可以抑制和延缓食品腐败。

1）密封保存的方法。烹调中，密封保存是常见的隔绝空气的方式，主要有以下几种方法。

① 罐装密封保存。用于盛装食材的罐子等容器需要提前进行消毒杀菌，再装入腌渍的食材进行密封处理，这样可以有效隔绝细菌，同时保持腌渍食材的风味。

② 抽真空密封保存。将腌渍食材保存在真空袋中，将内部抽真空，从而达到隔绝空气的效果。同时禽类食品含有不饱和脂肪酸，氧化后容易变色、变味，抽真空密封能有效隔绝空气，保持食材的色香味和营养价值。

③ 保鲜膜密封保存。日常烹调中，如果是短时间保存，可以将保鲜膜覆在食材表面，裹紧食材以达到密封的效果。

2）密封保存后的储存方法。密封保存主要是通过隔绝外部氧气，来达到减缓食物腐败的效果，但食材内部还存在部分厌氧菌可以继续活动，而且食材内部有些分子的化学反应依然可以进行。因此需要将密封产品存放在低温环境下来降低细菌活动的速度，进一步防止食材腐败。

同时，需要注意储存环境的干净、整洁，避免食材被二次污染。

（2）干燥保存 水是许多微生物繁殖和物质产生化学反应的基本条件之一，减少水分，可以有效减缓食品的腐败变质速度。

1）干燥的方法。在烹调中，常见的食材干燥方法有机械干燥和自然干燥两大类。

① 机械干燥。机械干燥是使用机械化的生产线完成食材的干燥过程，如使用烘干机、烤箱等工具将食材烘干。

② 自然干燥。自然干燥是利用阳光或流动的空气晒干或风干食材，以达到脱水目的。如用盐腌渍食材，之后叠加物理晒干是较常见的自然干燥方法。

2）干燥后的储存方法。食材通过技术操作使水分减少，食材内部的酶活性降低或消失，微生物也逐步进入休眠状态，在一段时间内，如果环境等外部条件无法恢复其活性，那么就可以长时间储存。

所以食材干燥后应放在污染源少的地方，避免昆虫、鼠类等因素干扰，避免强光直射、高温，避免反复变换储存地点。

1.2.2　海鲜烟熏加工知识

1. 烟熏的定义

烟熏指将经过浸渍的食材，用熏材燃烧后产生的烟进行熏制的过程。熏材缓慢燃烧或不完全燃烧产生烟气，在一定的温度范围内使食物吸收烟气，掩盖海鲜的腥味，同时有助于保存海鲜本身的风味，食材烟熏干燥至一定的水分含量，可以拥有更长的储存期。

以新鲜三文鱼为例，将其腌渍再经烟熏后，不仅风味独特且保存时间较长。

烟熏在西餐中应用广泛，常见于冷菜、自助餐等场景的菜肴制作。

2. 烟熏的作用

1）具有上色的效果，能够赋予食材色泽。

2）带给食材独特的烟熏风味。

3）可以杀死食材中的微生物，包括食材表面和内部的，还能延长食材的保质期。

3. 烟熏加工设备

传统烟熏加工工艺多在露天或熏室中进行，现代烹调中多使用烟熏机。烟熏机内部空间较大，内置烟熏盒，机体可以设置温度，多是烘干、烟熏一体机。

分子料理中也有小型烟熏设备，带有烟熏盒和出烟管道，食材放入对应的密闭盒子中，出烟后将管道直接作用于盒子内即可。

4. 烟熏的制作工艺

（1）**腌渍与干燥**　食材在熏制之前，需要经过一定时间的腌渍，腌渍可以先赋予食材一定的风味，除去食材中的异味，嫩化肉类制品组织。

腌渍后，根据熏制要求需进行不同程度的干燥，可以将其表面水分擦干，也可在适宜温度下风干、晾干。如鱼类通常吊起来滴水晾干，在晾干过程中鱼肉表面因为内部蛋白溶出会形成一层膜，在后期烟熏过程中会形成较好的光泽。

（2）**熏制工艺**　烟熏使用熏材多样，树木枝干、木屑是较常用的熏材。通常在低温环境下，木屑比木头、树枝等材料能产生更多的烟雾。

食材在经过腌渍、干燥操作后，根据温度的高低可以将烟熏分为多种方式。

1）冷熏法。冷熏法烟熏温度在30℃以下，多介于15~25℃，经过数小时甚至数日的烟熏，使烟熏的香味慢慢渗入食材之中，食材虽然未熟但是鲜味保存良好、肉质弹性良好，且带有淡淡的烟熏味道，风味极佳。

低温熏制避免了高温使鱼类表面硬化，可以将食材的水汽从内部逼出、蒸散，使食材变得紧实，所以低温熏制的产品一般都较干、较咸。可以在冰箱内低温保存长达数月甚至更久。

由于熏制的时间较长，冷熏制品的水分含量一般低于40%，贮藏性较好。如果烟熏程度不高，水分含量较高，那么保存时间可能只有几天或几周。

冷熏法适宜带骨火腿、脂肪含量较高的鱼类、培根等，适宜干燥的环境中使用。

2）热熏法。肉类在较高的环境温度下，其含有的蛋白质、脂肪、碳水化合物等会发生系列变化，对产品色泽、风味、储存时间等会产生较大影响。

① 30~50℃的温熏法。这个阶段的熏制温度略超过脂肪的熔点，在熏制过程中，脂肪会部分熔化，部分蛋白质也有了变性趋势，但这个温度区间也适宜微生物生长，不宜长时间烟熏，一般熏制时间在两天以内，大多在5~6个小时。

温熏法得到的产品水分含量在50%~60%，肉质多汁，风味较好，但储存期不长，需低温储存。

② 50~80℃的热熏法。烟熏温度较高，高温可以在短时间内使肉类表面蛋白完全凝固，而内部保持大量水分，熏制时间一般在2~4个小时，以热空气将肉类烤熟，在保持肉类完整的情况下，肉类快速上色，同时获得熏香风味。

③ 90~120℃的焙熏法。当肉类放在90~120℃的环境中时，外表会快速形成干燥皮层，表皮硬化可以阻止内部水分在短时间内大量流失，一般熏制时间为几个小时，产品含水量较高，不宜长时间保存。

5. 烟熏的制作要点

1）根据食材的不同特点及制作目的，需要精准掌握烟熏的温度及时间。

2）根据熏材特点、熏制程度、熏制温度等情况选择适宜的腌渍材料，做到与食材风味匹配，并有所补充。

3）使用烟熏机熏制食材前，需要确保烟熏机的各个部件安装完好，且需要确认无堵塞部位，避免影响烟雾的散发。

技能训练

法式香草烤鸡腿

西式烹调师（技师 高级技师）

原料配方

鸡腿	1只	盐	适量	胡萝卜	20克
百里香	适量	黑胡椒碎	适量	白兰地	15克
迷迭香	适量	蒜片	5克	牛高汤	50克
月桂叶	1片	杏鲍菇	20克		
意大利香醋	适量	西蓝花	20克		

制作过程

1）将鸡腿洗净,沥干水分。用百里香、迷迭香、月桂叶、盐、黑胡椒碎、蒜片和白兰地腌渍2个小时。
2）将西蓝花、杏鲍菇、胡萝卜切小块,放入加盐的沸水中氽熟捞出,沥干水分。
3）将腌渍好的鸡腿放入烤箱,以上下火250℃烘烤至表皮金黄,装入盘中。
4）将平底锅加热,倒入牛高汤和意大利香醋,烧至浓稠,淋在盘子上装饰即可。

1a

1b

1c

2

3

4a

4b

制作关键 腌渍的时间要充足,才能去除材料的异味,同时使鸡腿入味更为充分。

质量标准
1）鸡肉腌渍入味,风味浓郁。
2）菜品表面有光泽。
3）食材搭配合理、健康。

烟熏三文鱼

原料配方

三文鱼柳	200 克
盐	适量
糖	适量

制作过程

将三文鱼柳清洗干净,擦干水,加入盐、糖腌渍约24个小时。在烟熏枪中加入果木,熏制三文鱼柳,用时约30分钟。将烟熏完成的三文鱼柳装盘即可。

质量标准
1)烟熏香、腌渍香气浓郁。
2)肉质软嫩。
3)鱼肉鲜红。

复习思考题

1. 禽类基础的骨骼结构包括几个部分?
2. 禽类的拆解分为几个步骤?分别是什么?
3. 海鲜卷的卷法有几种?
4. 海鲜卷的成品质量标准是什么?
5. 腌渍的作用是什么?
6. 禽类腌渍的常用香料有哪些?
7. 禽类腌渍的方法有几种?
8. 禽类腌渍有什么作用?
9. 海鲜烟熏的类别有几种?
10. 海鲜烟熏的过程中有什么注意事项?

项目 2

冷菜烹调

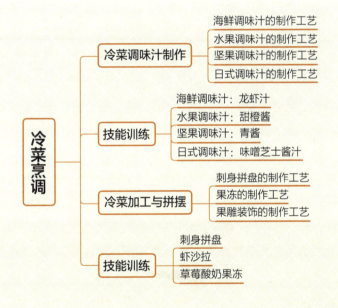

2.1 冷菜调味汁制作

2.1.1 海鲜调味汁的制作工艺

1. 海鲜调味汁的特点

海鲜调味汁是以海鲜为主要材料，搭配各类调料经过加工制作而成的具有特殊风味的调味料。海鲜中含有丰富的氨基酸、多肽、糖等营养成分及谷氨酸钠、琥珀酸等呈味物质，营养丰富且具有浓郁的海鲜风味。

制作海鲜调味汁要选择新鲜的食材及配料，避免影响风味及后期储存。

2. 海鲜调味汁的海鲜挑选

（1）**鱼类** 根据鱼类的品种及捕捞水域的不同，鱼类质量高低不同，在此基础上，依据鱼类储存状态，市场中常以鲜活、冰鲜和冷冻品类来进行储存、售卖。

不同状态下的鱼类，其新鲜度可以从产品外观、味道、触感等几个方面来评价。

以辨别冰鲜鱼类新鲜度为例，首先观其外观，新鲜鱼类的鳞片完整无脱落、鱼眼明亮、鱼鳃鲜红；再闻其味道，新鲜鱼类带有海鲜特有的鲜味；最后触摸按压鱼身，新鲜的鱼类肉质紧实有弹性、无粘手的感觉。

反之，不新鲜的鱼类鱼鳞多不完整、鱼鳃暗红、鱼眼混浊；按压鱼身，鱼肉弹性不足且按压下去会有凹陷感；闻起来多有腥臭腐败等异味。此类鱼新鲜度低，不建议采购。

（2）**虾类** 新鲜的虾类虾壳与虾肉紧贴，不会轻松脱落，虾头与虾身连接紧密，无掉落；按压虾身紧实有弹性，无软塌感，无异味。制作海鲜调味汁常用到虾。

（3）**贝壳类** 鲜活的贝壳及螃蟹外壳富有光泽，触摸感觉硬实。通常在处理此类材料时要焯水。

3. 海鲜调味汁的制作

（1）**浓缩类调味汁** 选取合适的虾、鱼等材料或鱼骨、鱼头、虾头、虾壳等副产物为原料进行熬煮，其汤可以加各式调料再熬煮浓缩，形成海鲜调味汁。利用副产物能够开发富含氨基酸、多肽、核苷酸等营养成分的海鲜调味汁，可以提高水产品的综合利用价值，既可增加经济效益，又可有效降低对环境的污染。

其一般制作工艺大致可分为几个阶段：原料预处理—常压熬煮过滤分离—浓缩调配—均质—制品。

（2）**发酵类调味汁** 发酵类调味汁多见于鱼酱、虾酱、蟹酱类调味汁及相关制作，这几种制品加工方法基本相同，都是以体型较小的鱼、虾、蟹作为原料，加入盐经发酵后再研磨细，制成一种黏稠状酱料。口感美味，作为副食品能够生吃，也可作为菜肴的调味品搭配食用。

其一般制作工艺大致可分为几个阶段：原料处理—盐渍—发酵—研磨搅拌—制品。

4. 海鲜调味汁的制作要点

（1）**材料的预处理** 在原材料处理时，要仔细去除不可食用部分，以流动的清水充分清洗干净。有些海鲜需要进行足够时间的浸泡吐沙，如贝壳类，有些海鲜需要用面粉水揉搓后再冲洗。

（2）**腌渍去除腥味** 海鲜多带有特殊的海腥味，使用时需要加入一些可以减轻腥味的材料，如洋葱、百里香、莳萝、胡椒粉等香辛类辅料，白葡萄酒、白兰地等酒类材料，柠檬、百香果、酸橘、香橙等酸性水果。

（3）**控制盐的用量** 多数海鲜本身带有咸味，在腌渍、调味的时候需要酌情控制盐的添加量。

（4）**掌握调味的顺序** 海鲜汁的调味要根据各类调味料的风味特点把握添加的先后顺序，避免食材熬煮过度或熬煮时间不够导致相关食材的风味没有正常发挥，从而影响产品质量。

2.1.2 水果调味汁的制作工艺

1. 水果调味汁的特点

水果调味汁的原料以水果类为主，整体多为酸甜风味，带有水果特有的果香，常见的有橙子酱汁、西梅酱汁、蓝莓酱汁等，此类调味汁适宜搭配家禽类、猪肉类等菜肴食用。

2. 水果调味汁中的常用水果

制作水果调味汁可选用果酱、浓缩果汁或新鲜水果等，其中果酱味道更为浓郁。使用新鲜水果时多取果肉榨汁，也可以选用浓缩果汁搭配同类水果来补充调味汁的风味和质地。

从水果的食用特点来说，酸突出、甜突出和酸甜平均是较常见的三种类型，质地有软、硬、脆等不同体现，下表列举了西餐水果调味汁中常用水果的口味、质地特征。

果酱

名称	口味特征	质地特征
柠檬	酸度高、多汁	肉质呈网状结构
百香果	红色外皮酸度高、黄色外皮微甜、多汁	内部呈网状结构、多籽
青柠	酸度较高、多汁	果肉呈网状结构
猕猴桃	微酸、成熟度较高的猕猴桃口感更甜、汁水丰盈	果肉细腻
树莓	微酸、汁水少	果肉细腻
苹果	清甜、汁水相对少	硬脆、果肉细腻
芒果	甜度较高、具有独特的香气、多汁	果肉柔软细腻
菠萝、凤梨	成熟度高的较甜、汁水适中	果肉爽脆、纤维感
草莓	味道清香、汁水适中	果肉柔软、少许蜂窝感
桃子	甜度适中、依据品种不同汁水丰盈度不同	果肉细腻、脆硬皆有
梨	甜度适中、通常多汁	果肉脆爽、粉糯皆有
蓝莓	酸甜适中、汁水较少	果肉软糯
木瓜	口味平淡、有特殊香气、汁水适中	质地柔软、果肉细腻
火龙果	白心火龙果口味比较平淡、红心火龙果甜度较高	果肉细腻、有籽
牛油果	口味淡、有蛋黄的味道	果肉细腻粉糯

3. 水果调味汁的制作

制作水果调味汁时，需要充分了解水果的特点，包括味道、质感、受热变化等，根据食材特点选择适宜的处理方式，充分发挥食材的特质。

一般情况下，水果果肉经过切块或切丁处理后放入锅中，加入适量水，加热直至水果变软，然后加入糖、柠檬汁等材料进行调味，根据质地需求，可选择机器搅打或人工碾碎等方式再进一步将果肉变得更细腻，之后可以通过继续加热将酱汁收稠。

4. 水果调味汁的制作要点

（1）**预处理阶段** 根据水果食用特点，确定是否去皮、去籽，使用前确保用材干净，部分水果需要注意阻隔空气防氧化、防脱水，处理完成后尽快使用。

（2）**组合搭配要点** 根据选用水果的主要特点，进行材料搭配时，需要注意材料互补特性，避免材料产生不和谐的特征，需要注意，主要的基底味道应为水果风味。

同时需要注意材料添加顺序与食材特点相匹配，避免添加不及时造成质地不均匀等现象。

（3）**把握口味的均衡** 当水果加热后，其甜度和酸度会发生变化，需要根据食材特点适当调整酸甜度，可以通过调整水量和糖量、烹调时间、添加酸性材料等方式来把握口味上的均衡。

（4）**酱汁加热收稠阶段** 如果成品过于稀薄，可以不加盖子文火煮至黏稠；如果酱汁过于浓稠，可以添加水或相对应的果汁调整质地。

2.1.3 坚果调味汁的制作工艺

1. 坚果调味汁的特点

坚果调味汁是以坚果为主要材料制作而成的，带有坚果独特的油脂香味，营养丰富，含有蛋白质、纤维素、维生素、矿物质及不饱和脂肪酸等多种营养成分。

坚果来自植物的果实或种子，油脂丰富，有一定的水分含量，加热后口感多为硬、脆、酥，风味特征明显。

由于坚果的高脂肪特点，其制品易发生油脂氧化腐败，所以坚果类调味汁需要注意保存条件及储存环境，可以采用密封袋或密封盒保存，在避光阴凉处存放。如果制品产生刺鼻难闻的味道，不可再食用。

2. 坚果调味汁中的常见坚果

名称	口味特征	外形特征
榛子	硬脆、酥香	榛子果皮深褐色、果仁白色，形状圆润
核桃	粉糯、酥香	生核桃果仁白、果皮色浅，烘烤后金黄色
扁桃仁（巴旦木）	硬脆、香甜	外皮金黄色、果仁白色
开心果	咸香、微脆	外皮绿色、果仁白色
腰果	酥香、微脆	果仁形弯、白色。外皮有紫红色、褐色
花生	酥香可口	果皮多为深红色或浅粉色、果仁白色
松子	香脆、有黄油的质感	果壳咖啡色、果仁白，呈锥形

3. 坚果调味汁的制作

坚果多呈颗状或粒状，一般需要先烘烤，再使用机器搅碎或碾碎，然后与其他材料混合制作成酱汁状。在此过程中，如果酱汁过干，通常会加入一定的橄榄油、葵花籽油、柠檬汁等液体材料调整质地，如腰果类酱料，一般会使用葵花籽油、盐等材料搭配。

在制作坚果调味汁时，可以通过选择适宜的食材搭配以达到最佳食用效果，如核桃略带苦味，所以制作时可以添加一些带甜味的坚果如腰果；意式青酱的制作融合了松子和罗勒的香味、色彩，产品特点鲜明，风味独特。

4. 坚果调味汁的制作要点

（1）坚果的烘烤或煎烤　烘烤坚果可以改变坚果外部颜色，并降低坚果内部的水分含量，使坚果口感变得更加松脆，同时使坚果释放出更多香味物质。

坚果加热的方式可以采取直接放入烤箱烘烤、锅中炒制等。但无论采用哪种加热坚果的方式，温度和时间都是需要注意的关键点，一般烘烤选择低温烤制更为适合，因为过高的温度会使其油脂氧化，营养价值受到破坏，同时会产生焦苦的味道，影响口感。另外高温也不容易控制坚果的加热程度。

使用烤箱烘烤坚果时，可以将坚果仁平铺在烤盘上，烤制期间可以倒盘翻动。如在锅中炒制，则需要使用锅铲不断翻炒，使坚果受热均匀。

（2）坚果等食材的混合搅拌　不同坚果的结构是不一样的，由此搅拌形成的酱汁也参差有别，为了得到更好的质地与风味，可以添加其他材料进行混合，丰富口感的同时调整整体口味。

2.1.4　日式调味汁的制作工艺

1. 日式调味汁的特点

日式调味汁最大的特点是咸鲜本味的呈现，同时具有极大包容性。

日式调味汁的基础酱汁为出汁。出汁是日料中万能的基底酱汁，以昆布为主要原料混合木鱼花来熬煮的汤，具有鲜、甜、咸的口味特点。在出汁的基础上，可以进一步加入其他复合调味料或食材，来调配出符合各种菜肴的酱汁，如加入小鱼干等食材或酱油等调味料混合加工，可以赋予调味汁更多的风味层次。

2. 日式调味汁的常用原材料

（1）出汁　原始出汁：又名一番出汁，是由昆布、木鱼花和水加热熬煮、再过滤的汤汁。

二番出汁：在原始出汁的基础上，再加入适量昆布和木鱼花继续熬煮而成的汤汁。

左为原始出汁，右为二番出汁

（2）木鱼花　由鲣鱼制成，也称鲣节、削节，不同的木鱼花成品的质地不一样，有的轻薄，有的较厚，较薄的木鱼花放入出汁中在极短的时间内就能发挥风味。选择何种质地的木鱼花放入出汁中，主要根据熬煮的时间和温度及风味来决定。

三种不同的木鱼花品种

（3）常用调味料

类别	名称	示例图	口味、作用描述
酱油	淡口酱油		淡口酱油的主要作用是调味，主要提供鲜味、咸味。其盐分来源于酿造酱油的过程中加入的大量盐水
	浓口酱油		浓口酱油颜色比淡口酱油深，盐分少于淡口酱油，主要用于改变菜肴颜色
酒类	清酒		清酒由大米发酵而来，酒精度在14~18度，酒性不烈，带有甜味。加入清酒的出汁，口感余味绵长，层次也更好。在一定程度上也可以帮助消除后期添入食材的腥味
	味淋		简单来说，味淋是一种加了糖的日本清酒，具有日式饮食特有的甜香味，属于料理酒的一种。味淋的甜更浓醇，其作用是充分引出食材的原味

3. 日式调味汁的制作

（1）**原始出汁（一番出汁）** 原始出汁汤汁清淡、鲜甜，具有很强的包容性，可以单独作为调味汁使用，也可搭配其他食材或调味料制作调和酱汁。其一般制作方法如下：

1）将昆布放入锅中，加适量的水，煮开。

2）捞出昆布。

3）在汤汁中加入木鱼花，稍稍煮一下（大概几十秒），离火。

4）过滤。

5）留取汤汁即可。

小贴士 使用过的昆布和木鱼花等材料，捞出后可以放在厨房用纸上，吸干水分，冷藏保存，用于下次制作。

（2）**二番出汁** 二番出汁汤汁浓稠，提味提鲜风味显著。可以单独作为调味汁使用，也可搭配其他食材或调味料制作调和酱汁。

（3）**各类调和酱汁** 在原始出汁或二番出汁的基础上，搭配味淋、清酒、浓口酱油、淡口酱油等调味料混合制作而成的酱汁，风味层次多，使用更具针对性。

4. 日式调味汁的制作要点

1）熬煮昆布的水最好选用纯净水，自来水中含有钙盐、镁盐等矿物质，与昆布混合加热之后容易形成杂质，且影响食材中的鲜味析出。

2）熬煮昆布至温度达到60℃时，昆布中的呈鲜物质（谷氨酸盐等成分）就可以最大限度地析出，过高温度加热可能会使昆布内的褐藻胶等物质析出，使汤汁变混浊，同时汤汁的腥涩味也会增加。所以昆布的熬煮温度和时间需要根据昆布的大小与质量等实际情况进行调整，有时可采取将昆布熬煮至60~80℃，以此间温度熬制一段时间，再取出昆布，继续加热汤汁至沸腾，之后再与其他材料混合的方法。

3）为保持汤汁清澈，出汁需要过滤，如果在熬煮时产生浮沫，可使用工具撇去。

技能训练

海鲜调味汁：龙虾汁

原料配方

龙虾汤	200 克	盐	少许
大蒜	20 克	白胡椒粉	适量
黄油	10 克		

制作过程

1）将大蒜切末。

2）将锅中加入黄油，加热至熔化，放入蒜末炒香。

3）倒入龙虾汤，小火熬至原体积的2/3，撒盐与白胡椒调味。

4）用网筛过滤至盛器中即可。

1

2

3

4a

4b

质量标准

1）味道咸鲜。

2）汤汁金黄色。

3）质地呈半流体状、顺滑。

水果调味汁:甜橙酱

原料配方

小洋葱	20 克	熟土豆	50 克
橄榄油	30 克	盐	2 克
浓缩橙汁	20 克		

制作过程

1)在复合锅中加入土豆、小洋葱、橄榄油、盐、适量水小火煮到洋葱熟透。
2)放入料理机中,再加入浓缩橙汁搅打至质地丝滑。
3)倒入盛器中。

质量标准 1)橙香味突出。
2)奶黄色。
3)质地为流体状。

坚果调味汁：青酱

原料配方

帕玛森芝士	35 克	大蒜	1 瓣	冰块	3 块
罗勒叶	22 克	盐	2 克	橄榄油	40 克
松子	15 克	黑胡椒碎	1 克		

制作过程

1）在料理机中加入橄榄油、大蒜、松子、罗勒叶、帕玛森芝士、冰块和盐搅打均匀，加入少许黑胡椒碎拌匀即可。

2）装入盛器中备用。

1a

1b

1c

1d

2a

2b

质量标准 1）芝士、罗勒的香气，叠加橄榄油的清香。
2）颜色翠绿。
3）质地呈半流体状。

日式调味汁：味噌芝士酱汁

原料配方

埃曼塔芝士	75 克	出汁	适量
白味噌	150 克	白醋	少许
水淀粉	15 克		

制作过程

1）将埃曼塔芝士切丁与白味噌放入料理机中，再加入适量出汁打至浓稠，加入白醋搅拌均匀，加热至80℃左右。

2）加入水淀粉搅拌均匀，继续煮至浓稠。

3）用网筛过滤一遍，使酱汁更顺滑，过滤之后再倒入锅中。搭配菜品时直接倒入盛器底部，再将菜品盛入即可。

制作关键 制作完成的酱汁一定要使用网筛进行过滤，酱汁的质地才更顺滑。

质量标准
1）风味特别，芝士和味噌的味道层次突出。
2）色泽奶白。
3）质地呈半流体状、质地顺滑。

2.2 冷菜加工与拼摆

2.2.1 刺身拼盘的制作工艺

1. 刺身拼盘的特点

刺身泛指日本料理中的一种特色美食,指将新鲜鱼贝类食材生切成片,再配合各类调味汁食用的一种料理。其讲究食材新鲜,可以最大程度呈现食材的原本味道。

刺身拼盘是由一种或多种刺身组合而来,刺身摆放有序,使用器皿别致,时有各类花叶等雕刻型食材搭配装饰,佐以芥末、酱油等调味料,是一种十分考究的料理。

2. 刺身拼盘的原材料品种

刺身属于生食,所以原材料的新鲜度尤为关键。刺身的食材多为鱼类,对比淡水鱼,海鱼更适合制作刺身,因淡水鱼多含寄生虫。除了鱼类以外,虾、贝等也可以制作刺身,风味各有不同。

常见刺身原材料见下表。

大类	种类	特点
鱼类	金枪鱼	鱼肉鲜红、口感鲜嫩
	三文鱼	鱼肉偏橙色且有规律性纹理、口感肥美鲜嫩
	鲷鱼、鲽鱼等白肉鱼类	鱼肉洁白、肉质清爽、鲜美且略甜
	墨鱼、章鱼等软体类	肉质多脆爽弹韧
贝类	北极贝	贝肉颜色深红、肉质鲜甜且口感扎实
虾类	甜虾	个头适中,剥壳后肉质柔软、口感鲜甜
其他	海胆	肉质绵软细腻、鲜美无比
	鱼子、虾子	颗粒感极强、口感脆弹、味道鲜美

3. 刺身的常用切法与制作工艺

刺身为生食,其所涉及的烹饪流程极少(一些厨师会将鱼表面做些微成熟处理来迎合我国民众口味,比如焯水或在鱼的表面进行火炙),作为主要甚至唯一处理方式的"食材切割"就显得尤为重要了。

刺身料理中的食材切割不但注重外部美观,也注重节约和食用体验,同时切割的手法对于食材口感和水分的保护也有着重要意义,所以针对食材的不同纤维组织会有不同适用的切割方法。

处理刺身时，不同的切割手法适应不同的食材品类，有时即便是同一条鱼，也会因为部位的不同采用不同的切分手法，十分严谨。

（1）刺身常用切法

1）厚造。厚造即厚切，厚切的刺身造型挺立，完整度保持较好，此方式适用于肉质较肥软的鱼，可以避免肉质松散不成型。

2）角造。角造可以更好地呈现肉质结实的口感，切分之后的鱼肉形状多为正方形，类似骰子。制作时先将鱼肉切成长条，再直刀切分成块。

角造的方式适用于切分体型稍大的鱼类，如金枪鱼、鲣鱼。

3）薄造。薄造即薄切，薄切的厚度在 1~1.5 毫米，通常由近刀尾位置落刀，用刀斜向后拖到刀尖，切出最薄的刺身片，用筷子夹起能透光，如蝉翼一样散开，极具观赏性。

薄切的方式适用于肉质较韧的白肉鱼类，如鲷鱼、鲽鱼，此类鱼片薄切后更方便咀嚼。

厚切 1

厚切 2

角造 - 火炙的金枪鱼

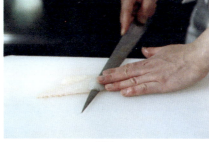
薄切 1

薄切 2

（2）刺身拼盘的制作工艺

1）选材。根据制作需求，选择适合的鱼类，确保新鲜、无异味。

2）清洗。将鱼肉进行全方位的清洗。

3）处理切分。根据鱼肉特点和摆盘需求，选择适宜的刀具将鱼肉切分。

4）摆盘装饰。将切制完成的鱼片摆盘，根据整体色彩、质地呈现、口味层次等选择作料。

4. 刺身拼盘的装饰特点

刺身的摆盘讲究美感，原材料的搭配、器皿的选择等方面是需要考量的。

刺身的色彩、形状、质地、口感等风格各异，作料也非常丰富，常见的有紫苏叶、薄荷叶、黄瓜花、生姜片、山葵、芥末等。

装盘器皿同样品种繁多，刺身多选用浅盘，材质有瓷制、陶制、竹编及漆制等之分，常见的形状有方形、圆形、船形、半圆形等。

器皿与食材、食材与食材之间需要有一定的呼应，常使用的方法有"五色"摆盘法等。

五色常指红、黄、青、白、黑，根据菜品的主物料，再搭配上其他辅助食材和器皿色彩，来提高菜肴整体的观赏性和文化内涵。

刺身1

刺身2

（1）红　料理中常见的红色系列食材有胡萝卜、红彩椒等，通过加工处理制作出不同的造型放在食物上搭配。

（2）黄　黄色食材较多用的有柠檬皮、芥末，不仅可以提高食材亮度，还可以消除油腻改善口感。

（3）青　青色食材多为菠菜、黄瓜及冬瓜等，以及各类青色香料叶。

（4）白　白色不仅可以用蔬菜体现出来，像甲乌贼处理过后整体肉质白嫩透亮，也可以作为色彩补充。白萝卜是较常用的品类，不仅可以做成造型，还可以磨成末作为副菜搭配食用。

（5）黑　暗色食材一般是加工处理后演变出来的，或者食材本身就属于偏暗色系列，加上调料浓口酱油，整体颜色自然呈暗色。

5. 刺身拼盘的制作要点

（1）器具的卫生要求　日式刺身需要生食，从处理刺身的砧板、刀具到盛装器具都需要进行日常清洁消毒，以保证菜品的安全卫生。

（2）切分处理要求

1）切分刺身大小适中，以容易入口的厚度为宜。

2）处理过的鱼类不能有鱼刺残留。

2.2.2　果冻的制作工艺

果冻属于西餐范畴，是一种胶冻食品，可用于西餐饭后甜点，也多出现在野餐、家庭聚会等场合。

果冻主要由水果制品、水、糖、凝胶剂等材料制作而成，外表光亮，具有一定的弹性，需要借助模具冷藏或冷冻成型，果冻的最终形状取决于模具或盛放器皿的形状。

通常情况下，果冻需要在低温条件下保存。

1. 果冻的特点

（1）**外观** 外表光亮，通常色彩鲜艳，略通透。

（2）**质地** 具有一定的弹性。

（3）**口感** 多口感清凉、软滑。

2. 果冻的原材料

（1）**风味材料** 果冻中的风味材料多为水果制品、糖、香料等，常见的有果汁、果蓉、果酒等，也可以选择蔬菜类基底，如香茅等。糖可以增加产品的甜度和黏度，种类无特别要求，西餐中常用幼砂糖、绵白糖等。

（2）**凝结材料** 加入凝结材料，可以使果冻液凝固成固态，较常用的凝结剂有果胶、吉利丁等。

1）果胶。果胶属于常用的凝结剂和增稠剂，多以粉末状或液体形式出现。常见的果胶需要与酸性材料和糖混合使用，才能产生较好的凝胶效果。大多数水果都含有果胶，市售果胶多来源于柠檬、苹果等水果。

2）吉利丁。吉利丁是明胶产品之一。明胶是胶原蛋白加热处理后生成的一种产物，是一种大分子胶体，属于蛋白质范畴，食品领域中的明胶产品较常见的有吉利丁，英文名称Gelatin，常称作吉利丁片（粉）、结力片（粉）、明胶片（粉），是一种常用的凝固剂。

吉利丁在使用前需要先用冷水浸泡，使产品吸水软化，方便后期熔化。如果经常使用，可以批量泡软吉利丁，再加热熔化，放入盛器中，入冰箱定型成吉利丁块，使用时取出熔化，与其他材料混合搅拌融合即可。

果胶粉

吉利丁块

吉利丁片

3. 果冻的制作工艺

（1）**处理凝结材料** 根据凝胶材料的特性，对其进行预处理，如将吉利丁片软化、吉利丁粉吸水等，果胶粉粉质较轻，遇水会直接凝结成团无法发挥效用，一般会选择将其与一定量的糖混合均匀，再与液体材料混合。

（2）**调制果冻液** 一般先将所用材料加热混合均匀，加热的主要目的是使凝结剂发挥作用。有时为了保持产品的风味及营养价值，需要保持低温，那么可以先通过微波或隔水加热等方式将凝结材料熔化，再与其他材料混合，避免水果等材料的风味及营养受到影响。

（3）**注入模具** 将果冻液倒入模具中，将表面轻轻震平，同时破除内部和表面气泡。

（4）**冷藏定型** 将模具移入冰箱中冷藏定型。

（5）**脱模** 定型后，将果冻移出模具，放入餐盘中。

（6）**装饰** 根据果冻形状大小、色彩及盛装器皿的外形特点，对成品进行装饰，如使用果酱抹出线条花纹，使用水果块进行内外呼应式的装饰等。

4. 果冻的制作要点

1）果冻入模具的时候，要避免起泡沫，否则会影响成品的美观度。

2）凝结材料的用量需要控制，用量过多会导致成品过硬。

3）果冻模具的大小不建议选择太大的，因为果冻使用的凝胶用量通常不足以支持大型成品的塑形。

4）制作中需要保证操作卫生。

5）脱模时需要保持成品完整，无破损。

2.2.3 果雕装饰的制作工艺

果雕装饰是利用工具将新鲜水果雕刻成特定的形状，摆放于盘中装饰，可以用来烘托大型宴会等餐饮场合的氛围，增加菜肴的美观性。

1. 果雕装饰的特点

（1）**食材新鲜度高、食用方便** 果雕装饰水果为现做现用，产品都十分新鲜，且水果经过切分成型，食用便捷。

（2）**外形美观、色彩搭配协调** 果雕装饰采用专业的雕刻手法及摆盘方式，具有观赏性强的特点，可以增加食用乐趣，同时可以辅助烘托宴会的气氛。

（3）**口味多元化** 可用于果雕装饰的水果品类较多，其质地、形态、口感及营养各有不同，相互搭配可以使成品呈现更加均衡，可以根据不同的需求进行搭配组合。

2. 果雕装饰的制作工艺

根据设计需求，选择适宜的水果制品，使用雕刻工具对水果的外皮、果肉等进行技术改造，通常技法有挖、削、磨、刻等，不同技法适应不同的水果质地，且需搭配合适的工具来完成雕刻造型。

（1）**圆刀** 刀口呈圆弧形，适合雕刻花卉、花瓣、枝干等造型。

（2）**平刀** 刀口较平滑，不同型号适用不同操作面积，雕刻出的造型轮廓鲜明，适合刻字。

（3）**斜刀** 刀口呈45度斜角，适用较小造型的细雕，适合在较狭小的空间内操作，如雕刻人物的眼睛。

（4）**各类戳刀** 常见的有V型、U型刀具，适宜食材分割及各类纹路塑形等。

（5）**弯刀** 刀口呈一定的弧度，适宜食材分割、雕刻等。

（6）**挖球器** 主要用于制作球状的果肉或用于除去水果内部的籽、核等。

3. 果雕装饰的制作要点

（1）**水果挑选** 果雕装饰所用水果要新鲜，因新鲜水果的营养价值得到了最大程度的保留，且雕刻出来的造型美观度更好。但需注意避免挑选成熟度过高的水果，它们的塑形能力不足。其次，果雕装饰应选择应季水果，因应季水果无论从口味、品质或采买等方面都更具有优势。

（2）**色彩搭配合理** 果雕装饰的造型需干净整洁且突出主题。色彩搭配可选择和谐统一的，也可选择撞色，前者选用相近色的水果进行果雕装饰，成品为同一色系，此类搭配整体效果柔和；后者视觉冲击力比较强，通常选用对比色水果制作，但成品颜色搭配不宜过于杂乱。

（3）**合理掌握雕刻时间** 根据选用水果的特性合理安排雕刻时间，如芒果等肉质较软的水果，长时间暴露在空气中，其口感和外观都会受影响，同时会降低水果的新鲜度。

（4）**环境卫生** 水果含糖量和含水量都较高，对制作环境和储存环境都有较高的要求，操作间砧板、刀具、盛装器皿都需清洁、定期消毒，雕刻完成后还需注意储存空间的卫生情况，避免储存不当引起食品卫生安全事故。

（5）**操作规范** 使用果雕工具时注意安全，相关操作需按照正确流程进行，避免误伤自己。

技能训练

西式烹调师(技师 高级技师)

刺身拼盘

原料配方

鲷鱼	100克	胡萝卜丝	少许	枫叶	1片
乌贼	100克	白萝卜片	少许	海苔片	适量
金枪鱼	100克	紫苏叶芽	少量		
盐	适量	山葵泥	适量		

制作过程

1）将鲷鱼肉去除表面鱼刺，在表面撒上一层薄盐，腌制10分钟左右。
2）将腌制好的鲷鱼盖上厨房纸，浇上沸水，然后再用厨房纸吸干表面水分，用刀斜切成小块。
3）将乌贼用厨房纸吸干水分切块，在两面剞上细密的花刀，用火枪炙烤一下，放一片海苔，顺势卷起成柱状，再切成段备用。
4）取一块金枪鱼，用厨房纸吸干表面水分，切块。
5）在切块的金枪鱼肉表面撒上一层薄盐，用火枪将表层烤至微微变色。
6）将白萝卜片放在盘底，将主菜食材摆放在盛器上，表面放胡萝卜丝、紫苏叶芽、山葵泥、枫叶装饰即可。

制作关键

1）刺身属于生食食品，操作中要注意卫生安全，用于处理刺身的砧板、刀具需要充分消毒，手部的消毒也必不可少。
2）鲷鱼表面的鱼刺要清除干净，切割时要注意将表面水分吸干，避免后期水分对食品造成卫生安全隐患。

质量标准

1）海鲜食材新鲜，散发自然香气。
2）食材切分薄厚均匀。
3）肉质新鲜有弹性。
4）摆盘美观。

虾沙拉

西式烹调师（技师 高级技师）

原料配方

大明虾	3 只	黄豆芽（焯熟）	20 克	盐	适量
柠檬	1 个	小米椒	1~2 个	黑胡椒碎	适量
樱桃番茄	8~10 个	酸模叶（野菠菜）	3 片		
沙拉蔬菜	50 克	橄榄油	适量		

制作过程

1）将竹扦穿入大明虾中，用刀从头部关节处切一个刀口，将大明虾放入锅中煮熟，取出去除虾壳、挑出虾线。将表面抹适量柠檬汁，淋橄榄油，撒盐、黑胡椒碎调味。

2）在平底锅中放入橄榄油，加入樱桃番茄（对半切），加入盐、黑胡椒碎煎至上色。

3）将沙拉蔬菜放入碗中，加入橄榄油，挤入柠檬汁，加入盐、黑胡椒碎调味，搅拌均匀。

4）将大明虾中的竹扦去除，在盘中撒上黄豆芽，摆放大明虾、沙拉蔬菜、樱桃番茄、半块柠檬、酸模叶。

1

2

3

4

制作关键 将大明虾穿入竹扦的目的是防止大虾卷曲。

质量标准 1）色泽鲜艳，搭配合理。
2）虾肉咸鲜、微酸。
3）蔬菜清脆。

草莓酸奶果冻

项目 2　冷菜烹调

原料配方

草莓果泥	50克	吉利丁粉	1克
低脂酸奶	80克	树莓	适量
水	30克	薄荷叶	适量
细砂糖	15克		

制作过程

1）将水与吉利丁粉放入锅中,浸泡5分钟,再开小火搅拌,熬煮至吉利丁粉完全溶化,加入糖,继续加热搅拌至完全融合。
2）加入草莓果泥,拌匀。
3）温度略冷后,加入酸奶拌匀。
4）分次倒入玻璃杯中,放入冰箱冷藏至完全凝固即可取出,装饰上树莓、薄荷叶即可食用。

制作关键 1）为尽可能保留酸奶的风味和质地,需待液体温度下降后,再进行混合。
2）草莓果泥可以用新鲜果肉自制,也可以直接购买果蓉材料。

复习思考题

1. 海鲜调味汁的原材料大类有哪几种?
2. 水果调味汁的特点是什么?
3. 坚果调味汁的制作要点有哪些?
4. 日式调味汁的常用调味料有哪些?
5. 果冻的工艺流程是什么?
6. 果冻器皿选择的两个标准是什么?
7. 刺身的处理方式有哪几种?
8. 刺身拼盘的制作工艺是什么?
9. 果雕装饰的特点体现在哪些方面?

项目 3

热菜烹调

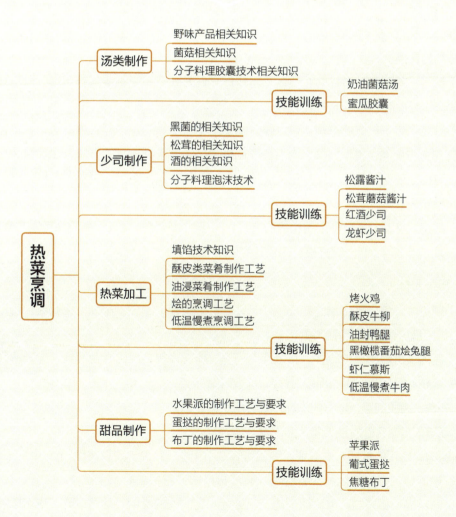

3.1 汤类制作

3.1.1 野味产品相关知识

野味在欧洲国家常见，如法国、英国等，多为狩猎的收获。

一般来说野味可以分为禽类和兽类。禽类野味常见的有野鸡、野鸭、野鸽子、野鹌鹑等。兽类的野味常见的有野猪、野鹿、野山羊、野兔等。

烹调野味时可以采用杜松子、浆果、酒等帮助去除野味本身的膻腥味道。

1. 禽类野味

禽类野味适宜搭配甜味原料，如葡萄、苹果、红色浆果等水果或水果制品，可以更加突出野味本身的味道。

（1）鸽子　鸽子的肉质较嫩，适合采用快速烹调方式，如烤制或煎制，也可以单独取鸽子的胸脯肉进行煎制，可用于主菜制作。

（2）野鸡　对于较嫩的野鸡，可以整只腌渍后同香草等配菜一起入烤箱烘烤，也可以单使用鸡胸肉进行煎制，搭配板栗、南瓜、蘑菇等食材。对于肉质老的野鸡，建议烘烤之后再煮一下，可搭配葡萄酒，经过长时间的烹饪会使肉质更容易咀嚼。野鸡的骨架味道十分浓郁，也可以用来制汤。

（3）鹧鸪　烹调鹧鸪时多采用烘烤的方式，多搭配杜松子或葡萄。鹧鸪也可以用来炖汤，搭配圆白菜、培根等食材一起炖煮，肉质较老的可适当延长烹饪时间。

2. 畜类野味

（1）野兔　野兔多采用烩的方式制作，红酒烩野兔较为常见。单独取兔腿肉，可以制作油封兔腿，用时相对较长但别有风味。

（2）鹿肉　野鹿的品种较多，有驯鹿、马鹿、梅花鹿等。鹿肉颜色深红，肉较瘦几乎没有多余的脂肪。烹调常使用的部位为外脊、鹿鞍和腿肉。

1）外脊。肉质细嫩，适宜的烹饪方式有烤、煎、扒。

2）鹿鞍。指两条外脊连着骨头的部位，适宜烤。

3）腿肉。常用的烹饪方式有煨、烩和烤等。用于煨、烩时，建议将鹿腿肉用红酒腌制后再烹饪。烤鹿腿前需要将鹿腿充分腌渍，腌渍材料常使用百里香、迷迭香、大蒜、杜松子、胡椒等调味料搭配橄榄油，再涂抹于肉上，进行一定时间的腌制。除此以外，也可以将鹿腿肉打成肉糜制作成鹿肉香肠。

（3）**野猪** 野猪的风味比较浓郁，肉质较瘦。一般采用烘烤的方式烹饪野猪肉，或者将其制作成肉糜，再制作成香肠等制品。

3.1.2 菌菇相关知识

1. 菌菇的基本特征

（1）**外形特征** 大多数食用菌菇由顶部的菌盖、中部的菌柄和基部的菌丝体三部分组成。

（2）**营养特征** 菌菇中含有多种维生素、矿物质和膳食纤维，有较好的抗氧化能力，热量低。

（3）**风味特征** 菌菇大多口感嫩滑，味道鲜美，富含谷氨酸钠等多种鲜味物质，风味独特。

2. 常见菌菇的烹调方式

菌菇品种繁多，在西式烹饪中，常用的平价品种有白蘑菇、白玉菇、香菇等。羊肚菌、牛肝菌、鸡枞菌、鸡油菌等是较为珍贵的品种。

1）白蘑菇又名口蘑，色白、形状圆，味道鲜美、营养丰富且价格实惠，多鲜食，适宜煮汤、搭配意粉，适合制作炖菜、色拉或比萨等。

2）白玉菇又名白色蟹味菇，颜色洁白如玉，肉质细腻，口感鲜美滑嫩，是一种较高档的菇，常用于西式汤类的制作。

3）香菇是常见的一种菌菇，肥厚鲜美，具有淡淡的木质香和特殊的香味，口感爽滑，可鲜食也可干制。干制的味道更浓郁，适宜制作肉类菜肴，也可以给汤类增香和调味。

4）羊肚菌味道独特，具有极好的提鲜作用，属于高级菌类。羊肚菌十分适合同奶油一起烹饪，可制作味道较淡的汤，或者制作意粉、馅料等皆可，用途广泛，干制品需泡发后使用。

5）牛肝菌依据颜色的不同分类较多。味道多带有坚果风味或略带肉香味，可以用黄油炒制后搭配意式的汤、面类等。牛肝菌也可以干制，多用于制作西餐的汤类。

干香菇

干红乳牛肝菌

6）鸡枞菌根部类似箭头，肉质细腻，柄脆可口，新鲜优质的鸡枞菌可以生吃，十分清甜，多用于炒制、煎制和入汤。

7）鸡油菌呈喇叭形，外表杏黄色或浅黄色（似蛋黄的颜色），品种

干鸡枞菌

干桂花鸡油菌

繁多，有些品种具有特殊的水果香味，有些则有泥土、木质的味道，因其肉质细腻，可以炒制、炸制，或者用来制作奶油酱、汤类。

3. 菌菇的处理

菌菇类尽量不要水洗，水洗容易造成菌菇过于湿软，影响质地及风味。同时，水洗菌菇容易损伤菌类表层细胞，导致其变色。使用前可以用厨房纸擦拭表面，或用刀削去含杂质的部分即可。

4. 菌菇的保存方式

新鲜菌菇建议趁早食用，放置过久或保存不当容易发生霉变。新鲜菌菇可以制作成干制品或加工制品，保存时间会更长一点。

3.1.3 分子料理胶囊技术相关知识

1. 分子料理胶囊技术概述

（1）**分子料理** "分子美食"的概念最初并不是由专业厨师提出的，目前最早可以追溯到1988年匈牙利物理学家尼古拉斯·柯蒂（Nicholas Kurti）和法国化学家埃尔韦·蒂斯（Hervé This）共同提出的"分子和物理美食学"理论。

分子料理是将食物科学与烹饪艺术相结合的一种料理形式，其最直观的特征是产品的外表新奇但味道熟悉或是外表熟悉但口味却和想象的大相径庭，主要原因是：在分子料理烹饪过程中，通过混合不同物质使食材产生物理与化学变化，从而引起食材分子结构解构、重组、再创造等一系列变化。

（2）**胶囊技术** 实现分子料理不同形态的常用技法有很多，球化技术是较为普遍的一种。

简单来说，正确的球化方式可以将液体塑形成球体，其产品外形形似胶囊，而且可控制大小，较小的能做成"鱼子酱"样式，所以胶囊技术又称胶囊球化技术。

胶囊球化技术可成型如蛋黄一般大小的球体，但只有表面胶化，轻轻地用勺子打破外皮，里面的液体还会涌出。胶囊外皮的厚度、内部液体的浓稠度与材料分子浓度、材料接触时间、制作方式等有直接关系。

2. 分子料理胶囊技术常用原材料

（1）**海藻胶** 海藻胶是从海带、裙带菜、马尾藻等海洋褐藻中提取出的一种天然多糖类产物，是一种水溶性的天然膳食纤维，在海藻胶的不同展现形式里，以海藻酸钠的用途最为普遍和多元。

褐藻酸钠为白色或淡黄色粉末，几乎无臭无味。

褐藻酸钠遇水后会分解出钠离子和褐藻酸离子，后者在含有钙离子的液体环境下可形成凝胶，生成胶囊的外皮。这是球化反应的基础条件之一。

海藻胶

（2）**钙质粉** 钙质粉在分子料理中常称作钙粉，多指代食品级氯化钙，其呈小颗粒状，易溶于水，含钙离子丰富，由其与褐藻酸离子制作而成的球状物能够维持较长时间，但缺点是会给成品带来苦味。它是正向球化技术的常用产品。

（3）**乳酸钙** 乳酸钙是由葡萄糖酸钙盐和乳酸钙盐混合而成的钙盐，呈粉末状，在冷热液体中均可溶解，成品可加热至70~80℃，也可以帮助酸性物质、油脂、酒精等物质更好地溶解，它是反向球化技术的常用产品。

（4）**枸橼酸钠** 枸橼酸钠来源于枸橼酸，呈粉末状，具有高水溶性，溶液呈弱碱性，能够缓和酸味，在分子美食制作中，它常用于调节液体的pH酸碱度，帮助分子技术更好地呈现。

钙质粉

乳酸钙

枸橼酸钠

黄原胶

（5）**黄原胶** 黄原胶可以增大液体黏度，在反向球化的过程中，可以帮助降低胶囊形成前的内外密度或黏度差，帮助球体更好地成型。

3. 分子料理胶囊技术常用工具

（1）**量勺** 用来称量物体的小量勺，可以用来计量原料和辅助剂，更可以在制作球类菜品时，辅助制作各种胶囊。

（2）**鱼子酱制作器** 这是餐厅大量制作鱼子酱时必须用到的专业工具，可以同时形成几十粒鱼子，可以令制作鱼子的工作变得事半功倍。

量勺

（3）**滤网** 用于打捞液体中的胶囊或鱼子酱，可过滤水分。对于较大的胶囊，也可以使用漏勺代替。

（4）**量杯** 用于称量液体体积。

（5）**精密电子秤** 在称量分子烹饪材料时，需要高精度的电子秤来准确测量材料重量。

（6）**手持搅拌机** 手持搅拌机由主体机、搅拌头和盛装容器组成，具有可分离式的设计，可快速拆卸安装，可根据需求进行一键式转换配件，搅拌力度较大。

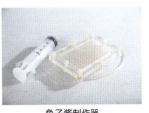
鱼子酱制作器

滤网

量杯

精密电子秤

手持搅拌机

4. 分子料理胶囊技术的制作方式

胶囊球化技术的制作原理与其使用的材料、制作方式等有直接关系，主要原理是海藻酸钠遇到钙离子会迅速发生离子交换，形成多维网络结构，生成海藻酸钙凝胶小球。

依据不同的添加方式，球化有正向球化和反向球化两种方式。

（1）**正向球化** 正向球化是海藻酸钠浸入含钙离子溶液后形成的。主动方是海藻酸钠。

先把海藻胶与果汁、蔬菜汁等材料混合，之后将混合液用勺子或滴管放入（也可滴入）含有钙离子的溶液中，形成胶囊形状或"鱼子酱"小球。

正向球化适用于制作一般液体及呈弱酸性液体，有些酸度较高的液体可通过额外添加适量的枸橼酸钠来缓和酸度，再使用正向球化的方式形成胶囊。

一般可分为以下几种情况。

1）不含油脂、弱酸性的食材，如蔬菜汁、果汁等，使用海藻胶和钙质粉来制作。

2）不含油脂、酸性强的食材，如芒果、香橙等，在使用海藻胶和钙质粉的基础上，需添加枸橼酸钠调节其 pH 酸碱度，再制作胶囊。

示例

使用正向球化制作山楂口味的鱼子酱

使用正向球化制作红石榴胶囊

（2）**反向球化** 反向球化是将含有钙离子的液体滴入海藻酸钠溶液后形成的。海藻酸钠是被动方。

一般做法是先将乳酸钙溶解于液体中，混合均匀后倒入圆形模具中，在冰箱冷冻成型后取出，用勺子放入含有海藻酸钠的溶液中，产品会迅速产生表面胶化，形成胶囊，内部依然保持液体状态，表皮一旦破了就会爆开。

反向球化制作胶囊适用以下几种场景：

1）制作的成品需要高温加热的（一般不高于80℃）。
2）液体中含钙量高。
3）液体中含强酸性材料。
4）液体中含高浓度酒精。
5）液体中含有油脂成分。

技能训练

奶油菌菇汤

原料配方

菌菇（5种）	150克	鸡高汤	200克	松露	少许
黄油	20克	盐	少许	香葱	少许
白洋葱	80克	黑胡椒	少许	切片法棒	3片
大蒜	2瓣	淡奶油	100克		

制作过程

1）将白洋葱、大蒜切碎末。在锅中放入黄油，加入大蒜、白洋葱碎炒香。

2）将菌菇清洗、切碎，放入锅中，中火炒至菌菇水分挥发，加入鸡高汤小火煮至沸腾。

3）将煮好的菌菇汤用手持搅拌机打碎，加入盐、黑胡椒调味，加入淡奶油加热搅拌均匀。

4）将菌菇汤装盘，表面摆放少许松露和香葱碎，搭配切片法棒即可。

1

2a

2b

3a

3b

4

制作关键
1）菌菇的水分需要充分煸干，其香味才会散发得更加充分。
2）淡奶油的加入量可以根据喜好酌情调节。
3）菌菇可以为海鲜菇、白蘑菇、新鲜香菇、杏鲍菇、白玉菇、金针菇等品种。

质量标准
1）汤汁奶白色、醇厚。
2）散发菌菇特有的香气及厚重的奶香味道。
3）质地呈半流体状、质地顺滑。

蜜瓜胶囊

原料配方

新鲜西瓜汁	300 毫升
海藻胶	2 克
钙质粉	5 克
纯净水	1000 毫升

制作过程

1）在西瓜汁中加入海藻胶。
2）使用手持搅拌机搅拌均匀至黏稠状态，再静置至少4小时，待用。
3）将钙质粉与纯净水混合均匀成钙水；先将西瓜汁倒入沾有钙水的勺子中，把量勺平行放入钙水中，再将勺子快速翻转过来，让西瓜汁材料完全落到钙水中，使其形成一个小圆球，即成胶囊形状。
4）将成型的胶囊取出，放入清水中过滤一下，定型即可，捞出装饰或使用。

1

2a

2b

3a

3b

3c

4

钙粉

海藻胶

西瓜汁

项目 3　热菜烹调

制作关键

1）勺子上蘸少许钙水，可以帮助胶囊更好地成型。
2）西瓜汁要除去气泡，如果有真空机，可以将汁水放入真空机中，几分钟即可除去气泡。

质量标准

1）表皮厚度适中，有光泽。
2）内部液体浓度适中。

3.2 少司制作

西餐中的少司是一种具有一定稠度、经过特殊调味、风味浓郁的混合物，也称酱汁。在西餐制作中，少司可以增加菜品风味，同时也有装饰效果。

少司在西餐中的作用可以概括为调味和装饰。用于调味时少司的添加量要适度，不可以喧宾夺主。将少司用于摆盘装饰或菜品装饰时，可以增加菜品的可食用度，提升菜品整体的美观度。

1. 少司的构成

少司和西餐基底汤一样，在西餐中占据重要的地位。少司主要由液体物质、增稠物质和增味物质组成。

（1）**液体物质**　液体物质是少司的基底，多为各类基底汤、牛奶、澄清黄油、番茄（熬煮）等。

（2）**增稠物质**　常用的增稠原材料为面粉、淀粉、蛋黄等。但增稠物质需控制用量，少司具有一定的黏稠度即可，不可过于黏稠。

（3）**增味物质**　增味物质可以丰富酱汁的口感层次。常用的增味物质有各种调味料、香料、酒等。增味物质可以为一种，或者多种结合。

2. 少司的质量要求

1）少司需具有一定的特征。

2）少司质地顺滑，不可过于浓稠或稀薄。

3）少司具有一定的光泽度，可以提高菜品的亮度。

3.2.1　黑菌的相关知识

1. 黑菌的基础介绍

黑菌是松露的一种，又称黑松露，主要产地为法国、意大利，是较为稀有的珍品。黑菌外表坚硬，切开后切面有霜状的花纹。

黑菌的香味十分浓厚，有醇类和醛类混合的味道，通常需要熟食。黑菌采摘后建议尽早烹饪、食用，长时间

干黑菌（黑松露）

储存需要先进行干制，密封保存时建议放些吸水材料，降低湿气，以防微生物进入，导致变质。

黑菌可以直接用于烹饪菜品和少司制作，挑选黑菌可以参考以下标准：

（1）大小　越大的黑菌价值越高。体型越大菌丝体越强壮，营养价值更高。

（2）外表　高品质黑菌颜色深黑，外皮韧性大，有密集的凸点，手触表面有粗糙感。

（3）形状　近似球状、整体形状规则。

（4）味道　嗅闻新鲜的黑菌时，其香气淡雅。

（5）内部　切开后霜状纹路明显。

2. 黑菌少司的特点

1）少司散发浓郁的黑菌香味。

2）黑菌少司适宜搭配海鲜，以及嫩煎禽类、畜类等菜品。

3.2.2　松茸的相关知识

1. 松茸的基础介绍

松茸属于名贵食用菌，肉质肥厚鲜嫩，具有独特的清香气味。

优质松茸的挑选可以参考以下标准：

（1）颜色　新鲜的优质松茸色泽鲜明，菌盖褐色、菌柄色白、菌肉白嫩肥厚。

（2）外观　片形完整，菌盖与菌柄相连，一级碎片率≤1%。

松茸

（3）气味　品质好的松茸闻起来香味独特，无异味。

2. 松茸少司的特点

1）口味清香、颜色乳白。多以白色少司、奶油少司为基底，这样更能衬托其味道。

2）适宜搭配肉类菜品。

3.2.3　酒的相关知识

酒在西餐中应用十分普遍，以酒为主材制作的少司适宜搭配不同的菜品，使用酒类制作的少司具有浓郁的酒香风味。

1. 西餐少司用酒的基础介绍

从生产工艺方面看，西餐酒的类别可分为如下几类：

西式烹调师（技师 高级技师）

类别	名称	口味描述
酿造酒	葡萄酒	葡萄酒是以葡萄为原材料酿造的酒类，按颜色可以分为红葡萄酒、桃红葡萄酒和白葡萄酒，其中红葡萄酒的利用率最高
	香槟酒	香槟酒是由优质白葡萄酒加糖，经过再次酿制，成为富含二氧化碳的起泡酒。原产地为法国香槟省，较为珍贵
	啤酒	啤酒是以啤酒花、麦芽、水为主要材料，经酵母发酵酿制而成，其制作工艺历史悠久、种类丰富。啤酒属于富含二氧化碳的低酒精度酒
蒸馏酒	白兰地	以葡萄为原材料，经过榨汁、去皮、去核、发酵得到酒精度较低的葡萄原液，再经蒸馏酿造而成。常见的白兰地有人头马、马爹利、轩尼诗
	威士忌	以大麦、黑麦、玉米等谷物为原料，经发酵、蒸馏后装入橡木桶陈酿，再调配成酒精度43%vol左右的烈性酒
	伏特加	产地俄罗斯，以谷物或土豆为原材料，经过蒸馏制成高达95度的酒精，再以蒸馏水淡化至40~60度，用活性炭过滤完成，所以酒质更为晶莹澄澈，无色却刺激感强烈
	朗姆酒	朗姆酒是以甘蔗轧出来的糖汁或糖蜜为原料，经发酵、蒸馏、陈酿而成。根据原材料和酿造方式的不同分为白朗姆酒、黑朗姆酒、淡朗姆酒。酒液颜色分别为无色、琥珀色、棕色
	龙舌兰	龙舌兰又称特基拉酒，以龙舌兰为原材料经过蒸馏制作而成。原产墨西哥，以墨西哥的一个小镇命名
鸡尾酒	玛格丽特	以龙舌兰为基酒，以橙味利口酒、青柠或柠檬汁为辅材调制而成，使用盐口的鸡尾酒杯，入口浓郁，果香清新
	血腥玛丽	以伏特加为基酒，混合番茄汁、柠檬片、芹菜根等辅材，鲜红的番茄汁看起来如血液因而得名，富有刺激性，口感层次丰富
再制酒	利口酒	以蒸馏酒为基底，搭配各种调香物质经过甜化处理，是一种酒精类饮料，多作为餐后甜酒辅助消化。利口酒调香物质有果类、草类
	味美思酒/ 茴香酒	以葡萄酒味和某些蒸馏酒为基酒，加入芳香植物的浸液调制而成，属于西餐的餐前开胃酒的一种
	餐后甜酒	以蒸馏酒为基酒，著名的西餐餐后甜酒有波尔图酒、雪利酒

小贴士
酒与菜肴的搭配

（1）餐前酒　餐前酒具有激发食欲的作用，一般选用鸡尾酒、味美思酒。

（2）开胃菜　开胃菜多搭配度数较低的干型白葡萄酒。

（3）副菜　副菜多为海鲜、鱼类，多搭配干白葡萄酒，半干型口味为宜。

（4）主菜　红肉类搭配红葡萄酒，如牛排、羊排。猪肉类多搭配香槟酒或甜白葡萄酒。禽类多搭配白葡萄酒。

（5）甜品　与芝士类搭配的多为甜味葡萄酒，也可以继续使用主菜的酒类。与甜品搭配多选用香槟酒。

（6）餐后酒　指在用餐后用于辅助消化的酒水，一般选用白兰地、利口酒或鸡尾酒等。

2. 酒类少司的制作工艺与特点

加入酒类之后根据需要可以继续烹煮一段时间，待酒精挥发以去除酒中酸涩的口感。

1）遵循酒类不同特性进行选择，不同风味酒类少司用来搭配不同菜品，如加入红葡萄酒制作的少司适宜搭配嫩煎、扒类菜品。

2）味道方面，酒香和香料的香味可以相辅相成。

3）掌握烹调时间，酒具有易挥发的特性，要根据需求的口味酌情调整用时。

3. 酒类少司的常用搭配

用红酒制作的少司适宜搭配牛羊类红肉；白葡萄酒制作的少司适宜搭配海鲜类，如海鲈鱼。

3.2.4 分子料理泡沫技术

1. 分子料理泡沫技术概述

分子料理的原理是以食材分子为单位进行技术处理，打破食材的原貌，重新搭配和塑形，给食客一种"所吃非所见"的感受。

常见的分子料理处理技术有真空低温慢煮技术、液氮速冻技术、泡沫技术、凝固技术四种基本处理方式，从分子反应层面上来看，又可以分为乳化、球化、凝胶化等多类技术。

分子料理泡沫技术是通过虹吸瓶等特殊工具或乳化剂等特殊材料使食材产生泡沫呈现效果的一种食品处理技术。

当宾客在品尝泡沫时，风味体验不止存在于舌尖或唇边的某一点，而是盈满口腔，可体验到气态食物的爆炸和挥发感受。

2. 分子料理泡沫技术常用原材料

（1）**大豆卵磷脂** 大豆卵磷脂来源于大豆油脂，是制作泡沫的理想原料，呈精细的粉末状，是一种天然的乳化剂，是酱汁乳化的较好选择。

（2）**气泡糖** 气泡糖来源于甘蔗，稳定性较高，制作时需要先溶于水再与油混合，可用于制作酒精类泡沫。

大豆卵磷脂　　　　气泡糖

3. 分子料理泡沫技术常用工具

（1）**虹吸瓶** 又称奶油枪，不同的使用场景有不同的品类，如苏打虹吸瓶，主要用来制作气泡水或鸡尾酒；一般标准款，主要用来制作奶油、慕斯或泡沫；冷热两用的虹吸瓶可用于冷热酱汁的制作。不同类型有不同规格，0.25升、0.5升和1升是较为常见的。

（2）**充气囊** 它是与虹吸瓶配套使用的，又叫气泡弹，用于补充气体。

苏打虹吸瓶　　　　冷热两用款虹吸瓶

（3）**手持搅拌机** 手持搅拌机由主体机、搅拌头和盛装容器组成，具有可分离式的设计，可快速拆卸安装，可根据需求进行一键式转换配件，搅拌力度较大。使用卵磷脂制作泡沫的时候，需要配套使用手持搅拌机类混合工具。

4. 分子料理泡沫技术的使用方法

（1）**虹吸瓶** 把液体灌入虹吸瓶后装载充气囊，挤出气体充盈在液态食材中。还可以根据需要调节泡沫的口感，可用于慕斯、奶油泡沫、酱汁等产品的制作，成品细腻、柔软。

充气囊　　　　　手持搅拌机

> **示例　甜辣酱汁**
>
> **配方**
>
> | 泰式甜辣酱 | 200 克 |
> | 二氧化氮充气囊 | 2 颗 |
> | 鲜奶油 | 100 毫升 |
>
> **制作过程**
>
> 1）将泰式甜辣酱倒入容器中，加入鲜奶油，搅拌均匀后倒入虹吸瓶。
>
> 2）填充二氧化氮充气囊，上下摇动虹吸瓶。
>
> 3）倒出酱汁。

1　　　　2　　　　3

（2）**乳化剂与手持搅拌机** 使用乳化剂搭配搅拌器可制作出不同状态的泡沫，且泡沫维持时间较长久。

在各种汁状液体中加入大豆卵磷脂，用手持搅拌机充分搅拌使其形成泡沫，其形成的气泡多为体积较大的气泡，且稳定性较好，此类方法适用于多数食材制作。制作要点如下。

1）做泡沫时用的大豆卵磷脂越少，打的时间越长，泡沫越大，越蓬松。

2）如果需要细小的泡沫，可增加大豆卵磷脂的用量，并减少搅拌时间。

> **示例　柠檬泡沫**
>
> **配方**
>
> | 柠檬汁 | 20 毫升 |
> | 大豆卵磷脂 | 2 克 |
> | 纯净水 | 100 毫升 |
>
> **制作过程**
>
> 1）将柠檬汁和大豆卵磷脂加入纯净水中。
>
> 2）以手持搅拌机高速打出泡沫即可。

1a　　　1b　　　2　　　柠檬泡沫

技能训练

松露酱汁

原料配方

| 黑松露 | 20 克 | 洋葱 | 20 克 | 盐 | 适量 |
| 牛骨汁 | 100 克 | 红酒 | 100 克 | 黄油 | 20 克 |

制作过程

1）将黑松露、洋葱切小碎粒；锅中加入少许黄油熔化，加入松露和洋葱碎炒香。
2）倒入红酒，煮至汤汁收干约 2/3 的量，加入牛骨汁煮至黏稠，加入盐调味即可。

制作关键 加入牛骨酱汁收汁时，可以再酌情加入少许黄油（配方外），酱汁会更光亮、浓稠，香味也会更加浓郁。

质量标准
1）口味咸鲜，散发黑松露香味和酒香。
2）色泽为棕褐色，有光泽。
3）酱汁顺滑、半流体状。

项目 3　热菜烹调

松茸蘑菇酱汁

原料配方

白蘑菇片	40 克	红酒	10 克	胡椒碎	适量
松茸片	20 克	牛骨汁	200 克	黄油	20 克
洋葱碎	30 克	番茄酱	60 克		
蒜碎	5 克	盐	少许		

制作过程

1）平底锅中加入黄油熔化，加入洋葱碎和蒜碎炒香。
2）加入白蘑菇片、松茸片翻炒均匀，加入红酒、牛骨汁烹煮，加入番茄酱继续翻炒至白蘑菇和松茸成熟。
3）最后撒入盐、胡椒碎调味盛出。

质量标准
1）口味浓郁、层次丰富。
2）酱汁有光泽。
3）质地顺滑，呈半流体状。

西式烹调师（技师 高级技师）

红酒少司

原料配方

洋葱	30 克	黑胡椒粒	5 克
红酒	100 克	细砂糖	5~8 克
丁香	1~2 克	盐	2 克
淀粉	10 克		

制作过程

1) 复合锅中加入洋葱、细砂糖、丁香、红酒、黑胡椒粒、盐煮约30分钟,过滤取汁。
2) 淀粉中加入少许水搅拌均匀,分次加入步骤1中,小火煮至浓稠即可。

制作关键 制作步骤2时,水淀粉必须分次加,按照酱汁的浓稠状态适度调整用量,不要一次全部加入,以免过于浓稠。

质量标准
1) 口味咸鲜,散发黑松露和酒香。
2) 色泽红润,有光泽、清透。
3) 质地顺滑,呈半流体状。

龙虾少司

西式烹调师（技师 高级技师）

原料配方

| 龙虾酱汁 | 200 克 |
| 大豆卵磷脂 | 0.2 克 |

制作过程

龙虾酱汁中加入大豆卵磷脂，用手持搅拌机搅打至起泡，使用时用大勺子挖取装饰即可。

制作关键　使用之前打发，不建议太早准备。

质量标准　整体气泡均匀。

3.3 热菜加工

3.3.1 填馅技术知识

1. 填馅产品基本介绍

填馅产品制作工艺较为复杂，主要分为两个部分，即外层和填馅的制作，填馅技术使用范围较广。

制作时将填馅部分装入或卷入主料中，再采用其他烹饪加工方式完成产品制作，一般较大食材需要先煎制、烤制；肉卷类多先蒸制、再煎制。

填馅的食材风味经由加工成熟阶段逐渐渗入外层主料中，最终会形成多层次的产品风味。

2. 填馅技术的基础制作工艺

一般制作中，外层材料和内部填馅食材要尽量有所呼应，或者保持主要食材的一致性，如外部材料是肉类，内馅主材尽量选择能够匹配肉质风味的食材。

（1）**外层主料**　在西式烹调中，用于外层主料的多为动物性原料，可以为整只食材，多见体型较小的禽畜类，如整鸡、整鸭，或者整只乳猪；也可以使用禽类、畜类等食材的某些部位，如鸡腿、猪肠等。

（2）**填馅材料**　在西式烹调中，填馅材料多是豆类、根茎类、菌菇类、肉类、海鲜类等食材混合各类调味料、香料等制作而成。

3. 填馅技术的基础工艺流程

（1）**处理外层主料部分**　对外层主料整理清洗，除去多余部位，使用整只禽畜类产品时一定要注意内部及表面皮毛的清理。通常情况下，外层主料需要提前腌渍，先赋予其一定的风味特征。

（2）**制作填馅材料**　根据烹调方式和外层材料等方面的不同，内部馅料的处理工作会有所区别，常见的工艺有搅拌、腌渍等。

（3）**将填馅材料包裹进外层主料**　多采用叠、裹、卷、包、塞等方式将内部馅料放入外层主料中。

（4）**加工成熟**　填馅产品常用的成熟方式有烘烤、煎、炸等，成品成熟后可进行装饰等操作。

4. 填馅技术的制作要点

1）外层和内部食材的风味需互相依托，选取食材时需要考虑口味、质地等方面的搭配。

2）填馅后，需要将外层材料包裹紧实，如有空气残留会影响内部食材成熟，还会对成品外观有一定的影响。

3.3.2 酥皮类菜肴制作工艺

1. 酥皮类菜肴概述

酥皮面团（也称清酥面团）是由冷水面团和油面团（或专用片状油脂）组合后，经过反复的擀制、折叠和冷藏等工艺制成的基础面团，将其切割开来，切面具有清晰的层次。

以酥皮为主要原材料，通过多种样式的食材搭配，结合各式的成型方法和装饰可以制成多样的酥皮类菜肴。

2. 酥皮类菜肴的原材料

（1）酥皮的常用原材料

1）面粉。面粉是酥皮制作最基础的原料，制作酥皮的面粉宜使用高筋面粉。因为高筋面粉加水搅拌后会产生较强的筋力，具有较好的延展性和弹性，这样的面团在后期可以经受住反复的擀叠和拉伸，烘烤时有利于分层。

如果使用筋力过小的面粉，成品的层次膨发力度较弱，并且层次不分明，会影响产品的质量。此外，产品在制作时，为了达到较为理想的使用状态，可适当调整配方中的面粉配比。除了单独使用高筋面粉外，还可以将高筋面粉和其他筋度的面粉（如中筋面粉和低筋面粉）按照一定的比例调配，使面团达到更好的特质。

2）水。水是酥皮制作的重要材料之一，是酥皮面团成型的基础。水赋予了面团很好的弹性和可塑性，面团的软硬度需要水分来调节，其也是后期烘烤时水蒸气产生的主要来源。

特别需要注意的是，酥皮制作使用的水必须是冷水。

3）油脂。酥皮面团中的油脂分别分布在冷水面团和油面团中。

冷水面团中的油脂用量较少，主要是提升面团的操作性，增加成品的酥性。操作时，可以选用黄油、起酥油或其他固体动物性油脂等。

油面团中的油脂用量较大，使用时宜选用具有一定可塑性，且硬度和熔点较高的固态油脂，如清酥类制品专用的片状油脂（片状酥油或片状黄油），这类油脂便于后期反复擀叠等操作。

4）鸡蛋。鸡蛋具有较高的营养价值。在面团中添加适量鸡蛋，不仅有利于面团的乳化，还可以帮助产品膨大松化，对产品的香味和颜色有提升作用。

5）盐。加入盐可以起到调味的作用，增加产品风味，同时可以改变面筋的物理性质，增强其吸收水分的能力，使面筋质地变密，增加弹性，在后期膨胀而不断裂。进而提高面筋的筋力和弹性强度，增强面团的持气能力。

若是使用的油脂中含有盐分，则应当适量减少盐的用量。

（2）常见的配料　依据产品大小不同，可以将各类食材修整成不同形状，与酥皮搭配组合成各类样式。一般情况下，西餐菜肴中常与酥皮搭配的有牛肉、猪肉、鱼类等，西餐甜品中的酥皮常搭配水果等食材。

3．烤制酥皮类菜肴的工艺流程

（1）酥皮制作的工艺流程　酥皮的制作工艺较为复杂，一般有两种方法，分别是"面包油"和"油包面"。二者在操作时，流程大致相同，一般先将冷水面团和油面团处理成所需形状，再将两者互为表里进行包裹，最后进行反复擀制和折叠，制成具有一定层次的面坯。

1）冷水面团调制方法。在调制冷水面团时，可采取手工调制和机器调制两种方法。手工调制一般用于面团用量较少的情况，便于操作。若是面团用量较多，宜采用机器调制，效率极高。

① 手工调制。制作冷水面团时，一般先将面粉放在操作台上，用工具或手将面粉围成一个圈（粉墙状）。在圈的内部倒入剩余材料，混合拌匀，再用手通过"揉、搓、压、摔"的方法制成具有一定筋度的面团即可。

② 机器调制。使用机器调制冷水面团时，一般将所有材料倒入搅拌机中，搅打成表面光滑的面团即可。

2）冷水面团和油面团的组合。将冷水面团和油面团组合一般有两种方法：一是"面包油"，指用冷水面团包裹油面团或专用的酥皮油（片状油脂）；二是"油包面"，指用油面团包裹冷水面团，油面团一般选用油脂与面粉的混合物。

面包油　　　　　　　油包面

其组合方法一般有三种，分别是两边对折法、中间对折法和四角对折法，可根据所需进行选择。

下面以"面包油"为例进行面团折叠方法的介绍，"油包面"同理。

① 两边对折法。一般将冷水面团和油面团擀至近似长方形，其中油面团大小为冷水面团的一半。

操作时，将油面团放在冷水面团中心处，再将两边的冷水面团依次对折在油面团上，重合在中心处，用手捏紧冷水面团之间的接缝处即可。一般制作流程如下：

两边对折法

a. 将松弛好的冷水面团取出，放在撒有手粉的操作台上，擀成近似长方形，表面包上保鲜膜（或食品油纸），放入冰箱中冷藏松弛，备用。

b. 将油面团取出，放置在食品油纸上进行包裹，再用擀面杖擀成近似长方形，大小为冷水面团的一半，放入冰箱中冷藏，备用。

c. 将处理好的两种面团取出，回温至所需状态（二者的软硬度保持一致）。将油面团放在冷水面团的中间位置，分别把冷水面团的两边折盖并重合在油面团上，用手捏紧，稍微静置松弛。

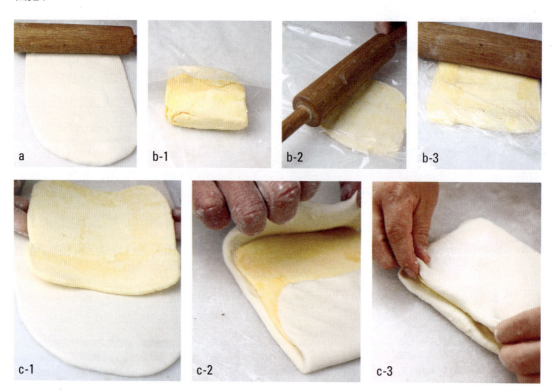

② 中间对折法。一般将冷水面团和油面团擀至近似长方形，其中油面团大小为冷水面团的一半。

操作时，将油面团放在冷水面团的一端，大小占冷水面团的一半，再将另一半冷水面团对折覆盖在油面团上，用手捏紧冷水面团之间的接缝处。后续操作同上。

③ 四角对折法。一般将冷水面团先揉圆后松弛，然后在表面中心处用刀划十字，再擀成近似正方形，油面团也擀成正方形，大小为冷水面团的一半。

中间对折法　　　　四角对折法

操作时，将油面团放在冷水面团中心处，用手将冷水面团四角依次向中心处对折，直至完全重合，冷水面团之间的接缝处捏紧。后续操作同上。

3）酥皮面团的擀制和折叠。

① 在操作台及面团表面撒少许面粉。用擀面杖将包好的面团稍微压制，使两种面团很好地贴合在一起，再将整体从中间向两边擀长，使面团呈长方形。

② 将擀制好的面坯看成三等份，先将一边面皮向中间折起，再将另外一边面皮折起覆盖其上。

③ 将面坯再次擀长，按照同样的方法进行第二次三等份折叠，静置松弛，夏天气温高时可以放在冰箱中冷藏静置。然后将面坯取出，擀长，再进行折叠，具体折叠次数依据所需进行调整。

操作完毕后，将面团用保鲜膜（或食品油纸）包裹，放置在冰箱中，静置松弛，备用。

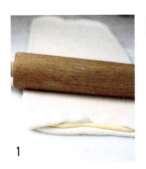

1　　　　　　　　　　2　　　　　　　　　　3

4）酥皮的折叠方法。

① 三等份折叠。三等份折叠是将一个长方形面坯以三等份的方式折叠在一起，侧面看面团有三层。在实际操作中，也可以称其为"两折三层"或"一折三"。

② 四等份折叠。四等份折叠就是将一个长方形面坯以四等份的方式折叠在一起，侧面看面团有四层。在实际操作中，也可以称其为"三折四层"或"一折四"。

1　　　　　　　　　　　　　　2

（2）烤制酥皮类菜肴的工艺流程

1）材料准备。准备好酥皮及相关馅料食材，使彼此大小、形状、口感等匹配。

2）菜品组合。将酥皮与其他食材通过技术组合在一起。酥皮制作完成后，根据产品制作需求，可以将酥皮切割成各类形状，与其他食材组合完成产品的整体制作。一般菜肴制作中，酥皮常作为产品的外皮、底部支撑、顶部装饰等。

3）表面刷蛋液。一般酥皮用于外层装饰或包裹时，常常会在表面刷一层蛋液，经过烘烤会带来很好的色泽。

4）烘烤。使用烤箱将菜品烘烤成熟，酥皮层次鲜明，具有金黄色泽。

4. 烤制酥皮类菜肴的制作要求

1）避免层次不均匀。冷水面团和油面团在包裹和擀叠时，油面团要均匀分布在水面团上，还要确保二者软硬度一致。这样擀制时才能同步向两边延展，避免出现漏油或断油（油脂分布不均匀）的现象。

在擀叠时，室内温度控制在 20℃ 左右。若是温度过高，面团内部的油脂会熔化溢出，影响层次；若是温度过低，面团较硬，容易裂开，影响操作和产品质量。

2）最大程度保证酥皮的口感。酥皮类产品最大特点就是外皮的口感酥脆，因此与之搭配的食材不宜水分过多，以肉类为例，可以先将处理过的肉类放入锅中煎制，将汁水去除或封在内部，如汁水过多可以过滤掉汁水，此种方式可以避免液体将酥皮浸湿，影响酥皮的酥脆程度。

3）酥皮需紧贴食材，不要残留空气，避免形成空隙，保持外表不变形。

3.3.3　油浸菜肴制作工艺

1. 油浸菜肴的基础介绍

油浸在西餐中较为常见，用此类方式制作的菜肴会更为滑嫩、多汁，同时可防止食材变质，延长保质期。

动物性和植物性材料都可以用油浸的方式来处理，油浸鸭胸肉、油浸三文鱼是常见的西餐菜品。橄榄油浸番茄也经常与沙拉、面包、比萨搭配使用。

油浸三文鱼

2. 油浸菜肴的工艺流程

制作油浸菜肴时，一般先将食材进行预加工和预处理，如油浸番茄通常需要与香料、调味料混合烤制，用于去除水分和增加风味，再放入橄榄油中浸制。

油浸可用的油类品种很多，橄榄油、香草油等都是较常用的，动物性食材油浸时有时也会使用其对应的油脂，如制作油封鸭腿时会使用鸭油来进行低温油浸。

油浸可采用低温或常温浸渍，如果是低温长时间浸渍，食材基本已成熟，后续一般可直接装盘；如果是常温浸渍，则主要用于风味补充。一般情况下，油脂稍带温度可以帮助食材间风味交互得更快，但具体还需根据油脂类型和食材质地来进行判断，后续一般还需配合煎制等操作进一步使食材制熟。

3. 油浸菜肴的制作要点

1）油浸菜品用油量较多，以没过食材为宜。

2）食材需要经过预处理，如腌渍、烘烤脱水等。腌渍调味可以赋予食材基础的味道，也可以给食材增色。腌渍完成的食材需要吸干水分再进行油浸。

3）带皮的禽畜类食材配合煎制操作可以使食材的香味更多激发出来，同时能够去除皮下的一些油脂,减少油腻的口感。质地较嫩的鱼、虾类则不太适合煎制操作。

4)注意各类食材的油浸时间,避免油浸时间不合理导致菜肴风味不足或成熟度不够等。

3.3.4 烩的烹调工艺

1. 烩的基础介绍

烩指将初步处理的原材料放入锅中,加入水或鲜汤及配菜,经过持续加热、调味,在较短时间内使菜品成熟的方式,烩的烹调工艺结合了煎、煮、焖等方法,食材充分浸润汤汁,菜肴肉质鲜嫩、汁稠光亮、汤汁浓稠、味浓,口感丰富。

烩的传热介质是水,传热方式是对流与传导,烹饪时一般先将其煮沸,再转中小火煮制。

烩适宜的原材料较为广泛,各种动物性食材包括肉类、禽类、海鲜类或植物性原材料皆可以采用此种烹饪手法加工制作。烩对于原材料的质地无特别要求,比较适宜烹调较易熟的食材,使用原材料体积一般较小,底部留少许汤汁即可。制作中辅助使用煎制工艺可以增加菜品的香气。

2. 烩的工艺流程

烩可以使用锅具直火加热完成,也可以借助烤箱完成,使用烤箱的方式相对省力,但是用时较长,使用时需要调节烤箱温度和时间以达到最佳效果。

根据酱汁颜色的不同,烩可以分为红烩(番茄酱、烧汁等)和白烩(奶油酱)。

红烩

一般情况下,红烩多用于红肉类,白烩多用于鱼肉等,具体实践可根据需求酌情调整。一般加工工艺流程如下:

1)主料加工成型。烩的原材料可以是生料或熟料,动物性食材多采用先煎制再烩制,植物性食材一般会焯水。

白烩

2)油煎至上色或水煮至七八分熟度。油煎可以帮助外部固形,帮助内部锁住更多水分,如惠林顿牛排中牛排的前期处理,煎制程度可根据需要调节。水煮可以断生去涩味。

3)过滤。过滤掉多余的油或水。

4)调味烩至成熟。使用锅或烤箱混合食材进行烩制,加热时间一般较短。

5)成品。

3. 烩的制作要点

1)烩的酱汁用量不要过多,以刚好覆盖食材为宜。

2)烩的过程中需要观察汤汁的量,避免底部粘底。

3.3.5 低温慢煮烹调工艺

1. 低温慢煮的基础介绍

低温慢煮又称真空低温慢煮，指将加工成型的原材料放入特制的包装袋中，将其抽真空密封，通过精准控温的方式，使密封的食材处于较低烹饪温度范围内进行烹饪的一种方法。低温慢煮的烹调方式适宜含有大量结缔组织的肉类、禽类、海鱼类，也可以用于水果的处理。

在低温慢煮包装材料的选择上，通常以耐高温材料制成的真空包装袋为最佳选择。此类包装袋可以使水的热量更为直接地传递到食材内部。

2. 低温慢煮的烹调优势

1）低温慢煮对原材料的组织结构和营养价值破坏较小，可以最大限度地保持食材新鲜度和口感特点。通过控制温度可以使食材风味一直保持在最佳状态。

2）低温慢煮的工序更为精准化、科学化、程序化，大批次菜品生产质量稳定。通过精准的控温，确保产品成熟度一致。

3）低温慢煮能够优化西餐后厨的工作安排，是产品标准化的解决方案之一。

4）成品更为健康，减少油烟，同时真空可以消除食材周围的氧气，降低氧化的可能性，避免食材腐败、变色。

3. 低温慢煮的制作工艺及设备使用

低温慢煮需要通过专业的设备来实现，其基本制作流程如下：

（1）**食材处理**　将所选食材根据需求进行切配、腌制、组合等工序。

（2）**密封真空包装**　低温慢煮的食材需要经过长时间烹煮，为了避免食物氧化及营养流失，以及确保食材表面的任何一个部位都可以均匀地浸泡在恒温液体中，所以烹调前需要将食材放入特制的袋子中，然后使用真空机将内部抽真空。

真空包装 1

真空包装 2

（3）**低温慢煮机烹制**　低温慢煮机内置螺旋桨能够保持水流流动，使得水温均匀稳定，是西餐厅、酒店常用的专业低温烹调设备。一般食材经过包装和抽真空后，放入恒温液体中水浴，其温度低于100℃，通常在50~90℃。

（4）**食材的进一步处理**　低温烹煮后，将食材取出，根据需求可进一步进行煎制等，同时准备配菜等。

低温慢煮机

低温烹煮

（5）组合成品　将各类食材装盘，搭配装饰。

4. 低温慢煮菜肴的制作要点

1）真空抽力。真空抽力取决于使用的真空机，通常抽力的大小取决于抽真空的时间。所以当选择一种材料后，需要先确定其质地强度，对于比较硬的食材，可以使用较大的抽力，后期低温烹煮时能够加强水流对食材的接触。对于稍软的食材，我们选择中度抽力，如鹅肝，一定要避免食材被挤压。

2）温度。低温真空烹饪中的温度是真空恒温，上下 0.2℃ 为准，偏差不能超过 1℃，否则烹饪效果就会改变。

3）时间。在真空低温烹饪中，根据不同的食材选定不同的时间，时间过长食材质地会变老，色泽减退。加热时间需要根据食材的种类、形状、大小、厚度及加热时间进行调节。

4）采用低温慢煮的方式制作菜肴时，需要待水的温度达到设定温度再放入抽真空后的食材。

5）低温慢煮之后，如果食材不立刻使用，可以将食材包放入冰水中彻底降温，这样可以减少细菌滋生，延长食材的保存时间，同时可以维持食材的新鲜度。

5. 低温慢煮常见食材的建议温度与时间参考

名称	温度（低温烹煮）/℃	时间/分钟
羊排（200 克）	适宜温度 60.5	建议用时 35
牛排（较厚，200 克）	一分熟 49~53；五分熟 57~62；全熟 高于 69	无固定，以成熟度判断
鸡腿（500 克）	适宜温度 64	建议用时 40
鸭胸（500 克）	适宜温度 60.5	建议用时 25
鹅肝（1000 克）	适宜温度 68	建议用时 40
猪里脊、排骨（200 克）	适宜温度 80	建议用时 480
三文鱼（500 克）	适宜温度 59.5	建议用时 20
龙虾（去壳，300 克）	适宜温度 59.5	建议用时 15
鸡蛋	适宜温度 64	建议用时 75
鲍鱼	适宜温度 62	建议用时 15

技能训练

西式烹调师（技师 高级技师）

烤火鸡

原料配方

火鸡	4000克	盐	30克	红酒	适量
洋葱	100克	色拉油	40克	黑胡椒	30克
西芹	160克	欧芹	20克	柠檬	1个
胡萝卜	160克	圣女果	100克	大蒜碎	适量
百里香	16克	色拉油	适量	黄油	适量

制作过程

1）将盐、黑胡椒、黄油、大蒜制作成混合腌料，涂抹在火鸡表面，包上保鲜膜放入冰箱中腌制一夜。
2）隔天，将洋葱、西芹、胡萝卜切小块，加入百里香、欧芹用红酒炒香，制作成混合蔬菜，取一半混合蔬菜平铺入烤盘中，在顶部中心处放置一个烤架。再将剩余的混合蔬菜塞入火鸡肚子中，用柠檬封口，将鸡腿捆绑好，放在烤架上，将色拉油淋在火鸡表面和烤盘中的蔬菜上。
3）将烤盘入烤箱，先以135℃烘烤2.5小时，再将温度升至220℃，烘烤约30分钟至鸡皮表面呈金黄色。
4）取出，将食材移入盘中，将圣女果和欧芹（另取）摆放在方盘周边装饰，将红酒淋在火鸡表面，再用火枪烧灼至香味散发。

制作关键 1）火鸡腌制是十分重要的步骤，因火鸡体积较大，充分腌制才能使其入味。
2）烘烤温度需要先低温再高温，低温是为了使其充分成熟，转高温可以使表皮色泽更漂亮，产品风味更加突出。

质量标准 1）表皮呈金黄色。
2）味道浓郁，烤鸡风味混合蔬菜香料的芳香。

酥皮牛柳

西式烹调师（技师 高级技师）

原料配方

牛柳	80克
酥皮（12厘米×12厘米）	2片
蘑菇	10克
鲜香菇	10克
干香菇	10克
菌菇酱汁	5克
全蛋液	10克
黄油	少许

牛柳腌料

黑胡椒碎	1克
百里香	少许
胡椒粉	少许
淀粉	少许
蛋清	20克

制作过程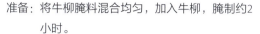

准备：将牛柳腌料混合均匀，加入牛柳，腌制约2小时。

1）将干香菇放进烤箱，烤香，取出后用粉碎机打成粉末状。

2）将蘑菇、鲜香菇一起焯水后切碎，倒入锅中炒香，加入菌菇酱汁搅拌均匀，盛出备用。

3）煎锅中加入少许黄油，放入腌制完成的牛柳煎至五分熟。

4）取出牛柳，放在一块酥皮上，撒上干香菇粉末及炒好的步骤2，覆上另外一块酥皮，压紧。

5）边缘处用叉子压出纹路，表面刷全蛋液，放进烤箱，烤至酥皮金黄色即可。

6）取出摆盘装饰。

质量标准
1）外层酥皮无破损、颜色金黄。
2）口味咸鲜，内部牛肉软嫩多汁、酥皮酥脆。

西式烹调师（技师 高级技师）

油封鸭腿

原料配方

鸭腿	1只	黑胡椒碎	2克
细盐	少许	土豆	100克
胡椒粉	适量	洋葱碎	30克
鸭油	800克	大蒜碎	5克
粗盐	50克	大葱	1段
百里香碎	2克	黄油	适量
月桂叶碎	2克	欧芹	适量
迷迭香	2根	色拉油	少许

制作过程

1）将粗盐、百里香碎、月桂叶碎、迷迭香、黑胡椒碎混合均匀，涂抹在鸭腿表面，用保鲜膜覆盖表面，冷藏腌渍8~12小时。

2）用清水冲洗掉腌渍完成的鸭腿表面的腌料和盐分，再用厨房纸拭净水分，放到装有鸭油的锅中。将大葱和迷迭香卷起制作成香料束，放入锅中。将锅放入烤箱，用100℃烘烤3~4小时。小心取出，放入平底锅煎至表皮金黄。

3）将土豆切片浸水后，将水分完全拭干。在平底锅中加入少许油，将土豆片煎熟，盛出。锅中加入黄油，煸香洋葱碎和大蒜碎，再加入土豆片混合均匀，撒入少许细盐和胡椒粉调味。

4）将油封鸭腿装盘，搭配土豆片、少许欧芹即可。

制作关键

1）干腌可以赋予鸭腿一定的风味，香草可加可不加，盐和腌料需要均匀地涂抹在鸭腿上，特别是断面处。

2）腌制以后的鸭腿需要充分清洗浸泡去除盐分，避免口感过咸。

3）油浸的温度需要控制，一般需要持续低温，鸭肉的核心温度达到约75℃。切记油温不可过高，避免变成油炸，可以用温度计测量油温。

4）经过长时间烹饪，鸭腿易发生骨肉分离，最后煎制的时候要注意不要把鸭腿肉碰散。

质量标准

1）菜品色泽为金黄色。

2）鸭腿口感咸鲜。

3）鸭腿质地软嫩。

黑橄榄番茄烩兔腿

原料配方

野兔腿	200 克	洋葱条	35 克	红酒	70 克
去皮番茄	280 克	胡萝卜片	35 克	盐	3 克
黑橄榄	20 克	小米椒	7 克	橄榄油	20 克
西芹丁	35 克	百里香	3.5 克	黑胡椒碎	少许

制作过程

准备：将野兔腿剔除骨头，肉切丁。平底锅中加入橄榄油和野兔肉，煎至肉质表面金黄，盛出。

1）将胡萝卜片、洋葱、西芹入锅，加入少许盐，翻炒约1分钟，加入煎好的野兔肉，翻炒均匀，加入少许热水和去皮番茄，炖煮片刻。加入红酒煮至汤汁浓稠，加入百里香、黑橄榄、小米椒和少许盐，继续煮至汤汁收干。

2）将野兔肉和配菜装盘，在菜品表面撒少许百里香碎和黑胡椒碎，淋入少许橄榄油即可。

1

2

制作关键 加热番茄时，用勺子捣碎或用刀切成小碎块，汤汁中番茄香味会更为浓郁。

质量标准
1）色泽红褐色。
2）番茄口味浓郁。
3）肉质细腻、软嫩。

虾仁慕斯

原料配方

蛋清	80 克	盐	适量
甜虾	150 克	淡奶油	200 克
斑节虾	150 克	蛋黄酱	100 克

制作过程

1）将蛋清打发至鸡尾状备用。将甜虾、斑节虾取肉，放入料理机内搅拌，加入盐搅打成泥状，加入淡奶油搅打均匀，最后加入蛋黄酱搅拌均匀，分3次加入打发蛋白，拌匀即可。

2）将制作好的酱料分成50克一份，用保鲜膜包好，将中间空气挤出，放入蒸箱中以80℃蒸约10分钟，取出冷却，去除保鲜膜。

3）将制作完成的虾仁慕斯放于菜品表面即可。

1

2

3a

3b

制作关键
1）蒸制时间需要掌控好，会直接影响慕斯的口感。
2）保鲜膜需要包裹得较紧，有助于蒸制时慕斯定型。

质量标准
1）色泽白色、摆盘搭配清爽。
2）口味咸鲜、虾肉鲜甜。
3）慕斯质地弹滑。

低温慢煮牛肉

原料配方

牛肉	350 克	黑胡椒粉	1 克
香菜叶	15 克	罗勒粉	少许
盐	2 克	柠檬草粉	少许

制作过程

1）将盐、黑胡椒粉、柠檬草粉和罗勒粉均匀撒在牛肉表面调味。

2）将香菜叶放在牛肉表面，将牛肉放入真空袋中，用真空机抽真空。

3）将真空袋放入低温机中，设置温度60℃，煮约4小时。

4）将牛肉从袋中取出，去除表面香料即可。

1

2a

2b

3

4

制作关键 腌制时间和低温机温度都要掌控好。

质量标准
1）牛肉色泽鲜红。
2）肉质软嫩。
3）口味为牛肉和香菜的香气叠加。

3.4 甜品制作

3.4.1 水果派的制作工艺与要求

1. 水果派的基础介绍

派类产品是以混酥面团或清酥面团为基础面坯,使用模具切割出所需面坯,再通过制形、烘烤、装饰等工序形成的一类含水果或馅料类点心。其中制形过程一般需要模具辅助,成品的形状与模具有直接关系。内部夹馅直接影响产品口味,馅料可以与面坯一同烘烤,也可以不参与烘烤,这个与馅料质地和风味有关。

水果派是派类产品中的一个主要类别,由派皮和水果馅料组合而成,馅料多为卡仕达等奶油基底和水果馅的组合搭配,派经由烘烤而成。派皮口感松酥,口感层次丰富,整体风味清爽。

2. 水果派的制作材料

(1)派皮 清酥类派皮的口感酥松,油脂和面皮的折叠会形成带有层次的酥皮,在高温烘烤时空气进入各层面团间,面皮和油层因膨胀形成多个层次。

混酥类派皮制作较为简单,口感酥松。制作混酥派皮只需要将面粉、油、糖混合均匀成团,再将面团擀压至适合的厚度,放入派盘中成型,松弛扎孔、填馅烘烤即可。

(2)水果馅料或装饰 水果派的馅料制作是多变的,一般由卡仕达馅料、炸弹面糊、意式蛋白霜、英式蛋奶酱等混合淡奶油(打发)、软化黄油、软化奶油奶酪、扁桃仁酱等材料制作成复合馅料基底,之后再混合水果材料制作成混合型馅料。

水果材料可以简单整理加工后直接混合馅料,其外形特点明显,有鲜亮的色彩,能极大地勾起人们的食欲,可以最大程度上给人传达"原生态、健康"的信息。

如果将水果直接放入内馅中,所选用的水果块不能太大、不能有籽、不能有皮,以免影响口感。同时内部装饰所用水果也不能太软,否则会被酱料挤压变形。

通常情况下外部装饰是内在馅料的一种外在表达,且最好是对应关系。如甜品内馅制作的主要食材是草莓,那么外部装饰就宜选草莓或与草莓有关的水果。常见馅料基底如下。

名称	基础原料	特点
卡仕达酱	牛奶、蛋黄、糖、淀粉、黄油	淡黄色酱料,细腻,百搭基底

（续）

名称	基础原料	特点
英式蛋奶酱	蛋黄（全蛋）、糖、牛奶混合物	很大程度上保留蛋奶香气，熬煮温度控制在 82~85℃。单独使用蛋黄时，效果接近炸弹面糊；使用全蛋时，降低了酱的浓度，有一定的轻盈度
炸弹面糊	糖浆、蛋黄、糖	醇厚，具有一定的浓度，能够帮助突显蛋糕整体的厚重感
意式蛋白霜	蛋白、糖、混合液体	轻盈，洁白，能中和油腻，增加柔滑细腻度，适合多种甜品

1）卡仕达酱。卡仕达酱无论在甜点还是西餐领域，都属于入门基础款馅料。

卡仕达酱是将蛋黄、糖类和粉类混合拌匀后，再与牛奶等液体进行混合和加热，利用蛋黄的凝固力和粉类的糊化能力，在搅拌的作用下制成的一款浓稠且表面有光泽的基础馅料。

基础制作过程：

①先将液体材料混合加热。一般是牛奶，可以加入香料类产品。如可以在牛奶里加盐、香草荚、黄油、淡奶油等；也可以用水果汁或水果酱来替代牛奶，丰富蛋糕口感。

②将蛋黄类产品混合。一般会加入糖和淀粉、面粉类材料。

③步骤1煮沸后，如果杂质较多，需要过筛。

④将液体材料倒入蛋黄糊中，完全混合均匀。

⑤重新加热，加热期间要不停搅拌，防止煳锅。

⑥至浓稠后，离火，快速隔冰水降温，且不停搅拌防止馅料结皮。

⑦降温至 30℃ 左右。

⑧加入软化的黄油。

⑨混合搅拌均匀，至细滑的状态。

⑩将馅料用保鲜膜完全包起来，放入冰箱中冷藏待用。

2）英式蛋奶酱。将蛋黄（全蛋）与砂糖混合拌匀后，再与煮沸的液体混合，继续加热至82~85℃制成的一种馅料。英式蛋奶酱中使用的液体除了牛奶或淡奶油之外，还可以用各种口味的果汁来代替，增加了口感的多样性。成功的英式蛋奶酱口感顺滑，颜色为淡黄色，奶香味浓郁，可根据个人喜好加入香草籽，增加风味。

3）炸弹面糊。炸弹面糊是将温度为117~121℃的糖浆冲入打发的蛋黄中，将其搅打至浓稠状的一款馅料。炸弹面糊的颜色为淡黄色，质地黏稠、顺滑，蛋香味浓郁。

4）意式蛋白霜。意式蛋白霜是将温度为117~121℃的糖浆冲入打发的蛋白中，直至将其搅打至表面细腻有光泽的一款馅料。意式蛋白霜的颜色为白色，具有黏性，稳定性强，不易消泡，可用于基底馅料使用。

3. 水果派的制作工艺

多数派类产品的成型需要依靠模具来完成。将面坯放在模具上时，需要使用正确的手法才能达到较好的效果。

一般先用擀面杖或压面机、起酥机将面团擀至所需的厚薄度，再使用压模或模具切割出所需大小样式。

（1）单层制作　将切割好的面坯放入模具中，去除边缘多余的面坯，再组合馅料、整形、装饰。

（2）双层制作　基础层次是将切割好的面坯放入模具中，填入馅料，再覆盖一层面坯。

双层面坯一般有两种组合烘烤方式。一是单层面坯入模具后，先初步烘烤至所需状态，取出填馅，覆盖第二层面坯，之后第二次烘烤；二是第一层面坯入模后，填馅，覆盖上第二层面坯后直接装饰，再烘烤成型。

双层烘烤 1

双层烘烤 2

4. 水果派的制作要点

1）注重派皮松弛。制作好的面皮需要冷藏松弛，松弛后的面皮延展性会增加，弹性会变弱。

2）注意派皮的平整度。捏合的派皮在底部扎孔，可以去除面皮与模具之间的空气，烘烤时不会膨胀鼓起。

3）注意派皮入模的方式。贴派皮的时候要尽可能地将面皮与模具充分按压贴合，避免空气残留过多。

4）注重馅料中水果的新鲜度，建议选择新鲜、成熟度适中的水果，因新鲜水果更容易切分成型。

5）如果水果果肉用于装饰，要注重水果的防氧化处理，避免产品变色影响产品品质。防止氧化的方式有如下几种。

① 泡清水：将水果完全浸泡于水中可以避免果肉直接暴露于空气中造成氧化，水中的含氧量低于空气，能够起到延缓氧化的作用，同时防止营养成分流失。

② 泡盐水：将切分的水果泡于一定浓度的盐水中，避免氧化产生褐变。

③ 柠檬汁：柠檬所含的柠檬酸能够有效阻止氧化、防止褐变，可将柠檬汁滴在水果的切面上即可。

④ 蜂蜜：蜂蜜中含有能延缓氧化的酶，以一定比例加入水中，再加入去皮的水果，不仅可以防止水果软化，还可以给水果增加清甜的口感。

5. 水果派的储存

1）装饰完成的派，在密封状态下放入冰箱冷藏最多可以保存 3 天。

2）未组合的派皮可以冷藏保存 12 小时，或冷冻密封保存最多 1 周时间，在使用之前，提前取出放置室温回温，再进行擀制、成型、组合、烘烤。

3.4.2　蛋挞的制作工艺与要求

1. 蛋挞的分类

蛋挞是由挞皮和挞液组成的烘焙点心。用于制作蛋挞的基本原材料常见的有鸡蛋、面粉、糖、油、牛奶等。

蛋挞可选择的挞皮种类大致可以分为两类，即清酥类挞皮和混酥类挞皮。清酥类蛋挞的代表为葡式蛋挞，混酥类蛋挞的代表为港式蛋挞的牛油挞。因挞皮的制作方式不同，挞壳形成的质感和口感是不同的。

（1）**清酥类蛋挞** 此类蛋挞的挞皮特点是口感酥脆、皮薄层次分明。挞液烘烤后表面会形成不规则的琥珀色黑斑，挞壳颜色金黄。

（2）**混酥类蛋挞** 此类蛋挞的挞皮特点是口感酥松，黄油味道比较浓郁，挞壳的外观光滑，无层次。烘烤完成的蛋挞整体颜色比较淡，挞液凝固后平整无起泡，类似炖蛋的感觉，且挞壳颜色较白。

2. 蛋挞的工艺流程

蛋挞的工艺流程中比较重要的两部分为制作挞皮和挞液，除挞皮的不同，挞液的做法基本类似，通常蛋挞的工艺流程如下：

制作蛋挞液（冷藏）——制作挞皮——制作挞壳——注入挞液——入炉烘烤——完成。

（1）**制作蛋挞液** 挞液制作材料一般有鸡蛋、牛奶或淡奶油、蛋黄、白糖、面粉或淀粉等，面粉或淀粉主要用于增稠，还可以适度加一些水果，如葡萄干、香蕉等，但需要注意大小。

（2）**制作挞皮** 清酥或混酥面团可以大批量制作（清酥面团参考"3.3.2 酥皮类菜肴制作工艺"），混酥类挞皮的制作有两种方式，分别是"粉油法"和"糖油法"。

1）粉油法是将黄油（不要太软）和粉类先混合，采用压拌的方法混合粉油，再加入蛋液按压至不粘手的状态即可。夏天比较适宜使用粉油法制作挞皮，也可以使用厨师机搅打。

2）糖油法是将黄油和糖先混合，将黄油压至无颗粒感，同糖混合均匀，分次加入蛋液压拌至无明显蛋液，最后加入粉类压拌均匀即可。加入粉类之前也可以使用电动打蛋器混合搅打，或者全程使用厨师机制作。

（3）**制作挞壳** 挞壳的制作需要依赖模具塑形，一般常见模具类型有圆形挞模、方形挞模和异形挞模（如弯月形）等，挞皮入模多采用捻推式方法，此方法适合面积较小的产品，先取所需重量（或大小）的面坯放在模具的中心处，用手指向下压面坯，顺时针一手捏、一手向上推，用大拇指和食指捻压面团紧贴模具，直至边角处。最后用刮板将边角处多出的面坯去除，边缘处可以用手磨平。

① ② ③ ④ ⑤

（4）注入挞液　可使用裱花袋、勺子等工具将挞液挤入蛋挞壳中。

（5）入炉烘烤　蛋挞烘烤温度与时间、蛋挞大小、蛋挞液的厚度有直接关系。

（6）完成　待凉后装盒即可。

3. 蛋挞的制作要点

1）使用蛋挞模具制作挞皮时，可以先将模具涂油撒粉，再磕掉多余的面粉，此种方式可以防粘，避免烘烤完成无法脱模。

2）捏起酥挞皮的时候要尽量避免用手触碰面皮的层次面（侧边），才能最大程度保证烘烤后分层明显。同时，捏的时候底部与挞壳接触部分的面皮尽量薄一些，烘烤后口感更佳。

3）注意捏面皮的力道均匀，才能保证挞壳的厚度一致。

4）烘烤后需要脱模具的蛋挞，出炉后尽快脱模，避免长时间放置在模具中影响挞壳口感，期间注意防烫。

4. 蛋挞的保存和复烤

1）新鲜出炉的蛋挞口感最佳，建议现烤现吃，也可以密封好冷藏，最好不要超过24小时。

2）制作完成的挞壳可以冷冻保存，但要密封好，避免挞壳吸湿，也可以撒一层薄面粉用以防粘。食用前，取出稍作回温，注入挞液烘烤至熟即可。

3）酥皮类蛋挞存放过久后，再次食用前建议使用烤箱或空气炸锅等复烤，可以帮助起酥蛋挞恢复酥脆的口感。

3.4.3　布丁的制作工艺与要求

1. 布丁的分类

在西餐制作中，布丁是一种常见的甜品种类，根据成型方式的不同，大致可以分为烤布丁、冷冻（冷藏）布丁、蒸布丁等类型。

（1）**烤布丁**　布丁液倒入模具中，入烤箱烘烤至定型。

（2）**冷冻（冷藏）布丁**　布丁液中含有凝胶材料，倒入盛器中，在低温环境下完成定型。

（3）**蒸布丁**　布丁液中含有鸡蛋、面粉等物质，通过蒸汽完成定型。

2. 布丁制作的原材料

调制布丁液所需要的材料一般有牛奶、蛋黄、吉利丁、糖、面粉、淀粉等，还可根据需要添加其他风味材料，制作成各种样式的布丁，丰富口味。

常用的风味材料有巧克力、咖啡、香草、利口酒、果汁、椰浆等。

3. 布丁的制作工艺

（1）**烤布丁与蒸布丁**　一般采用蛋奶酱的基础制作方法混合各类食材，入模具，入烤箱或蒸箱进行定型操作。

（2）**冷冻（冷藏）布丁** 一般需要先处理凝结材料，如泡发吉利丁片；再混合其他材料，加入凝结材料完全融合，入模具，入冰箱低温定型。

4. 布丁的成型方式

（1）**模具直接成型** 直接将布丁液倒入所需模具中，震平表面，放入烤箱、蒸箱或冰箱冷藏定型，然后脱模，再进行后续装饰即可。适用于各类布丁制作。

（2）**各类容器成型** 将布丁液倒入各类盛器中，如玻璃杯、布丁杯等，再进行定型。成型后可连同盛器一起装饰、售卖。适用于各类布丁制作。

（3）**刀切或压刻成型** 布丁成型后，采用各类切割工具对布丁进一步整形，最终使产品外形达到需求。此类方法适宜质地较硬的布丁，对外形掌握更加灵活，成品可以作为装饰、夹心等。

5. 布丁的制作要点

1）布丁液搅拌时力度不宜过大，避免产生过多气泡，导致表面不够光滑。

2）采用烘烤的方式制作布丁，烘烤的温度不宜过高、时间不宜过久，避免产品口感过老。

技能训练

苹果派

原料配方

（1）派皮材料

黄油	100 克
糖粉	50 克
盐	1.5 克
鸡蛋	55 克
低筋面粉	150 克
杏仁粉	30 克
模具用黄油	适量

（2）馅料材料

细砂糖	60 克
低筋面粉	30 克
鸡蛋	55 克
牛奶	300 克
黄油	20 克

（3）装饰组装材料

苹果	1 个
盐	3 克
水	适量
透明果膏	适量

制作过程

1）派皮制作：在模具内壁上涂抹软化的黄油，撒少许低筋面粉（配方外），再将多余的面粉扣出。

2）将黄油、糖粉和盐混合均匀，分次加入鸡蛋混合均匀，再加入过筛的粉类混合成团，包上保鲜膜，常温环境下松弛20分钟。

3）将松弛好的面团擀至约0.4厘米厚，取适宜面皮放入派盘中。

4）将面皮和派盘充分捏合，去除多余面皮，用竹扦在底部打孔，备用。

5）馅料制作：将细砂糖、鸡蛋和低筋面粉搅拌均匀。

6）在牛奶中加入黄油，加热煮沸。

7）将步骤6慢慢加入步骤5中，搅拌均匀。

8）以边煮边搅拌的方式将混合物煮至糊状，离火冷却，备用。

9）组装：容器中放入适量水，加入盐混合均匀，将切成薄片的苹果放入浸泡。

10）将做好的馅料放入做好的派皮中，抹平（中间稍微高一点）。

11）将苹果片取出擦干，叠加摆放在馅料上，摆成螺旋形，将派盘放入烤盘中。

12）入烤箱，以上下火180℃/160℃，烘烤约20分钟，取出在顶面刷一层透明果膏。

13）将苹果派取出，摆盘装饰。

制作关键
1）注意派盘的防粘，涂油撒粉时不可遗留过多面粉。
2）派皮松弛时间要够、捏合派盘时要紧密不可进入空气、底部扎孔需要扎到底，以免烘烤时鼓起。
3）馅料加热时需要不停搅拌，避免底部焦糊。

质量标准
1）色泽金黄、挞壳不破损。
2）派皮口感酥松、馅料柔软细腻。
3）苹果片摆放规整。

葡式蛋挞

原料配方

（1）挞皮材料
- 低筋面粉　　160 克
- 水　　　　　100 克
- 盐　　　　　　1 克
- 鸡蛋　　　　 10 克
- 片状黄油　　100 克

（2）挞液材料
- 牛奶　　　　180 克
- 细砂糖　　　 55 克
- 淡奶油　　　180 克
- 蛋黄　　　　 65 克
- 全蛋　　　　 55 克

制作过程

1）挞皮制作：将挞皮材料中除片状黄油外的其他材料混合均匀，搅拌成光滑的面团，且面团可以拉出较薄的薄膜状，用保鲜膜覆盖面团，放置室温下松弛30分钟。

2）将片状黄油放在油纸上，用擀面杖擀压成薄厚均匀的方形。

3）将松弛好的面团擀成长方形片，大小约为片状黄油的两倍大，将片状黄油放在面皮中央，用面皮将片状黄油包起。用擀面杖将其擀开呈长条状，将面皮左右往中间对折，进行一次三折，冷冻，重复两次操作，稍作松弛。

4）将松弛完成的面皮擀开至长度35~40厘米，厚度0.2厘米。在擀开的面皮上用毛刷轻轻刷一层水，卷起成圆柱形，放入冰箱冻硬。

5）将冻好的挞皮取出，切分成18~20克/个。逐个捏入蛋挞模具中。

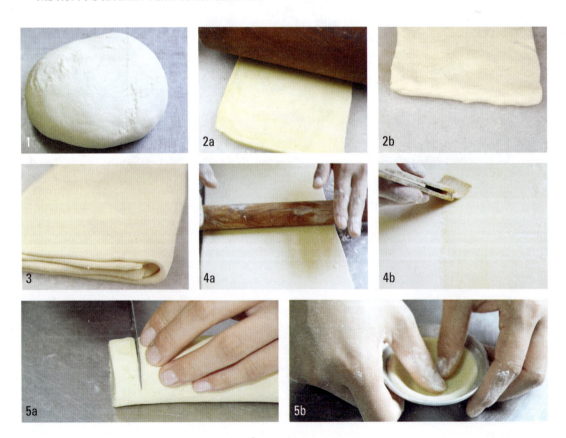

6）挞液制作：将牛奶与细砂糖混合，搅拌至糖化，加入淡奶油搅拌均匀，再加入蛋黄和全蛋搅拌均匀。过筛两遍，备用。

7）组装烘烤：将制作完成的挞液注入挞壳中，八九分满。

8）送入烤箱，设置温度180~185℃，烘烤约25分钟，至挞壳边缘金黄、挞液中心有焦糖色，取出脱模即可。

制作关键　挞皮

1）开酥需要注意挞面皮和片状黄油的温度和软硬度尽量一致。

2）将折叠面皮擀开到最终尺寸之前需要充分松弛，增加面皮延展性。

3）刷水不宜过多，薄薄一层即可，起到黏合的作用。

4）卷起面皮时需要力度适中，卷得足够紧实，避免空隙过大。

5）切分的刀具要锋利，不可过多切拉避免影响成品层次。

6）捏合挞皮的时候手尽量不要碰到边缘，过多的摩擦会破坏挞皮的层次。

挞液

1）过筛是必不可少的步骤，挞液过筛两次更加细腻顺滑、无杂质。

2）倒入挞液不宜过满，否则在烘烤的过程中挞液会溢出，影响成品层次。

3）将挞液倒入挞皮后可以稍静置一会儿再入炉，避免气泡过多。

质量标准

1）蛋挞边缘色泽金黄、挞表面有些许焦糖色黑点。

2）挞皮口感酥脆，挞馅口感嫩滑，奶香味浓。

焦糖布丁

西式烹调师（技师 高级技师）

原料配方

牛奶	375 克	细砂糖 B	65 克
细砂糖 A	75 克	水	17 克
全蛋	130 克	香草荚	1/2 根

制作过程

1）奶锅中放入细砂糖A和水，加热熬煮成焦糖，稍作冷却倒入硅胶连模中，冷却备用。

2）将香草荚划开，香草籽加入装有牛奶的奶锅中，煮至微沸。

3）将全蛋打入玻璃碗中，加入细砂糖B，搅拌均匀至糖化。

4）将牛奶液倒入蛋液中，混合均匀，过筛。

5）倒在冻硬的焦糖上，将模具放入烤盘中，往烤盘中倒入温水，至模具的一半高度。

6）将烤盘送入烤箱，以上下火170℃烘烤约20分钟至熟。取出，冷却后将布丁从模具中取出，摆盘即可。

项目 3 热菜烹调

制作关键　1）熬煮焦糖需要时刻关注焦糖的状态，在焦糖接近需要的颜色时可以稍早些离火避免熬煮过度，产生不良风味。

　　　　　　2）烘烤时水浴的水要用温水，不要用冷水，同时保证水量足够。

质量标准　1）焦糖呈棕褐色，布丁呈奶黄色。

　　　　　　2）布丁口感嫩滑。

　　　　　　3）口味奶香浓郁，带有香草荚的清香。

089

复习思考题

1. 少司是由哪几部分构成的？
2. 酥皮类菜肴的原材料有哪些？
3. 油浸菜肴的工艺流程是什么？
4. 烩的烹饪方式的特点是什么？
5. 低温慢煮烹调工艺的优点有哪些？
6. 分子胶囊技术的原材料有哪些？
7. 分子胶囊技术是如何分类的？
8. 起酥蛋挞的特点是什么？
9. 用混酥的方式制作蛋挞挞皮有哪些方式？
10. 制作布丁的常用材料是什么？

项目 4

菜单设计

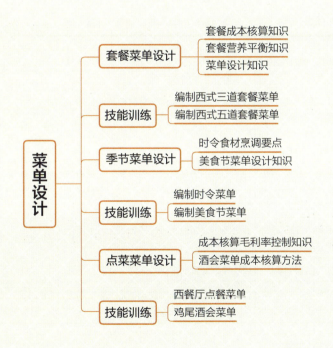

4.1 套餐菜单设计

4.1.1 套餐成本核算知识

1. 套餐菜单的定义与作用

套餐菜单是将在售部分菜品组合成一整套体系呈现出来。

通常情况下，套餐菜单包含菜肴的组合方式和菜品明细，其定价方式为成套定价。套餐菜单依据不同的分类方法有不同呈现，以用餐时间分类为例，套餐菜单可以分为早餐菜单、午餐菜单和晚餐菜单。

常规的西餐套餐菜单的组成方式如下表。

名称	简述	作用
前菜	前菜也称开胃菜，是西餐开餐第一道菜品，分为冷头盘、热头盘，通常量少而精致	帮助用餐者开胃，增进食欲
汤类	汤类一般是西餐套餐的第二道，通常为成品汤，原材料不受限，畜禽类、海鲜类、蔬菜类、菌菇类均可	主要起开胃醒口的作用
沙拉类	沙拉是冷食，多为将蔬菜、畜禽、海鲜等食材和酱汁或沙拉酱混合在一起制成的菜品 调味酱汁/沙拉酱是沙拉的重要组成部分，最简单常见的有油醋汁、恺撒酱、千岛酱等	沙拉的组成较常见的是蔬菜类，整体清爽解腻、营养配比均衡
主菜类	主菜是套餐中最重要的部分，也是套餐中最有营养、最有分量、风格变化最多的菜品类型，通常以畜肉、禽肉、海鲜等为主材，搭配少许配菜、少司	西餐菜品的重要组成部分，套餐的特色所在，并增加饱腹感
主食类	多用含淀粉较多的食材制作，如意面、饺子、烩饭、土豆制品等	增加能量，同时增加饱腹感
甜品类	多为西餐的餐后甜点，种类繁多，常见有蛋糕、慕斯、冰激凌、水果、布丁等，分量较少	传统搭配，根据顾客用餐习惯，在餐前上也可以
饮品/酒水类	属于餐后饮品，常见的有气泡水、佐餐酒等	用餐结束的标志

2. 套餐菜单设计原则

（1）**适应市场需求** 餐饮经营需要实时关注餐饮流行趋势，掌握餐饮市场发展动向，经常进行市场调研，根据调研结果，酌情制订合乎市场需求的套餐菜单种类。

（2）**根据顾客需求，及时调整套餐菜单** 伴随社会发展，餐饮市场的需求也随之改变，需适时淘汰不符合时代特点的菜品或套餐种类，推出顺应消费者口味和现实理念的菜肴结构和品种。

（3）**反映餐厅特色**　套餐菜单的设计、组合与选择需要与餐厅的定位、特色保持一致，突出特殊菜品。对于销售单一风格菜品和销售多种风格菜品的餐厅菜单，设计时的关注点会有不同。

仅销售单一风格菜品的特色西餐厅，如德式餐厅，根据菜品定位，设计套餐菜单时菜品的选择与组合要符合德国特色，更多展示德国餐饮文化，使消费者更多地了解德国的餐饮。

餐厅定位为综合性西餐厅，在制订套餐菜单时可以将不同国别的特色菜肴进行组合，制订出展示多国餐饮特色的综合菜单，比单一国别的设计更为复杂。

（4）**营销餐厅、盈利为本**　套餐菜单的设定需要围绕餐厅的经营方针和经营理念，充分发挥菜单的推销效应。从菜单上吸引顾客的消费欲望，加深消费者对餐厅的印象。

（5）**注重营养搭配**　套餐菜单为多种菜品的组合，设计时需要考虑菜品之间的营养搭配，以营养平衡为依据，尽量做到种类齐全，且搭配合理、科学健康，满足现代人的饮食习惯和对健康的需求。

3. 成本与成本核算

（1）**成本的含义**　成本是商品经济的价值范畴，是商品价值的组成部分。企业进行生产经营活动，必须耗费一定的资源（人力、物力和财力），其所耗费资源的货币表现称为成本。成本包含原料、燃料、固定资产折旧、工资等费用。

食品餐饮成本的构成包括产品的原料费用及其他经营费用，其中员工工资、能源费用等消耗很难按各种菜点的实际消耗进行精确计算。所以在餐饮行业核定菜点的销售价格时，只将原料成本作为成本要素，而将加工制作中的经营费用、利润、税金合并在一起，统称为"毛利"。即食品的销售价格 = 原料成本 + 毛利；毛利 = 经营费用 + 利润 + 税金。

套餐是由两个或多个菜品组成的组合，套餐是菜品捆绑营销的常见方式，其本质依然可以看作一个综合的"菜品"，不过一般情况下，套餐价格要比将组合菜品定价相加要优惠一些。

（2）**成本核算的意义**　加强成本管理是降低生产经营费用、扩大生产经营规模的重要条件，有利于促进餐饮企业改善生产经营管理现状，提高利润及效益。成本核算可精确计算各个单位产品的成本，为合理确定产品的销售价格做参照。

成本核算可以揭示单位成本提高或降低的原因，能够指出降低成本的有效途径，实行全面的成本管理可以降低成本水平。

4. 套餐成本的核算方法

产品成本核算指把一定时期内企业生产过程中所发生的费用，按其性质和发生地点分类归集、汇总、核算，计算出这一时期内的生产费用总额，并按适当方法分别计算出各种产品的实际成本、单位成本等。

套餐成本的核算是基于单个菜品或单组菜品而生成的，其一般核算方法如下：

（1）**确定套餐所含菜品的成本核算对象** 按产品的品种或批次或套餐分类确定成本核算对象。

（2）**确定套餐所含菜品的成本核算项目** 确定单个菜品的直接材料、直接人工、制造费用等。

（3）**确定套餐所含菜品的成本核算期** 按月或按生产周期确定成本计算周期。

（4）**生产费用审核** 对相关内容进行检查校核。

（5）**生产费用的归集和分配** 对相关生产费用进行分类整理，确定原料成本、经营成本等内容。

（6）**计算已完成和未完成产品的成本** 计算一个周期内已完成产品和未完成产品的成本内容。

5. 套餐产品原料成本计算

产品的原料总成本是各个单组产品成本的总和。

（1）**单组产品的原料成本** 除了基本的原料成本外，在制作产品的过程中，还有各种配料和调料成本等。计算公式如下：

$$单组产品的原料成本 = 主料成本 + 配料成本 + 调料成本$$

（2）**多组产品原料的总成本** 制作一个产品可能需要多组原料，其计算公式如下：

$$多组产品原料的总成本 = A组产品的原料成本 + B组产品的原料成本 + C组产品的原料成本 + \cdots + N组产品的原料成本$$

（3）**产品原料总成本的计算** 产品总成本指单位产品成本与数量的乘积之和。计算公式如下：

$$产品原料总成本 = \sum(单位产品原料成本 \times 数量)$$

（4）**单位套餐产品原材料总成本的计算** 套餐产品原材料总成本指单位套餐的成本与数量的乘积之和。计算公式如下：

$$单位套餐产品原料总成本 = A组产品原料成本 + B组产品原料成本 + \cdots + N组产品原料成本$$

$$套餐产品原材料总成本 = \sum(单位套餐产品原料总成本 \times 数量)$$

示例：

某系列产品由三组产品组成，其中A组产品原料成本为10元，无须加工直接组合；B组产品进价为10元/千克，需使用4千克，已知出材率/净料率为80%；C组产品原料使用0.5千克，进价为20元/千克，请计算生产10个该系列产品需要的原料总成本。

解：

A组产品原料成本 = 10元

B组产品原料成本 = 4/80% × 10 = 50元

C组产品原料成本 = 20 × 0.5 = 10元

该系列产品的单位产品原料总成本 =10+50+10=70 元

生产 10 个该系列产品原料总成本 =70×10=700 元

答：如果生产 10 个该系列产品需要的原料总成本为 700 元。

4.1.2 套餐营养平衡知识

1. 营养平衡的意义

营养平衡指选择多种食物经过适当搭配做出膳食，这种膳食能够满足人们对能量及各种营养素的需求，是保证人体健康的重要因素。

2. 常见食材的营养特征

套餐需要将多种菜品搭配成套系，在搭配的过程中营养素配比尤为重要，营养搭配需要遵循平衡有效的原则，针对人体所需营养素进行均衡配比。人体所需营养素通常包括蛋白质、维生素、脂肪、糖类、无机盐，其中蛋白质、维生素和脂肪等营养物质构成了人体所需热量、能量的重要来源。不同食材的营养成分和价值各有不同，清晰认知食材有助于科学设计菜单。

原料类别	营养物质	营养价值
谷物及制品	糖	谷物的糖主要为淀粉，含量为 70%，除此以外为果糖、葡萄糖等
	脂肪	谷物的脂肪含量为 1%~4%。用谷物制油较为常见，从米糠中可以提取米糠油，用玉米和小麦胚芽也可以制油。谷物及制品的脂肪中 80% 为不饱和脂肪酸和亚油酸，具有良好的保健作用
	维生素	谷物是 B 族维生素的重要来源
	无机盐	谷物中的无机盐占比为 1.5%~3%
豆类及制品	蛋白质	豆类含有 35%~40% 蛋白质，其中大豆蛋白是优质蛋白，比动物蛋白更有优势。大豆加工制品的蛋白质含量更高
	糖	豆类含少量糖，可以提供给人体能量，但是通常糖含量较低，以绿豆为例，其含的淀粉都是低聚糖
	脂肪	豆类脂肪中不饱和脂肪酸占 85%，以亚油酸最多，大豆油含少量磷脂
	维生素	豆类富含膳食纤维，含核黄素和多硫胺素；以大豆为原材料制作的大豆油富含维生素 E
果蔬类	维生素	新鲜的果蔬是维生素的重要来源，包括但不限于胡萝卜素、核黄素、叶酸等
	膳食纤维	新鲜果蔬可以提供丰富的膳食纤维，促进肠胃健康
	糖	新鲜果蔬中含的糖类主要包括淀粉、果胶、纤维素等，种类和数量因品质差异区别较大
	芳香物质	果蔬的香气主要来源于油性挥发物质，芳香物质和各种有机酸使食物烹调后具有特殊的香味
	无机盐	果蔬是无机盐的重要来源，因蔬菜类会通过光合作用吸收二氧化碳。水果的无机盐含量不如蔬菜多，所以不能用水果代替蔬菜的摄入

（续）

原料类别	营养物质	营养价值
动物类（畜禽肉、鱼肉）	蛋白质	肉类中蛋白质含量在10%~25%，营养丰富
	脂肪	畜肉脂肪含量较高，以饱和脂肪为主；禽类脂肪含量少，含20%亚油酸。鱼类脂肪多由不饱和脂肪酸构成
	维生素	B族维生素含量丰富，动物肝脏富含维生素A
	糖	畜类和鱼类的糖类主要以糖原形式存在于肝脏和肌肉中
油脂	脂肪	脂肪是食用油的主要成分，可以为人体提供能量
	必需脂肪酸	油脂富含脂肪酸，植物油的组成以油酸、亚油酸、亚麻酸等多不饱和脂肪酸为主，人体的吸收率高
	脂溶性维生素	脂溶性维生素溶于油脂，易被消化吸收

3. 套餐的营养平衡组合方法

（1）**热量平衡组合** 每日产热营养素需求的比例一般是蛋白质、脂肪、糖类分别占10%~15%、20%~25%、60%~70%，脂肪产生的热量为其他两种营养素的两倍之多。若摄取的热量超过人体所需，就会造成体内热量堆积。如果摄取的热量不足，又会导致营养不良。一般蛋白质、脂肪与碳水化合物三种营养成分可以按照1∶1∶4.5的比例进行搭配组合。

（2）**味道平衡组合** 食物的酸、甜、苦、辣、咸味对身体的影响各不相同。一般酸味可增进食欲，增强肝功能，并促进钙、铁等矿物质与微量元素的吸收；甜味来自食物中的糖分，可解除肌肉紧张，增强肝功能；苦味食物富含氨基酸与维生素B_{12}；辣味食物能刺激胃肠蠕动，提高淀粉酶的活性，并可促进血液循环和机体代谢；咸味食物可向人体供应钠、氯两种电解质，调节细胞与血液之间的渗透压及正常代谢。

（3）**颜色平衡组合** 不同颜色的食物所含营养元素的比重是不同的。如白色食物，以大米、面粉等为代表，富含淀粉、维生素及纤维素，但缺乏人体必需的氨基酸；黄色食物以黄豆、花生等为代表，特点是蛋白质含量相当高而脂肪较少；绿色食物以蔬菜、水果为代表，是人体获取维生素的主要来源。

（4）**三餐平衡组合** 每日餐食安排得是否科学合理，与人体健康的关联性比较大。早餐吃好，指早餐应该吃一些营养价值高、少而精的食品。午餐要吃饱，并且要保证食物的质与量。晚餐吃得过饱，血中的糖、氨基酸、脂肪酸浓度就会增高，多余的热量会转化为脂肪，使人发胖。同时，不能被消化吸收的蛋白质在肠道细菌的作用下，会产生有害物质。

4. 营养平衡原则设计套餐的注意事项

（1）**注意营养互补** 膳食平衡的一个重要内容就是多种食物的营养互补，任何单一的食物都不能满足人体所需。合理的营养搭配需要不同结构、不同性状、不同品种、不同颜色的食物搭配食用。

（2）**特定职业人群的营养搭配** 从事不同职业的人群，所处环境不同，日常饮食需求可能会有很大不同。如在高温环境下工作的人员，人体代谢迅速，易出现无机盐、水溶性维生素的缺失，在饮食中需要格外关注。

（3）**特定生理阶段人群的营养搭配**　在特定的生理阶段，身体所需的营养素和食物特性都有别于普通阶段。如学前儿童，这个阶段儿童身体发育迅速，需要各种营养物质，但肠胃功能未发育成熟，消化能力不强，为其提供产品需要营养丰富且加工精细；同样，老年人因为各种器官都有不同程度的衰退，要注意饮食的合理搭配。

（4）**特殊病理状态人群的营养搭配**　处于特殊病理状态的人群，需要根据医生建议合理搭配饮食类型，如糖尿病患者应控制摄入的糖量，同时还要控制脂肪和胆固醇的摄入量。

4.1.3　菜单设计知识

菜单是餐厅主要的营销工具，是消费者对餐厅菜品认识的主要参考依据，是餐厅管理经营的重要工具。通过菜单展示，消费者可以快速了解餐厅的菜品属性、餐厅风格和特色。

菜单设计是一项科学、系统且综合性很强的技术工作，其设计宗旨是以市场为导向，结合餐饮企业自身条件，同时既要兼顾消费者的需求，也要注重菜品的合理搭配，是一项需要多方面人力配合才能完成的工作。菜单可以将餐厅销售的不同品类的菜品逐一呈现，也可以以套餐的形式进行定价、销售，具体依据餐厅定位及实际需求而定。

1. 菜单设计的要求

（1）**以顾客需求为导向**　菜单设计应以服务目标客户群为主要目的，顾客的需求不同，菜单的设计呈现是完全不同的。

（2）**突出特色**　菜单的设计来源于企业的经营策略，菜单的展示重点就是店面重点推销的菜品，要突出自身的特色。

（3）**持续创新**　顾客的选择随着周边环境的不断变化而变化，所以菜单需要适时进行更新或改变，一成不变会缺乏吸引力，失去竞争力。

（4）**形式美观**　菜单是店面面对顾客的一种宣传工具，其样式、大小、色彩、纸张等都需要与店面陈设、布景、餐具和气氛等方面协调，给店面整体形象加分。

（5）**能够发挥有效的宣传效果**　店面经营的主要目的是创造效益，菜单作为重要的营销工具需助力店面完成销售业绩，实现经济效益。

（6）**实事求是**　菜单作为一种"宣传广告"，其内容展现需要与店面实际情况相符合，不应过度夸大，也不应过度消耗整体生产水平，需要结合实际生产来制订。

2. 套餐菜单的组合原则

（1）**原材料搭配的合理性**　进行套餐菜单设计时，菜品的主要原材料之间不可以相互冲突、重叠，每个单独的菜品主材和辅料也不要重复。另外，在套餐菜单中过度使用高级食材也不可取。

（2）**荤素搭配的合理性**　制订菜单时注意不要营养失衡，在成本控制的前提下做到荤素的合理配比。

（3）**菜品组合的合理性**　西餐菜单的进餐方式不可以随意变更，需要遵循常规原则，可以通过提高菜品档次、菜品数量来提高套餐价格。

（4）**套餐菜单的成本合理性**　套餐菜单是由多道独立的菜品组合而成，设计组合时必须考虑到单价与总价值的关系合理，套餐的价格通常要低于单个菜品价格的总和。有时在客户提前预订或需求数量较大的前提下，也可以适度降低折扣来吸引客户或增加客户的忠诚度，通常这样的情况下适当的优惠不会对菜品成本有较大影响。

（5）**季节性食材的稳定性**　进行菜单设计时，需要充分考虑季节对食材的限定性及对菜肴原料成本变化的影响。季节变化会影响原材料的供应和成本。套餐中的季节性菜肴一定会有季节性的断季，或者因为运输、保存成本的增加而导致价格波动，针对此类情形，主厨需要有足够的敏锐度和经验，充分掌握食材的季节性变化、供应情况、保存时限等才能制订出固订且合理的菜单。

3. 菜单设计的方法

对菜单进行制作和设计时，需要有条不紊地进行，切勿杂乱失去章法。

（1）**菜单设计的基本流程**

1）市场调研。根据原料的供应情况来设计是菜单设计的根本，如果不清楚原料的供应情况，容易造成产品无法供应。所以需要在设计菜单之前，对相关产品及食材进行调研，熟悉时令食材，挑选适宜的食材及对应的产品。

2）准备参考资料。包括各式旧式菜单、产品档案、产品基本信息（材料信息、成本信息等）、销售资料等。

3）初步设计构思。将菜单内容初步勾画出来，再进行细节填充，确定菜单上的各项因素及组合方式。

4）确定菜单结构。根据企业或店面的定位明确风味特色。

5）确定菜单中产品的品种及数量。

6）确定不同类型产品的主要原料及味型。

7）制订具体品种的规格和质量标准。

8）核算成本，确定销售价格，确保综合成本的控制及利润的实现。

9）确定产品的排列顺序。

10）菜单的装潢设计。在确定基础内容后，需要通过美术设计、装帧设计等对内容进行排版、包装。

11）根据确定的菜单内容，组织相关员工进行培训，确保生产及服务质量。

（2）**菜单制作的重点**　在菜单实际制作过程中，需要考虑以下几个重要细节。

1）菜单的制作材料。菜单用纸是较为直观地展现在顾客眼前的细节产品，其质量好坏直接影响顾客对店面的第一印象。一般长期使用的菜单，可以选择经久耐磨的重磅涂膜纸张。菜单的展开方式有分页、活页等方式，也要根据店面形象进行优化选择。

2）菜单封面与封底设计。菜单的封面与封底是菜单的"门面"，其重要性不言而喻。在一定程度上，菜单的封面代表着餐厅的形象，其色彩、呈现内容、版式等细节都需要与餐厅形象相符，同时为了方便顾客记忆，应以简洁为主。封底一般展示餐厅地址、电话号码、营业时间等信息。

3）菜单的文字设计。菜单上的文字内容是直接传递给顾客的，一般菜单上的文字有产品名称、产品价格、产品基础介绍、店面文化价值等内容展示，具体的文字的详细程度、排列组合等细节需要结合实际情况来选择，需要考虑文字内容对营销是否有助力作用，避免过多冗长的内容堆积在页面内，给顾客接受主要信息造成困难。

4）菜单的图片与色彩运用。菜单上的图片可以进一步增加菜单的可读性，其他辅助信息也能增加菜单的艺术性和吸引力，是菜单进一步升级的重点。它们与其他内容结合时，需要用排版技术来进行视觉优化，使页面整体协调统一。

技能训练

编制西式三道套餐菜单

晚餐菜单	
（Dinner Menu）	
前菜（Appetizer）	
法式焗蜗牛	Escargot with garlic flavored
主菜（Main course）	
烤西冷牛排	Roast sirloin beef
甜品（Dessert）	
提拉米苏	Tiramisu

编制西式五道套餐菜单

晚餐菜单	
（Dinner Menu）	
前菜（Appetizer）	
烟熏三文鱼配鱼子酱	Smoked salmon with black caviar
沙拉（Salad）	
蔬菜沙拉	Vegetable salad
汤类（Soup）	
香浓牛尾汤	Oxtail soup
主菜（Main course）	
黄油烤龙虾	Baked lobster with butter
甜品（Dessert）	
香草布丁	Vanilla pudding

4.2 季节菜单设计

4.2.1 时令食材烹调要点

1. 时令菜单的相关知识

（1）**时令菜单的定义** 时令菜单指以特定时令食材为主要原材料设计的菜单，其特点是具有鲜明的季节性且灵活性强。菜单设置会因不同时节进行变更。

（2）**时令菜单的设计原则**

1）菜单设计的相关人员需要充分考虑特定食材的季节性特点，熟知食材的生长周期、最佳赏味期及保存方式等相关信息。

2）充分了解季节性食材的市场供应情况，在此基础上及时了解食材的市场更迭，避免出现食材断货，影响餐厅出品。

2. 季节性食材的烹调特色

时令菜单菜品主要有如下两个特色，需要运用不同的烹饪方式将时令食材的美味充分呈现出来。

（1）**灵活性、创新性** 时令菜需应时而变，依据时令特点、食材特点及顾客需求设计适应季节的时令菜品，需要不断推陈出新，给消费者新鲜的体验。

（2）**注重营养健康、因时制宜** 时令性食材的最大特点是当季才最有风味，因此在烹饪上更注重如何将风味发挥至最佳，以满足消费者在不同时节对饮食的喜好。

四季气候不同，膳食搭配也需要遵循不同的原则。

1）春季万物复苏，气温转暖，适宜搭配维生素、蛋白质较高的食材。

2）夏季气温较高，膳食应以清淡为主，多补充无机盐类食材，烹饪时宜少油。

3）秋季天气转冷，人体需要补充蛋白质较高的食材，宜取材多样，稍加辛辣。

4）冬季寒冷，膳食搭配需要多补充能量物质，才能满足人体需要。

4.2.2 美食节菜单设计知识

1. 美食节定义

美食节指将商业与美食关联的一种餐饮文化活动，其最大的特点是产品内容丰富多样，创意性活动丰富，周边产业联动性高，且具有明确的主题性。

广义上的美食节包括企业为推广某些食品而策划的推销活动，如有名的"青岛国际啤酒节"。狭义上的美食节指各区域餐饮市场举办的各种形式的菜品促销活动，主体以地域性食材为主。

2. 美食节种类

美食节因主体不同，分类也不同，常见的美食节有如下几类。

（1）以时令性、季节性食材为主体

1）春季：蔬果美食节。

2）夏季：海鲜美食节、啤酒美食节。

3）秋季：蟹类、牡蛎美食节。

4）冬季：肉类美食节、巧克力美食节。

（2）以重要节日为主体　在西方国家的万圣节、感恩节、圣诞节等大型节日，推出相关主题的美食节，如"圣诞节狂欢夜""感恩节美食节"等。

（3）以海外菜系为主体　以国别菜系命名美食节，如"土耳其烤肉节"等。

（4）有悠久历史文化的美食节　慕尼黑啤酒节又称"十月节"，起源于1810年10月12日，节日期间主要饮用啤酒因此得名。自起源之日开始传承至今，成了当地的一种文化符号。类似的美食节还有美国加利福尼亚州从1979年7月至今的格来镇大蒜节。

（5）以食品、食材的功能性为主体　此类美食节多见于餐饮企业，为宣传自身产品，达到促销产品的目的，此类美食节更多偏向保健、养生方面，多以食材或食品的功能性命名。

3. 美食节菜单设计原则

1）菜品需要围绕美食节主题，产品围绕主题且富有特色。

2）菜品需要提前进行成本核算，需保证一定的利润空间。

3）菜单上的菜品组合搭配需合理。

4）菜品需要做到价格合理，且兼顾一定范围的消费群体的消费能力。

4. 美食节菜单的设计要求

1）美食节菜单设计需要顺应市场需求的变化做出更迭创新，带给消费者新鲜和富有特色的体验。

2）在举办方的需求下，综合自身现有的硬件配套、团队力量、技术水平、库存运转能力等多方面的条件下，设计具有实际落地能力的、富有创意的主题菜单。

3）根据美食节供餐方式设计适合场地需求的菜单。

4）美食节菜单上的菜品要在保证特色的基础上，保证出品质量。尤其对于标准较高的美食节，可以将每份菜品标准化，确保协同配合的每一个岗位上的工作人员都熟悉自己的职能，且需配备专项督查人员，以保证每个菜品的质量符合当初的设计要求。

技能训练

编制时令菜单

时令菜单		
(Seasonal Menu)		
面包篮子		
佛卡夏面包	Focaccia	RMB 38
小法棍	Petie baguette	RMB 28
香草黄油软包配发酵黄油	Soft bread with fermented butter	RMB 38
开胃酒		
香槟	Champagne	RMB 138
起泡酒	Sparkling wine	RMB 98
开胃小点		
鹅肝慕斯佐车厘子果酱	Goose mousse with cherry jam	RMB 58
红薯脆塔佐油浸海螺	Oil soaked conch with sweet potato crispy tarts	RMB 58
开胃菜		
海胆蒸蛋	Steamed egg with sea urchin	RMB 78
青苹果泡沫生蚝	Oyster with green apple foam	RMB 68
前菜		
低温伊势有机温泉蛋配红薯脆片	Hot spring eggs with sweet potato chips	RMB 58
牛肉鞑靼	Beef tartar	RMB 78
主菜		
嫩煎慢煮西冷牛排配奶油松茸	Sirloin steak with cream pine mushroom	RMB 198
香煎新西兰海鳌虾佐酸奶油汁	Pan fried New Zealand sea turtle shrimp with sour cream	RMB 188
汤		
南瓜板栗浓汤	Pumpkin and chestnut soup	RMB 48
菌菇浓汤	Mushroom soup	RMB 38
甜品		
蒙布朗	Mont blanc cake	RMB 48
奶油车厘子焦糖布丁	Cherry caramel pudding	RMB 38
餐后茶点		
红茶	Black tea	RMB 28

编制美食节菜单

德式十月美食啤酒节菜单	
经典主菜	
德式脆皮猪肘配土豆泥 / 酸菜 Crispy oven roasted pork knuckle with mashed potatoes & sauerkraut	RMB 168（1 set） RMB 88（1/2 set）
德式香肠拼盘 （纽伦堡香肠、香蒜猪肉肠、芝士猪肉香肠、香辛鸡肉香肠各5根） Assorted sausage pack	RMB 188（20根/20pcs）
德国十月烤鸡配薯条 Oktoberfest chicken with fries	RMB 98（1/2pcs）
纽伦堡香肠 Grilled pork sausages	RMB 48（6根/6pcs） RMB 88（12根/12pcs）
图林根香肠 Thuringer pork sausages	RMB 48（6根/6pcs）
香蒜猪肉肠 Pork garlic sausages	RMB 58（6根/6pcs）
猪肉芝士肠 Pork cheese sausages	RMB 58（6根/6pcs）
德式面疙瘩（面条） Very cheesy with cheesespaetzle	RMB 48
面包	
精选德式面包篮 Bread basket	RMB 48 单个面包 RMB15（Bread individually sold）
巴伐利亚面包圈 Bavarian pretzel	RMB 15/个（1pcs） RMB 68（5pcs）
小吃	
德式酸黄瓜 German gherkins	RMB 28
土豆沙拉 Potato salad	RMB 28
辣味薯角 Spicy potato wedges	RMB 38
精选芝士拼盘 Mini cheese board	RMB 68

项目 4

菜单设计

（续）

德式十月美食啤酒节菜单	
啤酒	
德国进口黑啤酒 Schwarzbier - dunkles lager	0.3L　RMB 32 0.5L　RMB 62 1L　RMB 112 3L　RMB 292
德国进口小麦白啤酒 Weiss-bier - wheat bear	0.3L　RMB 38 0.5L　RMB 68 1L　RMB 118 3L　RMB 298
德国进口经典皮尔森啤酒 Pils - premium pils	0.3L　RMB 35 0.5L　RMB 65 1L　RMB 115 3L　RMB 295
德国进口巴伐利亚淡啤酒 Bayerische hell- lager	0.3L　RMB 38 0.5L　RMB 68 1L　RMB 118 3L　RMB 298
兰德伯格扎啤 Radeberger pilsner draft beer	0.25L　RMB 25 0.33L/ 瓶　RMB 30
兰德伯格扎啤一米板○ 1M Radeberger pilsner draft beer	0.25L × 11 杯　RMB 218
木桶装啤酒（黄啤/小麦啤/黑啤） Lager/Wheat/Dark Beer	0.33L RMB 48
科罗娜（墨西哥） Corona, Mexico	0.33L/ 瓶　RMB 35 6 瓶　　RMB 198
福佳白（比利时） Hoegaarden, Belgium	0.33L/ 瓶　RMB 40 6 瓶　　RMB 210
佛伦斯堡皮尔森（德国） Flensburger pilsener, German	0.33L/ 瓶　RMB 40 6 瓶　　RMB 210
艾丁格麦啤（德国） Erdinger weisse, German	0.5L/ 瓶　RMB 50 6 瓶　　RMB 260
教士麦啤（德国） Franziskaner weisse, German	0.5L/ 瓶　RMB 40 6 瓶　　RMB 210

─── ○ 此酒品是在长 1 米的板子上放 11 杯 0.25L 的啤酒。

海鲜美食节菜单	
经典主菜	
芝士焗龙虾 Baked lobster	RMB 168
柠檬生蚝 Oyster with lemon	RMB 118
墨鱼海鲜饭 Squid seafood rice	RMB 78
白葡萄酒烩青口贝 Braised scallops with white wine	RMB 88
碳烤小章鱼 Charcoal roasted octopus	RMB 48
奶油汁焖虾 Braised prawns with cream sauce	RMB 58
海胆蒸蛋 Steamed egg with sea urchin	RMB 48
龙虾浓汤 Lobster soup	RMB 48
面包	
蒜香法棍 Baguette with garlic flavored	RMB 15
酸面包 Sourdough bread	RMB 25
小吃	
酸橄榄拼盘 Olive acid platter	RMB 28
蔬菜沙拉 Vegetable salad	RMB 28
炸鱼薯条 Fryed fish and chips	RMB 38
水果拼盘 Fresh fruit platter	RMB 38

项目 4

菜单设计

(续)

海鲜美食节菜单	
酒类	
波尔多长相思干白葡萄酒 Bordeaux sauvignon blanc	RMB 188
意大利莫斯卡托甜白起泡酒 La moretta moscato spumante	RMB 168
德国雷司令半甜葡萄酒 German riesling semi sweet wine	RMB 178
爱格尼玫瑰起泡酒 Agoni	RMB 98
日式清酒 Japanese sake	RMB 58
科罗娜啤酒 Corona	0.33L RMB 48
Rio 柠檬啤酒 Rio lemon beer	0.33L/ 瓶 RMB 35
福佳白啤酒 Hoegaarden brewery	0.33L/ 瓶 RMB 40
巴黎水 Perrier	0.33L/ 瓶 RMB 40
圣培露气泡水 San pellegrino water	0.5L/ 瓶 RMB 50
苏打水 Soda water	0.5L/ 瓶 RMB 40

4.3 点菜菜单设计

4.3.1 成本核算毛利率控制知识

1. 点菜菜单的特点

点菜菜单是西餐中的基本菜单,也称"零点菜单",以单个菜肴定价,顾客可以按照个人喜好自由组合搭配。

点菜菜单通常对应的是即点、即做的流程,展现菜品名称、价格,也常与套餐菜单混合使用,主要用于呈现餐厅的特色,展示餐厅风格,是餐厅宣传营销的主要窗口之一。

2. 点菜菜单的设计原则

(1)**以餐厅特色为基准** 点菜菜单设计需要找准餐厅定位,菜品尽可能反映餐厅特色,通过菜单加深消费者对餐厅的印象,以达到推广餐厅品牌的效应。

(2)**适应市场需求** 点菜菜单设计需围绕餐饮市场的变化与趋势,结合消费者的需求,在经营的过程中需要根据市场和需求的变化不断更迭创新,以对应餐饮市场的激烈竞争,迎合消费者求变的需求,为企业带来利润。

(3)**符合西餐的菜肴结构** 点菜菜单的设计需要呈现西餐种类齐全的特点,给消费者较大的选择空间,但同时需保持菜品的结构平衡。

3. 点菜菜单的定价原则

(1)**菜品价格符合市场定位** 菜单定价在考量产品价值的基础上,需要综合考量餐厅位置、地区发展情况、自身品牌与档次、附近客源的消费能力等因素。

(2)**定价反应产品的价值** 菜单价格反映菜品价值是根本原则,以成本毛利率为内部成本控制指标,综合其他因素进行定价。

(3)**定价兼顾灵活与稳定性** 定价需要依据供求关系进行适当调整,如季节性食材可以定义其浮动价格,在各大节日店庆时推出优惠价。除此以外,对菜品的价格进行调整需要经过市场的论证,且调价的幅度不宜过大,价格相对稳定可以维护客源的长久性。

4. 菜肴毛利率核算

西餐菜肴的价格是根据菜点成本和毛利率来制订的,所以毛利率的高低直接影响菜肴价格水平,菜肴成本核算需先确定菜肴的毛利率。

厨房常用的计算售价的毛利率法有销售毛利率法和成本毛利率法两种。

（1）**毛利率定义** 毛利率指毛利与某些指标之间的比率，毛利率的高低是价格水平的主要决定因素。在确定价格前需要确定合理的分类毛利率和综合毛利率。

（2）**毛利率分类** 餐厅厨房常用指标为成品销售价格和成品的原材料价格，以这两个指标定义的毛利率通常称为销售毛利率和成本毛利率。

1）销售毛利率。销售毛利率指菜肴毛利额与销售价格之间的比率。

销售毛利率＝销售毛利额／销售价格×100%

2）成本毛利率。成本毛利额是菜品毛利额与菜品原材料成本之间的比率。

成本毛利率＝菜品毛利额／原材料成本×100%

（3）**毛利率确定的一般原则** 毛利率的确定对于西餐餐饮企业经营有着重要作用，它直接关系到企业的利益，其确定的过程一般遵循以下原则。

1）一般西餐厅、西式快餐厅多供应大众化的西式菜品，毛利率从低制订；高标准宴会厅、特色西餐厅供应较高档次的西式菜品，毛利率从高制订。

2）一般情况下，技术高、设备好、费用开支大、服务质量高、资源稀缺、加工步骤繁复、加工精细的菜品，毛利率从高制订；反之，毛利率从低制订。

3）一般情况下，西式菜点原材料价格较高的，毛利率从低制订；反之，毛利率从高制订。

4）为团体或会议宾客提供的西式菜品，若是同一品种批量大，单位成本相对较低，那么毛利率从低；为零散宾客提供的西式菜品批量小，且服务细致，单位成本相对较高，那么毛利率从高。

（4）**毛利率的核算** 毛利率核算方法是以一定的周期为核算区间，首先计算出此周期内西式菜肴销售额和耗用的全部原材料成本，再计算出销售毛利率。毛利率的核算是对销售毛利率的核算。

毛利率的核算是检验餐饮企业厨房经营情况的重要指标，其作用除确保厨房保持合理的盈利水平，也可以反映餐饮企业是否正确执行国家的价格政策。

示例：

某西餐厅某日的菜肴销售额为6000元，所使用的原料成本为2800元，该餐厅制订的销售毛利率为50%，求实际销售率及实际毛利与规定毛利的相对误差有多少？

解：销售毛利率＝（销售额－成本）／销售额×100%＝（6000-2800）/6000×100%≈53.33%

相对误差＝（实际销售毛利率－制订销售毛利率）／制订销售毛利率×100%

＝（53.33%-50%）／50%×100%=6.66%

4.3.2 酒会菜单成本核算方法

酒会通常指鸡尾酒会，是西式宴会中的一类，其是以酒类、饮品招待宾客，辅以适量佐餐甜点、水果等，属于西方的传统宴会形式，是较流行的社交聚会的宴请方式。酒会气氛欢愉，适合不同场合，一般不设定座位，站立进餐，只准备临时吧台、餐台，与会者可随意走动，形式灵活，无拘无束，适应面广。

1. 酒会菜单的设计要求

鸡尾酒会菜单与菜品设计需要依据酒会的主题、目的、标准及特点来设计。

（1）**围绕酒会主题，突出主题和目的**　举办鸡尾酒会的主题形式多样，有为欢聚纪念、庆祝重大事件而办，也有用于贸易交流、商务会晤而举办。因主题不同，参与人员不同，在设计酒品和菜品菜单时，需要根据主题进行合理安排，也可以展示一些艺术品或花卉等烘托酒会氛围。

（2）**贴合酒会标准，注重人数、价格和菜品数量**　制订酒会菜单需要依据主办方的用餐标准、人数规模等进行综合考量。菜品数量不宜过多，大多数鸡尾酒会是在餐前举办，属于正餐前的宴请形式，主要为增加气氛、加深友谊为目的，设计菜单时需要控制综合成本，避免浪费。

（3）**菜品需符合酒会特点，注重酒会性质**　酒会通常以酒水为主，以吃为辅。在安排菜品的时候，需要注意菜品形态要小而精致，最好以牙签或叉子方便取食为宜。搭配酒水的菜品不宜油腻，选用无骨、无壳的食材为宜。

2. 酒会菜单的基本内容

（1）**酒水类**　多为鸡尾酒、低度酒，也可以提供啤酒、果汁、咖啡等。

（2）**点心类**　多为小蛋糕、曲奇、切块慕斯等。

（3）**菜品类**　多为水果、沙拉、火腿等，也有简易的热菜供宾客自点。

3. 酒会菜单成本核算的基本方法

酒会的成本核算需要多方面综合考量，包括销售毛利率、酒会规格、菜品标准、参与人数等。成本核算方法主要包括以下几个步骤。

1）分析酒会订单，明确宴会服务方式与标准。

2）计算酒会餐点、服务等相关成本。

3）选择餐点、酒水等品种类型，确定品种、数量及类型。

4）按照酒会内容组织生产，检查实际成本消耗。

5）根据实际情况，分析成本与毛利率误差，找出成本控制中的问题，分析原因并提出更改措施。

技能训练

西餐厅点餐菜单

西式烹调师（技师 高级技师）

点餐菜单 (Menu)		
前菜（Appetizer）		
火腿配黄瓜	Iberico ham with melon	RMB 68
罗勒三文鱼渍番茄	Basil salmon & marinated tomatoes	RMB 48
西班牙煎黑虎虾	Pan fried tiger prawn Spanish style	RMB 68
番茄罗勒烩牛肚	Stewed tripes with tomatoes and basil	RMB 88
火腿 & 烟熏三文鱼	Ham & house-smoked salmon	RMB 88
鹅肝配香甜洋葱酱	Foie gras & Brioche serve with onion marmalade	RMB 48
香草焗蜗牛	Escargot herbs butter gratin	RMB 98
香煎扇贝（3只）	Pan-seared scallops（3pcs）	RMB 68
主菜（Main course）		
美国特级T骨牛排800克（双人）	US choice T-bones steak 800g（for two guests）	RMB 888
澳洲和牛菲力牛排	Australian fillet steak	RMB 548
美国Prime级冰鲜西冷牛排220克	Chilled USDA prime sirloin steak 220g	RMB 428
Prime级冰鲜肋眼牛排220克	Chilled USDA prime ribeye steak 220g	RMB 428
烤波士顿龙虾750克	Roasted Boston lobster 750g	RMB 680
烤波士顿龙虾意面	Roasted Boston lobster linguine	RMB 428
香煎深海鳕鱼配鱼子酱	Pan-fried cod served with caviar	RMB 328
炭烤三文鱼	Grilled salmon	RMB 198
低温小羊排佐红酒汁220克	Lamp chops with red wine sauce 220g	RMB 188
菲力牛排佐松露酱130克	Fillet steak with truffle sauce 130g	RMB 198
沙拉（Salad）		
虾仁蔬菜沙拉	Shelled prawns and vegetable salad	RMB 68
恺撒沙拉	Caesar salad	RMB 48
法式香煎鹅肝沙拉	Pan fried foie gras	RMB 78
烟熏三文鱼酸菜沙拉	Smoked salmon with pickles vegetables	RMB 58
斯坎迪亚维亚沙拉	Scandinavian salad	RMB 68
希腊沙拉	Greek salad	RMB 48
芝麻菜沙拉	Arugula salad	RMB 48
慢煮猪颈肉沙拉	Pork neck con fit salad	RMB 68

（续）

点餐菜单 (Menu)		
汤类（Soup）		
法式菌菇浓汤	Wild mushroom soup	RMB 58
酥皮玉米浓汤	Core cream soup	RMB 58
牛小排清汤	Beef clear soup	RMB 68
海鲜高汤	Seafood bouillabaisse	RMB 78
奶油南瓜汤	Cream of pumpkin soup	RMB 48
香煎带子蘑菇汤	Cream of mushroom soup with sea scallop	RMB 58
法式香焗洋葱汤	French onions soup	RMB 38
匈牙利牛肉汤	Beef goulash soup	RMB 58
牛尾蔬菜浓汤	Ox tail minestrone	RMB 48
甜品（Dessert）		
提拉米苏	Tiramisu	RMB 68
拿破仑千层酥	Mille-feuille	RMB 68
巧克力熔岩蛋糕	Lava cake with chocolate	RMB 68
乳酪蛋糕	Cheese cake	RMB 58
草莓奶冻	Strawberry jelly	RMB 48
干酪芒果	Mango vacherin	RMB 48
冰激凌球	Ice cream	RMB 38
饮品（Drink）		
美式咖啡/卡布奇诺/拿铁咖啡	Americano/Cappuccino/Latte	RMB 38
冰滴咖啡	Ice drip coffee	RMB 48
茶（红茶/伯爵茶/乌龙茶）	Tea(Black tea/Earl Tea/Oolong Tea)	RMB 38
现榨果汁（橙汁、苹果汁）	Fruit juice (Orange Juice/Apple Juice)	RMB 48
酸梅汁	Plum juice	RMB 38
苏打水	Soda	RMB 28
热巧克力	Hot chocolate	RMB 38
酒（Wine）		
马斯马尔蒂内围玉红葡萄酒（西班牙）	Mas martinet, bru, priorat Spain	RMB 550
侯伯王克兰朵波尔多红葡萄酒（法国）	Clarendelle rouge by haut-brion, bordeaux, France	RMB 480
莱斯之星干白葡萄酒（法国）	R de rieussec, bordeaux, France	RMB 780
小骑士白葡萄酒	Le petit chevalier blanc	RMB 680
威廉费尔庄园小夏布利白葡萄酒	William fevre, petit chablis	RMB 480
富利来长相思白葡萄酒	Sauvignon blanc, forrest estate	RMB 480

鸡尾酒会菜单

鸡尾酒会菜单 （Cocktail menu）	
头盘（Opening price）	
金枪鱼沙拉	Tuna salad
蘑菇什锦沙拉	Mushroom salad
冷切香肠拼盘	Cold cut sausage
时令水果	Seasonal fruit plate
甜品（Desert）	
黑森林蛋糕	Black forest cake
蓝莓芝士蛋糕	Blueberry cheese cake
苏打饼干配芝士	Soda biscuit with cheese
苹果派	Apple pie
香草泡芙	Vanilla cream puffs
饮品（Drink）	
新鲜水果汁	Fresh fruit juice
巴黎水	Perrier
鸡尾酒（Specially made cocktail）	
百加得鸡尾酒	Bacardi cocktail
玛格丽特	Margarita
红粉佳人	Pink lady
狂欢夏威夷	Blue hewaii
天使之吻	Angel's kiss
咖啡马天尼	Caffeine martini
冬季恋歌	Love in winter

复习思考题

1. 套餐菜单由哪些品类组成?
2. 套餐菜单在营养平衡方面有什么要求?
3. 时令菜单的概念是什么?
4. 美食节菜单的设计原则是什么?
5. 美食节的种类有哪些?
6. 点菜菜单的作用有哪些?
7. 简述毛利率的定义及分类。
8. 成本毛利率的计算公式是什么?
9. 酒会菜单的设计要求有哪些?
10. 酒会菜单由哪些元素构成?

项目 5

指导与创新

5.1 培训指导

5.1.1 初级、中级、高级人员理论知识和技能培训的内容与要求

1. 初级职业技能培训内容与要求

职业功能	培训内容	技能目标	培训项目
1. 岗前培训	1.1 个人工作环境、工具准备	1.1.1 规范进行个人卫生整理、仪表仪容自查，工服穿戴规范	（1）个人卫生整理 （2）仪容仪表检查 （3）个人工服规范
		1.1.2 完成工作环境准备	工作环境卫生检查与准备
		1.1.3 完成厨房各岗位工作准备	（1）厨房各岗位工具准备 （2）厨房盛器准备
2. 原料加工	2.1 植物性原材料加工	2.1.1 原料加工相关知识	原料加工常用刀具
		2.1.2 完成蔬菜的初加工处理	（1）蔬菜原料挑选标准 （2）蔬菜原料的初加工方法
		2.1.3 依据初加工标准完成蔬菜的切割成型	（1）蔬菜切丝 （2）蔬菜切条 （3）蔬菜切丁 （4）蔬菜切片 （5）蔬菜切末 （6）橄榄形蔬菜切割
	2.2 动物性原材料加工	2.2.1 动物性原料相关知识	（1）原料解冻知识 （2）原料保存知识
		2.2.2 完成鱼类的清洗与初步加工	（1）鱼类去鱼鳞、鱼鳃、鱼鳍 （2）鱼类去除内脏 （3）鱼类剥皮、泡烫
		2.2.3 处理猪排、鸡排、鱼排成型	（1）猪排的切割 （2）鸡排的切割 （3）鱼排的切割
3. 冷菜烹调	3.1 冷菜调味汁制作	3.1.1 冷菜调味汁的原料知识	（1）调味汁的原料介绍 （2）调味汁的保存方式
		3.1.2 完成蛋黄酱的制作	（1）蛋黄酱的制作 （2）蛋黄酱的保存
		3.1.3 完成油醋汁的制作	（1）油醋汁的制作 （2）油醋汁的保存
		3.1.4 完成蔬果莎莎汁的制作	（1）蔬果莎莎汁的制作 （2）蔬果莎莎汁的保存

（续）

职业功能	培训内容		技能目标		培训项目
3. 冷菜烹调	3.2	沙拉制作	3.2.1	沙拉原料知识	（1）沙拉的原料介绍 （2）沙拉的装盘和装饰原则 （3）沙拉的保存方式
			3.2.2	完成水果沙拉的制作	（1）水果沙拉的制作 （2）水果沙拉的保存
			3.2.3	完成土豆沙拉的制作	（1）土豆沙拉的制作 （2）土豆沙拉的保存
			3.2.4	完成田园沙拉的制作	（1）田园沙拉的制作 （2）田园沙拉的保存
			3.2.5	完成蔬菜沙拉的制作	（1）蔬菜沙拉的制作 （2）蔬菜沙拉的保存
	3.3	三明治制作	3.3.1	完成热三明治的制作	（1）热封口三明治的制作 （2）热开口三明治的制作
			3.3.2	完成冷三明治的制作	（1）冷封口三明治的制作 （2）冷开口三明治的制作
4. 热菜烹调	4.1	基础汤制作	4.1.1	基础汤的原料知识	（1）了解基础汤种类 （2）了解基础汤的调味方法 （3）了解基础汤的保存方式
			4.1.2	完成牛骨汤的制作	（1）牛白色基础汤的制作 （2）牛布朗基础汤的制作
			4.1.3	完成鸡骨汤的制作	（1）鸡白色基础汤的制作 （2）鸡布朗基础汤的制作
			4.1.4	完成鱼骨汤的制作	鱼基础汤的制作
	4.2	少司制作	4.2.1	少司的基本知识	（1）少司的作用 （2）少司的构成 （3）少司的保存方式
			4.2.2	完成布朗少司的制作	布朗少司的制作
			4.2.3	完成番茄少司的制作	番茄少司的制作
			4.2.4	完成基础奶油少司的制作	白少司的制作
	4.3	热菜加工	4.3.1	热菜加工相关知识	（1）热量的传导方式 （2）热量对食物的影响 （3）烹调时间及烹调方式 （4）菜肴的调味方法
			4.3.2	了解煎的烹调方式及相关菜品制作	（1）煎的定义及烹调工艺 （2）芝士汉堡的制作 （3）美式热狗的制作
			4.3.3	了解炸的烹调方式及相关菜品制作	（1）炸的定义及烹调工艺 （2）炸火腿芝士猪排的制作 （3）美式炸鸡排配番茄少司 （4）美式面糊炸鱼排的制作
			4.3.4	了解烤的烹调方式及相关菜品制作	（1）烤的定义及烹调工艺 （2）迷迭香烤鸡腿的制作

（续）

职业功能	培训内容	技能目标	培训项目
4. 热菜烹调	4.3 热菜加工	4.3.5 了解炒的烹调方式及相关菜品制作	（1）炒的定义及烹调工艺 （2）炒时蔬的制作 （3）炒意面的制作
		4.3.6 了解煮的烹调方式及相关菜品制作	（1）煮的定义及烹调工艺 （2）水煮鸡蛋的制作 （3）水波鸡蛋的制作

2. 中级职业技能培训内容与要求

职业功能	培训内容	技能目标	培训细目
1. 原料加工	1.1 动物原料粗加工	1.1.1 完成剔鱼柳及分档取料	（1）半圆形鱼类剔鱼柳及分档取料 （2）平鱼类剔鱼柳及分档取料
		1.1.2 完成禽类分档取料	（1）禽肉的分割 （2）鸡排的加工 （3）鸽子和鹌鹑的分档取料
		1.1.3 完成虾类、贝类、软体类等的粗加工	（1）大虾的粗加工 （2）龙虾的粗加工 （3）蟹的粗加工 （4）牡蛎的粗加工 （5）贻贝的粗加工 （6）扇贝的粗加工 （7）鱿鱼的粗加工
	1.2 动物性原料精加工	1.2.1 完成羊排的切割成型	（1）肋骨羊排的切割成型 （2）格利羊排的切割成型 （3）羊马鞍的切割成型 （4）腰脊羊排的切割成型 （5）里脊羊排的切割成型
		1.2.2 完成牛排的切割成型	（1）肋骨牛排的切割成型 （2）巴德浩斯牛排的切割成型 （3）T骨牛排的切割成型 （4）肉眼牛排的切割成型 （5）西冷牛排的切割成型 （6）米龙菲利牛排的切割成型 （7）听特浪牛排的切割成型 （8）小件牛排的切割成型 （9）薄片牛排的切割成型
		1.2.3 完成鱼柳的切割成型	（1）蝶形鱼扇的切割成型 （2）单面鱼扇的切割成型 （3）鱼扇块的切割成型
		1.2.4 完成肉类卷加工	（1）顺卷的加工 （2）叠卷的加工
2. 冷菜烹调	2.1 冷菜调味汁制作	2.1.1 完成蛋黄酱衍生调味料的制作	（1）鞑靼汁的制作 （2）千岛汁的制作 （3）尼莫利汁的制作

（续）

职业功能	培训内容	技能目标	培训细目
2. 冷菜烹调	2.1 冷菜调味汁制作	2.1.2 完成恺撒汁的制作	恺撒汁的制作
		2.1.3 完成法国汁的制作	法国汁的制作
	2.2 沙拉制作	2.2.1 完成鸡肉类沙拉的制作	（1）熏鸡肉沙拉的制作 （2）夏威夷鸡沙拉的制作 （3）鸡肉类沙拉的保存
		2.2.2 完成海鲜类沙拉的制作	（1）夏威夷海鲜沙拉的制作 （2）鱿鱼沙拉的制作 （3）海鲜类沙拉的保存
		2.2.3 完成用两种以上冷切肉制作冷肉拼盘	烟猪通脊与胡椒牛肉冷拼的制作
		2.2.4 完成胶冻类冷菜的制作	（1）胶冻汁的制作 （2）德式猪肉冻的制作 （3）明虾冻的制作
	2.3 冷汤制作	2.3.1 完成蔬菜冷汤的制作	（1）农夫冷汤的制作 （2）冷红菜汤的制作 （3）番茄冷汤的制作
		2.3.2 完成奶制品冷汤的制作	（1）青蒜薯汤的制作 （2）冷樱桃汤的制作
3. 热菜烹调	3.1 汤类制作	3.1.1 完成奶油蔬菜汤的制作	（1）芦笋奶油汤的制作 （2）奶油鲜薯汤的制作 （3）奶油西蓝花汤的制作
		3.1.2 完成奶油海鲜汤的制作	文蛤奶油汤的制作
		3.1.3 完成牛肉浓汤的制作	匈牙利牛肉汤的制作
		3.1.4 完成蔬菜汤的制作	（1）意大利蔬菜汤的制作 （2）罗宋汤的制作 （3）法式洋葱汤的制作
	3.2 少司制作	3.2.1 完成用布朗少司制作鸡肉、牛肉、羊肉少司	（1）迷迭香少司的制作 （2）胡椒少司的制作 （3）红酒少司的制作 （4）蘑菇少司的制作 （5）魔鬼少司的制作
		3.2.2 完成用奶油少司制作鱼类、贝壳类少司	（1）莫内少司的制作 （2）番红花奶油少司的制作 （3）欧芹少司的制作 （4）苦艾酒少司的制作
	3.3 热菜制作	3.3.1 完成用煮、炒的烹调方法制作意大利面、意大利饺子、意大利饭	（1）肉酱意大利面的制作 （2）菠菜芝士意大利饺的制作 （3）蘑菇意大利饭的制作
		3.3.2 完成用焗、烤的烹调方法制作意大利比萨、西班牙海鲜饭	（1）马格里特比萨的制作 （2）西班牙海鲜饭的制作

（续）

职业功能	培训内容	技能目标	培训细目
3. 热菜烹调	3.3 热菜制作	3.3.3 完成用蒸、烤的烹调方法制作海鲜类菜肴	（1）蒸海鲜的制作 （2）烤海鲜的制作
		3.3.4 完成用煎、烤的烹调方法制作牛排、羊排、猪排、鱼柳等菜肴	（1）煎牛扒蘑菇少司的制作 （2）香草烤羊排的制作 （3）米兰煎猪排的制作 （4）黄油柠檬少司鱼排的制作

3. 高级职业技能培训内容与要求

职业功能	培训内容	技能目标	培训细目
1. 原料加工	1.1 原料腌渍	1.1.1 完成鸡、鸭等禽类原料腌渍	（1）一般烹制方法的禽肉腌渍 （2）用于烧烤的禽肉腌渍
		1.1.2 完成牛肉、羊肉等畜类原料腌渍	（1）小牛肉的腌渍 （2）成年牛肉、羊肉的腌渍
	1.2 原料成型	1.2.1 完成禽类烤前的捆扎成型	禽类的捆扎成型
		1.2.2 完成畜类烤前的捆扎成型	（1）小份牛排的捆扎成型 （2）烤牛排的捆扎成型 （3）烤羊肉的捆扎成型
2. 冷菜烹调	2.1 冷菜调味汁制作	2.1.1 完成用芝士制作调味汁	蓝芝士汁的制作
		2.1.2 完成用新鲜香料制作调味汁	（1）薄荷汁的制作 （2）罗勒酱的制作
		2.1.3 完成用芥末酱、芥末粉制作调味汁	芥末调味汁的制作
	2.2 冷菜加工与拼摆	2.2.1 完成用烟熏方法制作三文鱼	烟熏三文鱼的制作
		2.2.2 完成用两种以上海鲜制作海鲜拼盘	海鲜什锦盘的制作
		2.2.3 完成海鲜塔林的制作	海鲜塔林的制作
		2.2.4 完成禽类派的制作	冷鸡肉派的制作
		2.2.5 完成鹅肝酱的制作	法式鹅肝酱的制作
3. 热菜烹调	3.1 汤类制作	3.1.1 完成蔬菜蓉汤的制作	（1）胡萝卜蓉汤的制作 （2）南瓜蓉汤的制作
		3.1.2 完成豆类蓉汤的制作	（1）青豆蓉汤的制作 （2）芸豆蓉汤的制作
		3.1.3 完成鸡肉、牛肉清汤的制作	（1）清汤菜丝的制作 （2）曙光清汤的制作 （3）清汤鸡丝豌豆的制作
	3.2 少司制作	3.2.1 完成芝士少司的制作	切达少司的制作
		3.2.2 完成芥末少司的制作	芥末奶油少司的制作
		3.2.3 完成蔬果少司的制作	（1）蔬菜蓉少司的制作 （2）水果蓉少司的制作

（续）

职业功能	培训内容	技能目标	培训细目
3. 热菜烹调	3.2 少司制作	3.2.4 完成黄油少司的制作	（1）荷兰少司的制作 （2）荷兰少司的子少司的制作
	3.3 热菜制作	3.3.1 完成用烤的烹调方法制作火鸡、整鹅、乳猪、羊腿、牛排等现场切割菜肴	（1）烤火鸡的制作 （2）烤鹅的制作 （3）烤乳猪的制作 （4）香草烤羊腿的制作 （5）烤牛外脊的制作
		3.3.2 完成用煎的烹调方法制作鹅肝、鸭肝菜肴	（1）苹果煎鹅肝的制作 （2）煎肥鸭肝的制作
		3.3.3 完成用焖的烹调方法制作禽类菜肴	奶油龙蒿焖鸡的制作
		3.3.4 完成用扒的烹调方法制作牛排、羊排、猪排、鱼柳等菜肴	（1）铁扒牛外脊的制作 （2）铁扒羊排的制作 （3）铁扒猪排的制作 （4）铁扒鳕鱼的制作
		3.3.5 完成用焗的烹调方法制作海鲜类菜肴	（1）番茄焗鱼片的制作 （2）焗生菜牡蛎卷的制作 （3）培根焗鲜贝的制作
		3.3.6 完成用蒸的烹调方法制作贝壳类菜肴	（1）蒸酿鱿鱼的制作 （2）蒸牡蛎配香槟少司的制作
		3.3.7 完成用混合烹调方法制作石斑鱼、龙虾、蜗牛等菜肴	（1）焗时蔬石斑鱼卷的制作 （2）芝士龙虾的制作 （3）焗蜗牛的制作

5.1.2 西餐厨房英语教学内容和方法

1. 常用的西餐菜单术语

序号	英文名称	中文名称	序号	英文名称	中文名称
1	Sign the Bill	签字付账	12	Set Menu	套餐
2	Today's Special	今日特餐	13	Breakfast	早餐
3	Chef's Special	主厨特餐	14	Lunch	午餐
4	Buffet	自助餐	15	Dinner	晚餐
5	Fast Food	快餐	16	Tea Time	下午茶
6	Specialty	特色菜	17	Brunch	早午餐
7	Bill	账单	18	Late Snack	消夜
8	Discount	折扣	19	Cocktail	鸡尾酒
9	Reservation	预订	20	Beer	啤酒
10	Aperitif	开胃酒	21	Red Wine	红葡萄酒
11	Menu	菜单	22	White Wine	白葡萄酒

(续)

序号	英文名称	中文名称	序号	英文名称	中文名称
23	Champagne	香槟	57	Soup	汤
24	Draft beer	生啤酒	58	Consomme	清汤
25	Stout beer	黑啤酒	59	Chowder	海鲜羹汤
26	Canned beer	罐装啤酒	60	Cream soup	奶油浓汤
27	Gin	琴酒	61	Salad	沙拉
28	Brandy	白兰地	62	Dessert	甜点
29	Whisky	威士忌	63	Bread	面包
30	Vodka	伏特加	64	Pasta	意大利面食
31	On the rocks	酒加冰块	65	Sandwich	三明治
32	Rum	朗姆酒	66	Pizza	比萨
33	Tequila	特基拉酒/龙舌兰酒	67	Sauce	沙司
34	Black coffee	纯咖啡	68	Cheese	芝士
35	White coffee	牛奶咖啡	69	Cake	蛋糕
36	Condensed milk	炼乳（炼奶）	70	Buttered toast	奶油吐司
37	Distilled water	蒸馏水	71	French toast	法国吐司
38	Mineral water	矿泉水	72	Muffin	马芬
39	Soda water	苏打水	73	Omelet	煎蛋卷
40	Lemon tea	柠檬茶	74	Cheese cake	芝士蛋糕
41	Black tea	红茶	75	White bread	白面包
42	Tea leaves	茶叶	76	Fried chicken	炸鸡
43	Milk-shake	奶昔	77	Roast chicken	烤鸡
44	Ginger ale	姜汁饮料	78	Steak	牛排
45	Soft drink	软饮料（不含酒精）	79	T-bone steak	T骨牛排
46	Beverage	饮料	80	Filet steak	菲力牛排
47	Tomato juice	番茄汁	81	Sirloin steak	西冷牛排
48	Ice cream	冰激凌	82	Club steak	小牛排（不带骨）
49	Sundae	圣代冰激凌	83	Poultry	家禽
50	Ice-cream cone	甜筒	84	Seafood	海鲜
51	Green salad	蔬菜沙拉	85	Vegetable	蔬菜
52	Onion soup	洋葱汤	86	Condiment	调味料
53	Potage	法国浓汤	87	Fresh fruit	新鲜水果
54	Corn soup	玉米浓汤	88	Meat	肉类
55	Minestrone	蔬菜通心粉汤	89	Smoked	烟熏
56	Ox tail soup	牛尾汤	90	Straw	吸管

2. 西餐专业词汇

（1）烹调术语

序号	英文名称	中文名称	序号	英文名称	中文名称
1	Boiled	煮的	14	Shelled	去壳的
2	Steamed	蒸的	15	Mashed	捣碎的
3	Stewed	炖的	16	Skim	撇去
4	Braised	焖的	17	Crush	砸碎
5	Poached	水煮的	18	Delicious	美味的
6	Pickled	腌渍的	19	Rank	腥臭的
7	Drain	控干	20	Stale	不新鲜的
8	Grilled	铁扒	21	Tender	嫩的
9	Roasted	烤的（用热源烤）	22	Tasty	美味的
10	Baked	焗、烘的（用烤箱）	23	Highly seasoned	味浓的
11	Diced	切丁的	24	Glazed	有光泽的
12	Sliced	切片的	25	Stuffed	填馅
13	Shredded	切碎的	26	Breading	挂面包糠

（2）熟度

序号	英文名称	中文名称
1	Rare	一分熟
2	Medium rare	两分熟
3	Medium	五分熟
4	Medium well	七分熟
5	Well done	全熟

3. 西餐常见的原材料英语词汇

（1）蔬菜类

序号	英文名称	中文名称	序号	英文名称	中文名称
1	String bean	四季豆	11	Lettuce	莴苣/生菜
2	Green soy bean	毛豆	12	Eggplant	茄子
3	Mungbean sprout	绿豆芽	13	Dried bamboo shoot	笋干
4	Bean sprout	豆芽	14	Bitter gourd	苦瓜
5	Broccoli	西蓝花	15	Pumpkin	南瓜
6	Lily flower	金针菜	16	Long crooked squash	菜瓜
7	Celery	芹菜	17	White gourd	冬瓜
8	Beetroot	甜菜根	18	Needle mushroom	金针菇
9	Spinach	菠菜	19	Taro	芋头
10	Leek	韭菜	20	Dried mushroom	冬菇/干蘑菇

（续）

序号	英文名称	中文名称	序号	英文名称	中文名称
21	Agaric	木耳	39	Salted vegetable	腌菜／雪里蕻
22	Lotus root	莲藕	40	Asparagus	芦笋
23	Iceberg lettuce	卷心生菜	41	Carrot	胡萝卜
24	Radicchio	紫莴苣	42	Cucumber	黄瓜
25	Romaine	罗蔓生菜	43	Loofah	丝瓜
26	Oak-leaf lettuce	橡叶生菜	44	Water chestnut	荸荠
27	Artichoke	朝鲜蓟	45	Gherkin	小黄瓜
28	Cauliflower	菜花	46	Champignon	香菇
29	Fennel	茴香菜	47	Yam	山药
30	Pea	豌豆	48	Tomato	番茄
31	Soybean sprout	黄豆芽	49	White fungus	银耳
32	Cabbage	圆白菜	50	Potato／Spud	土豆（Spud 偏口语化）
33	Kale	甘蓝菜	51	Endive	菊苣
34	Mater convolvulus	空心菜	52	Butterhead	奶油生菜
35	Mustard leaf	芥菜	53	Red-leaf lettuce	红叶生菜
36	Tarragon	龙蒿	54	Watercress	西洋菜
37	Coriander	香菜	55	Chilli	红辣椒
38	Bamboo shoot	竹笋	56	Garlic shoots	蒜苗

（2）水果类

序号	英文名称	中文名称	序号	英文名称	中文名称
1	Pineapple	菠萝	15	Honey-dew melon	哈密瓜
2	Watermelon	西瓜	16	Grapefruit	葡萄柚
3	Papaya	木瓜	17	Lichee	荔枝
4	Betelnut	槟榔	18	Banana	香蕉
5	Chestnut	栗子	19	Shaddock	柚子
6	Coconut	椰子	20	Juice peach	水蜜桃
7	Tangerine	橘子	21	Pear	梨子
8	Orange	橙子	22	Peach	桃子
9	Sugar cane	甘蔗	23	Carambola	阳桃
10	Muskmelon	香瓜	24	Cherry	樱桃
11	Water caltrop	菱角	25	Persimmon	柿子
12	Rambutan	红毛丹	26	Apple	苹果
13	Olive	橄榄	27	Mango	芒果
14	Loquat	枇杷	28	Fig	无花果

（续）

序号	英文名称	中文名称	序号	英文名称	中文名称
29	Almond	杏仁	33	Grape	葡萄
30	Plum	李子	34	Longan	龙眼
31	Durian	榴梿	35	Wax-apple	莲雾
32	Strawberry	草莓	36	Guava	番石榴

（3）肉类

序号	英文名称	中文名称	序号	英文名称	中文名称
1	Beef	牛肉	20	Pork chop	猪排
2	Rib	肋骨	21	Lamb	羊羔肉
3	Rib steak	肋排	22	Chicken	鸡
4	Rib eye	肋眼	23	Spring chicken	童子鸡
5	T-bone steak	T骨牛排	24	Chicken leg	鸡腿
6	Sirloin steak	西冷牛排	25	Chicken wing	鸡翅
7	Fillet steak	菲力牛排	26	Chicken liver	鸡肝
8	Beef flank	牛腩	27	Chicken breast	鸡胸
9	Veal	小牛肉	28	Turkey	火鸡
10	Veal chop	小牛排（带骨）	29	Duck	鸭
11	Beef oxtail	牛尾	30	Goose	鹅
12	Beef tongue	牛舌	31	Goose liver	鹅肝
13	Tenderloin	嫩里脊肉	32	Rabbit	兔
14	Loin	里脊肉	33	Ham	火腿
15	Loin chop	里脊肉排	34	Parma ham	意式风干火腿
16	Shoulder	肩肉	35	Bacon	培根
17	Pork	猪肉	36	Sausage	腊肠
18	Pork spare rib	猪肋排	37	Salami	意式肉肠
19	Pork blade bone	猪肩胛骨	38	Pigeon	鸽

（4）水产类

序号	英文名称	中文名称	序号	英文名称	中文名称
1	Fish	鱼	8	Trout	鳟鱼
2	Garoupa	石斑鱼	9	Swordfish	剑鱼
3	Cod	鳕鱼	10	Snapper	鲷鱼
4	Sea bass	海鲈鱼	11	Lobster	龙虾
5	Flounder	比目鱼	12	Prawn	明虾
6	Salmon	三文鱼	13	Shrimp	草虾
7	Tuna	金枪鱼	14	Crab	蟹

（续）

序号	英文名称	中文名称	序号	英文名称	中文名称
15	Clam	蛤蜊	18	Mussle	淡菜（贻贝）
16	Oyster	蚝（牡蛎）	19	Squid	鱿鱼
17	Octopus	章鱼	20	Scallop in shell	扇贝

（5）蛋乳类

序号	英文名称	中文名称	序号	英文名称	中文名称
1	Butter	黄油	9	Mascarpone cheese	马斯卡彭芝士
2	Milk	牛奶	10	Blue cheese	蓝纹芝士
3	Cream	鲜奶油	11	Parmesan cheese	巴玛森芝士
4	Egg	蛋	12	Cheddar cheese	切达芝士
5	Yogurt	酸奶	13	Mozzarella cheese	莫扎瑞拉芝士
6	Mayonnaise	蛋黄酱	14	Smoked cheese	烟熏芝士
7	Cheese	芝士	15	Edam cheese	埃德姆芝士
8	Cream cheese	奶油奶酪	16	Goat cheese	山羊乳芝士

（6）香料类

序号	英文名称	中文名称	序号	英文名称	中文名称
1	Bay leaf	月桂叶	17	Nutmeg	豆蔻
2	Thyme	百里香	18	Cardamon	小豆蔻
3	Rosemary	迷迭香	19	Sage	鼠尾草
4	White pepper	白胡椒	20	Oregano	牛至
5	Black pepper	黑胡椒	21	Chive	香葱
6	Allspice	百味胡椒	22	Anise	大茴香
7	Chilli	红辣椒	23	Cumin	小茴香
8	Saffron	藏红花	24	Clove	丁香
9	Tarragon	龙蒿	25	Juniper berry	杜松子
10	Dill	莳萝	26	Paprika	匈牙利红椒粉（不辣）
11	Vanilla	香草	27	Cayenne	红辣椒粉（辣）
12	Basil	罗勒	28	Curry powder	咖喱粉
13	Coriander	芫荽（香菜）	29	Turmeric	黄姜粉
14	Parsley	欧芹	30	Garlic	蒜头
15	Mint	薄荷	31	Ginger	生姜
16	Cinnamon	肉桂	32	Star anise	八角

（7）调味料类

序号	英文名称	中文名称	序号	英文名称	中文名称
1	Ginger	生姜	16	Garlic	大蒜
2	Scallion/Leek	小葱/扁叶葱	17	Onion	洋葱
3	Green onion	大葱	18	Garlic bulb	蒜头
4	Caviar	鱼子酱	19	Barbeque sauce	沙茶酱
5	Tomato sauce	番茄酱	20	Mustard	芥末
6	Salt	盐	21	Vinegar	醋
7	Sugar	糖	22	Sweet	甜
8	Lard	猪油	23	Sour	酸
9	Peanut oil	花生油	24	Bitter	苦
10	Paprika	匈牙利红椒粉（不辣）	25	Cinnamon	肉桂
11	Star anise	八角	26	Curry	咖喱
12	Maltose	麦芽糖	27	Granulated sugar	砂糖
13	Castor sugar	细白砂糖	28	Sugar candy	冰糖
14	Cube sugar	方糖	29	Saffron	番红花
15	Pepper	胡椒	30	Jam	果酱

（8）面食类

序号	英文名称	中文名称	序号	英文名称	中文名称
1	Capellini	意大利细面	8	Fettuccine	意大利宽面
2	Macaroni	通心粉	9	Linguine	意大利扁面
3	Conchiglie	贝壳面	10	Rigatoni	粗通心粉
4	Rotini	螺旋形面	11	Rotelle	车轮面
5	Farfalle	蝴蝶形面	12	Cannelloni	意大利春卷
6	Lasagne	千层面	13	Spaghetti bolognese	肉酱意粉
7	Spaghetti	直圆意大利面	14	Spaghetti with tomato sauce	番茄意粉

4. 常见的厨房工具与厨具

序号	英文名称	中文名称	序号	英文名称	中文名称
1	Stove	炉灶	7	Mixer	搅拌机
2	Oven	烤箱	8	Kneader	和面机
3	Microwave oven	微波炉	9	Toaster	面包片烤炉
4	Salamander	明火焗炉	10	Steamer	蒸炉
5	Griller	铁扒炉	11	Mincing machine	绞肉机
6	Deep fryer	炸炉	12	Fry pan	煎盘

（续）

序号	英文名称	中文名称	序号	英文名称	中文名称
13	Stock pot	汤桶	23	Fruit knife	水果刀
14	Roast pan	烤盘	24	Mincing knife	剁肉刀
15	Grater	研磨器	25	Chopping knife	砍刀
16	Whisk	手动打蛋器	26	Fork	肉叉
17	Baller	挖球器	27	Cake knife	蛋糕刀
18	Funnel	漏斗	28	Chef's knife	厨刀
19	Ladle	汤勺	29	Boning knife	剔骨刀
20	Food tong	食品夹	30	Measuring cup	量杯
21	Oyster knife	牡蛎刀	31	Juice extractor	榨汁机
22	Clam knife	蛤蜊刀	32	Chopping board	砧板

5.2 工艺创新

5.2.1 国际西餐发展动态

西方饮食文化对我国饮食结构的影响日益加深，西餐在我国餐饮界的地位也越来越高，发展呈持续上升趋势。西餐在我国经过一段时间的发展，逐渐适应了我国的国情和行业特点，融入了民众的生活。其在国内的发展呈现多个新趋势，具体体现在菜品多样化、内容本土化、制作现代化、产品标准化、饮食便捷化、商业品牌化及规模化等多个维度。

1. 西餐发展的趋势

（1）**与本土文化的结合更紧密**　近年来，随着世界沟通越来越密切，各方面的交流渠道更加多元化，，西餐烹调思路也在不断发展，东西方烹调文化及技法相互结合得越来越深。一道菜可能使用来自多个国家和地区的烹饪原料和技法，产生了更多符合本土文化、大众习惯的西式菜品。

（2）**厨房设备现代化和食品生产机械化**　西餐在过往历史中都深受现代科技的影响，在工业革命以前，烹饪依靠煎、炸和烘烤等方式进行，随着厨房用具的研发与使用，如汤锅、蒸锅等炊具的产生，新的烹调方式也在深刻改变大众的烹饪方法。

时至今日，厨房设备的现代化和食品生产机械化对西餐的影响更加深刻，粉碎机、搅拌机、高压锅等机械工具的普及，大大提高了烹饪效率，如煮、炖、烤和煎等烹饪方法的应用更加便捷、迅速。

结合食品科技的发展，新型材料也慢慢走入大众视野，器具与食材的创新性融合缔造了更多形式的菜品形成，如多种类型的分子料理。

（3）**现代营养科学知识的运用**　19世纪末，无机化学、有机化学和物理化学的产生，对烹饪带来了一定的冲击。从分子和原子的角度上看待和理解烹饪，给了菜品制作新的思路，如今也被具体应用到了营养科学领域。

合理膳食、平衡营养、饮食卫生与安全是现代烹饪的重要组成部分，这些内容也促使现代烹饪在食材处理、成熟、装饰等各个菜品制作阶段更加注重营养保留，运用更加系统科学的方法制作菜品。同时，食品添加剂的出现也能够对一些制作缺陷进行补充，丰富了食品品类，对食品生产、储存、食用等多方面产生了一系列影响。

（4）**现代化的食品加工技术**　现代社会的运输技术和冷链水平使得饮食习惯发生革命性变化，助力餐饮打破季节性限制、地域性限制，食材可以从世界各地运来，并且保持新鲜和最佳口感。冷冻、干燥、罐装、真空等保鲜技术的发展，增加了食品的种类和数量。同时，标准化的工厂带来生产效率的提升，从而促成相关产业规模化的发展。

食品保存技术的提升，半加工食品、全加工等方便食品的市场占有率上升。方便食品更加适合当代较快的生活节奏，营养方便的快捷食品逐渐成为饮食方式的一种。

2. 西餐在国内的业态分布

（1）**西式正餐**　该类餐厅大都具有完整的西餐体系，销售具有清晰定位的西餐，店面装饰也独具风格。

（2）**西式快餐**　国内最具代表性的西式快餐众多，如麦当劳、汉堡王等，此类店销售便捷，也有车道取餐、外带堂食等取餐方式，食用较随意。

（3）**咖啡厅、酒吧**　咖啡厅除销售咖啡外也配备下午茶、简餐；酒吧以酒为主，结合简易小食。

（4）**日韩系及东南亚系餐厅**　该类餐厅装修大都体现出鲜明的地域性特色，菜肴风味显著。

（5）**茶餐厅**　茶餐厅可以让消费者在西式的环境下品尝中式特色菜品及西式快餐，品类众多。

5.2.2　创新思维与创新理论相关知识

1. 西餐创新的概念

西餐产品的创新是在西餐生产要素（原料、技法等）和生产条件（人员、设备等）相结合的基础上产生新的产品的过程。

创新有两种类型：技术性变化创新和非技术性变化的组合创新，两种创新带来的产品应该是真正意义上的"新产品"。

创新产品需要在两方面有所体现，第一，需要有新原料、新工艺、新调味、新组合、新包装等方面的展现；第二，创新产品需要具有可操作性和市场延续性，对于非艺术类产品，菜品创新还需具备食用性。在讨论一个产品是否为创新类产品时，需要考虑产品在这两方面是否有所体现，如果只具备其中一个方面，该产品的创新就不够完整。

创新时要注意避免只重视新而忽视用，需要考虑工艺程序的用时、产品组合的营养价值、制作的卫生条件等；同时要避免只注重实用而忽视新。

2. 西餐制作创新思维

产品创新是一个系统工程。在进行产品创新时，一般要考虑以下几个要素。

（1）**必要要素创新** 必要要素创新指产品本身内在的创新，是创新的基础条件和主要意义。

1）技术性变化创新。技术性创新指在产品创新过程中依据技术的变化获得新产品，主要包含产品成型方式和成熟方式等方面的变化，这些方面可以整合使用用于创新，也可以单独使用进行产品的改良创新。

技术性变化的创新要求人员熟练掌握烹饪技法，熟悉行业中的成型技巧、装饰技法、成熟方法等，有较强的产品加工制作技能，具备产品开发的技术能力。

2）非技术性组配创新。非技术性组配创新指在产品创新过程中依据原料的种类变化获得新产品，主要是产品用料的变化，包括主材料、辅材料、调味料、装饰材料等，如改变产品的主要配方比例组成或更换材料、改变材料添加或组合次序等，这类创新和技术本身并无关系，非技术性组配创新要求人员能够充分了解和掌握相关行业的专业理论、产品文化等，具备开发创新的基础条件。

（2）**"必要要素+非必要要素"组合创新** 非必要要素创新指除却产品本身内在之外的创新，这些因素的存在与否对产品质量不会构成明显影响。非必要因素可以使产品的创新特征表现得更加突出，但是在产品创新开发的过程中，非必要因素并不是首要考虑的要素。

非必要要素创新可以给产品的外在更多的表现，如产品的名字。需要注意非必要要素创新并不是产品创新的核心。

在必要要素创新的基础上，添加非必要要素创新进行叠加，这类创新方法更加全面，更能创造出满足顾客全方位需求的产品，可以通过必要要素加一个或多个非必要要素进行组合创新。

3. 西餐创新产品的基本流程

产品的开发和创新是一项综合性工作，在具体执行的过程中，一般有如下几个环节。

（1）**产品内容确认** 无论是全新产品，还是改良性产品，产品制作的内容都需要整理清楚。针对不同性质的产品开发，产品内容涵盖的信息点会不同，如教育培训类的产品信息单会比较简单，主要核心围绕的是工艺流程环节等，如果是企业类产品开发的设计单会比较复杂，包括产品生产成本等方面的问题。

（2）**材料选择**　依据产品设计单，进行材料、设备等产品制作相关内容确认。

（3）**工艺流程确认**　对产品制作的流程工艺进行确认。

（4）**产品试做**　根据以上确认的相关信息，进行产品试做，并根据条件适度留下影像或图片资料证明。

（5）**内部评价**　在产品出品后，组织有关人员进行评测，并将评测结果做出报告。

（6）**产品改进**　针对试做和评价的反馈，进行产品内容调整，进一步修改产品设计单。

（7）**内部评价和市场评价**　产品改进后，经过内部评价后反馈良好，可进一步试销，将评价范围从内部扩大至外部，并收集反馈信息。

（8）**综合反馈信息**　将各个阶段的反馈综合分析。

（9）**复改定型**　对产品进行反复试做、评价、反馈修改，直至信息确定。

（10）**产品市场推广**　根据产品特点，制订相应的市场营销策略。

5.2.3　西餐制作新材料和新工艺知识

工艺创新主要指生产方法、工艺设备等方面有创新举措，并且在生产技术、操作程序、方式方法、规则体系等方面有具体的创新体现。有效的工艺创新对于企业本身来说是"新"的，但不意味着它对于整个行业或整个市场是"新"的。

工艺创新的出发点可能来自于新材料、新组合、新设备等，目前西餐制作在家庭厨房、西餐厅、酒店、中央工厂等层面都有不同程度的发展，随着食品工业的壮大，越来越多的高科技设备与材料投入实际生产中，对西餐工艺影响比较大。

1．西餐制作中的材料创新方法

（1）**添加新材料**　新材料可以来自国内，也可以来自国外；可以是主材料、辅材料或调味材料等，也可以是其他领域中的食材，在菜肴原有材料的基础上赋予菜品新口味。

（2）**替换原材料**　可以使用其他原料替换原菜肴制作中的材料，赋予菜品新的口感与风味。

（3）**改变原材料的特征**　采用新设备、新工艺等方法对原材料的质地进行调整，推出创新菜品。如分子料理的多类食材处理方法，通过改变材料的表现形式，产生众多新奇的菜品呈现方式。

2．西餐制作中的组合创新方法

新组合所涉及的范围比较广，可以跨行业，也可以跨古今，对于产品创新来说，"新"是必要的，组合合理也是必要的。新组合需要符合现代人的消费需求和饮食习惯，不可违背当地文化传统，符合当代价值观和审美，切记不能一味追求创新而失去商业底线。

中西餐各具特点，摆脱原材料地域性和区域性局限，将传统西餐与当地原料进行有机结合，可以制作出既具有本土特色，又带有异域口味的融合菜品。一些知名连锁比萨餐厅，推出采用中国特色食材制作的比萨、汉堡或意粉等，如"小龙虾比萨""麻辣牛肉汉堡""意式麻辣比萨饺"等。

（1）**烹调手法的组合创新**　在传统西餐常用的烹饪方式基础上，合理地进行重组、改良，组合出不同的效果，呈现全新的菜品制作。

（2）**造型装饰组合创新**　突破西餐装饰原有的方式，给装饰技术添加更多的创新元素，增添氛围性装饰方式如通过"液氮"技术制造烟雾、西点的糖艺造型等，多元的技术装饰可以带给菜品耳目一新的感觉。

（3）**菜品与盛器的组合创新**　盛装器皿不仅用于盛装菜品，也可以对菜品整体质感进行提升与补充，合理有效地利用盛器可以有效提高菜品的综合竞争力，将美学与构图艺术融汇在菜品制作中也是创新的一个有效途径。

（4）**新生活理念引起的组合创新**　现代社会越来越关注健康，轻食便应运而生。菜肴制作中不需要过多的调味料，也无须复杂的烹饪方式，烹调时需注重低脂、低糖、低盐，以保持食材的原始味道为根本，这种新生活理念引起的新式菜品风潮，是一种均衡、自然的饮食方式的具体体现。

3. 西餐制作中设备的创新方法

在西餐制作中，食材预加工、成熟方法、成型装饰等多个环节中涉及的设备使用非常多，对于单一产品来说，任何一个环节中的设备或工具器材发生改变，都可能对产品工艺带来影响。如分子料理的相关设备带来的一系列工艺上的变化，低温慢煮机器和真空压缩包装机的组合给了食品制作一个新的方向，其制作工艺也与传统烹调工艺有显著区别。此外分子烹饪中常用来澄清清汤等的离心机，其原理是通过离心实现不同分子量物质的分离，主要用于沉淀溶液中的杂质，实现固液分离达到分离杂质的目的。

随着科技的发展，食品也可以智能化，将食物的主要原材料搅打成浆状重新成型，通过3D打印菜肴可以将食物制作得更有趣、更标准和科技化，还可以针对个体不同的营养和能量需求，将原材料进行科学搭配，在满足3D打印的前提下，最大限度满足个性化营养健康需求。3D打印食品相较于传统的食品制造业，餐饮制作更加便捷，特别适合大豆、土豆、鱼糜等的加工，但目前只适合一些炸鸡快餐或家庭食品制作。

技能训练

西式烹调师（技师 高级技师）

油炸蜗牛配欧芹泥佐大蒜泡沫

原料配方

蜗牛粒	50克	鸡蛋	180克	百里香	3克
黄油	60克	蛋黄	30克	欧芹	50克
小洋葱碎	15克	低筋面粉	50克	菠菜	50克
白兰地	10克	面包糠	50克	白胡椒	1克
淡奶油	150克	色拉油	300克	苦苣	适量
盐	8克	大蒜	25克		

制作过程

1）锅中加入少许黄油，放入小洋葱碎炒香，加少许盐炒软，加入蜗牛粒炒出香味，沿锅边加入白兰地使其挥发，加入淡奶油小火熬至浓稠状。

2）将炒好的蜗牛泥隔冰水降温，加黄油混合均匀，将蜗牛泥装入模具中，放入冰箱冷冻至定型。

1a

1b

2

3）将适量黄油放入锅中，加热制作成榛子黄油，将锅隔冰水降温，至黄油浓稠备用。

4）将蜗牛球脱模，在两个蜗牛球中间抹上榛子黄油，粘在一起，再次冷冻。

5）将冷冻好的蜗牛球用面粉、鸡蛋、面包糠裹三次，过两遍后再次冷冻。锅中倒入色拉油，加热至170~180℃，放入蜗牛球炸至金黄色，沥干油备用。

6）大蒜泡沫：锅中加入淡奶油、大蒜、百里香和少许盐加热至60~80℃，过滤掉大蒜及百里香，将液体装入氮气瓶中打发制成大蒜泡沫备用。

7）欧芹布丁：将欧芹和菠菜放入盐水中煮软，捞出放冰水中急速冷却，挤干水分放入料理机中，加入淡奶油搅拌成泥。将欧芹泥放入容器中，加入少许白胡椒、1个鸡蛋的全蛋液和蛋黄拌均匀，倒入方形模具中，放入蒸箱，以90℃蒸约15分钟。取出，使用圆形模具压成圆片，备用。

8）将欧芹布丁放在盘子中心处，放上炸好的蜗牛球，盘底淋上大蒜泡沫，装饰苦苣即可。

制作关键 1）煮蔬菜的时候放入盐且煮好立刻放入冰水冷却，可以保持蔬菜不变色。
2）没有液氮瓶可以用手持打蛋器代替，大力搅拌至起泡为止。

质量标准 1）菜品咸鲜口味。
2）炸蜗牛外壳酥脆，内馅口感软嫩，口感具有不同层次。
3）蜗牛颜色金黄、配菜翠绿，视觉冲击力强。

烩海鲜西班牙冷汤

西式烹调师（技师 高级技师）

原料配方

番茄	400 克	黑胡椒	1 克	墨鱼	30 克
番茄膏	10 克	红彩椒	100 克	扇贝肉	30 克
黄瓜	200 克	罗勒	15 克	蛤蜊	30 克
洋葱	60 克	柠檬	60 克	贻贝	40 克
盐	3 克	白醋	50 克	白葡萄酒	50 克
橄榄油	110 克	虾	80 克	澄清黄油	10 克
吐司面包	250 克	鱿鱼	40 克	樱桃番茄	30 克

制作过程

1）将番茄、洋葱、黄瓜、红彩椒和100克吐司面包切丁后放入大碗中，加入橄榄油、白醋、柠檬汁、黑胡椒、盐和番茄膏，搅拌均匀，盖上保鲜膜放入冰箱冷藏约1小时。

2）将剩余的吐司面包切薄片，表面均匀涂抹澄清黄油，摆放在烤盘上，放入烤箱以180℃烤至金黄色出炉，冷却后将吐司面包切成三角形状。

3）平底锅中加入橄榄油、少许盐，放入虾、扇贝肉煎香；将墨鱼、鱿鱼、贻贝和蛤蜊加入另外的锅中加入白葡萄酒，加盖焖煮至贝类开口、食材成熟，备用。

4）将步骤1的食材和罗勒（保留少许装饰）用搅拌机搅拌成泥状，过滤汤汁备用。

5）在盘子底部放入步骤3的海鲜，装饰三角形面包片，将樱桃番茄切成两半摆入盘中，放上少许罗勒，最后倒入步骤4的汤汁即可。

| 制作关键 | 烘烤面包片之前,可以用擀面杖压平面包片,这样烘烤后的面包片更薄且更酥脆。 |

质量标准　1)色泽搭配鲜艳、汤汁金黄。
　　　　　2)菜品口感具有层次,海鲜的鲜甜味突出、面包片酥脆。

蔗糖珍珠

原料配方

矿泉水	150 克
琼脂粉	10 克
食用油	120 克
蔗糖	150 克

制作过程

1）复合锅中加入矿泉水、蔗糖中火加热，用手动打蛋器搅拌至糖化。
2）边放入琼脂粉，边加热搅拌至完全融合，关火，放置室温冷却，装入滴瓶中。
3）将食用油放入冰箱冷藏后取出，用滴瓶缓慢均匀地将步骤1挤入食用油中，用漏勺捞到盒子中，密封放入冰箱冷藏即可。

制作关键 加入琼脂粉需要一边加热、一边搅拌才能充分融合不结块。

液氮玫瑰

项目 5

指导与创新

原料配方

液氮	300 克
玫瑰花	20 克

制作过程

1）将玫瑰花放入液氮液体中静置30秒。
2）取出后轻轻拍碎，可做装饰。

1a

1b

2

制作关键　玫瑰花浸泡液氮时间不可过短。

西式烹调师（技师 高级技师）

地中海佛卡夏面包配烤时蔬

原料配方

橄榄油1	50克	黑胡椒碎	少许	黄节瓜	30克
高筋面粉	200克	橄榄油2	40克	黑橄榄	10克
酵母	5克	洋葱碎	30克	苦苣	5克
水	125克	大蒜碎	10克	熟鹌鹑蛋	20克
粗盐	少许	大番茄	250克	罗马生菜	10克
百里香	8克	盐	4克		
迷迭香	8克	青节瓜	30克		

制作过程

1）将高筋面粉、盐倒入盆中，将酵母放入温水中搅匀，再倒入盆中揉成面团，将橄榄油1少量多次揉到面团中至面团光滑，放入温度35℃、湿度70%的醒发箱中醒发至两倍大。将醒发好的面团用手指按压，使面团铺满整个烤盘，厚薄要均匀、面团表面有手指按压过的凹槽。

2）将面团表面撒上粗盐、少许迷迭香、百里香，再加少许橄榄油（另取）和黑胡椒碎，放入烤箱以190℃烤至表皮和底皮微黄，用时约15分钟，冷却后切成方块备用。

3）将大番茄切十字花刀，去除蒂、番茄籽，切碎备用。将橄榄油2加入锅中，放入洋葱碎炒软，加入大蒜碎及百里香一起炒香，放入番茄碎翻炒，加入少许盐调味备用。

4）将青节瓜、黄节瓜削成薄片，淋少许橄榄油（另取），加少许盐腌制片刻，取出节瓜片从中间一切二，卷成卷备用。

5）将番茄碎、黑橄榄（切片）放在面包片上，将苦苣和罗马生菜剪好形状同熟鹌鹑蛋（一切二）、节瓜卷一起摆放在番茄碎上即可。

项目 5

指导与创新

质量标准　1）产品色泽搭配丰富、摆盘美观。
　　　　　　2）面包松软，散发橄榄油的清香，配菜口感层次丰富。

西班牙海鲜饭

西式烹调师（技师 高级技师）

原料配方

洋葱	50 克	意大利米（做成米饭）	100 克	鸡高汤	1000 克
红甜椒	50 克	青豆	40 克	藏红花	1 克
西班牙香肠	50 克	鱿鱼	40 克	罗勒芽	3 克
百里香	3 克	虾	70 克	樱桃番茄	20 克
大蒜	6 克	青口贝肉	50 克	腊香肠片	30 克
盐	适量	鸡腿	100 克		
黑胡椒	适量	橄榄油	适量		

制作过程

1）将红甜椒切成小丁、洋葱切碎、西班牙香肠切小块、鸡腿切成块、鱿鱼去掉内脏等切圈，备用。
2）将鸡高汤放在锅里，加入藏红花，煮开。
3）锅中加入橄榄油，加入切碎的洋葱、红甜椒、百里香、香肠炒软。
4）加入米、适量盐和藏红花高汤，焖煮成米饭。
5）锅中加橄榄油，放入切碎的大蒜，放入青口贝肉、鱿鱼、虾和鸡腿肉块煎香，加入少许盐调味，盛出平铺在米饭上，盖上锅盖，文火煮35分钟。
6）添加提前泡好的青豆，焖煮片刻，离火。
7）将米饭装盘，表面装饰腊香肠片、罗勒芽和樱桃番茄即可。

制作关键 1）加入大米以后不要搅拌米饭，否则焖煮过程中淀粉会析出，汤会变得黏稠。
2）海鲜和鸡腿块煎制一下能更好地激发食材香味。

质量标准 1）色泽搭配鲜艳。
2）米饭金黄，海鲜和肉类烹饪适宜。
3）米饭浸润海鲜和鸡肉的香味，青豆软糯。

复习思考题

1. 简述菜肴创新的原则。
2. 菜肴创新的途径有哪些?
3. 菜肴创新可以依托哪些新设备?
4. 什么是 3D 打印技术?
5. 新工艺分子技术包括哪几种?

第二部分

高级技师

项目 6

经典菜肴制作与创新

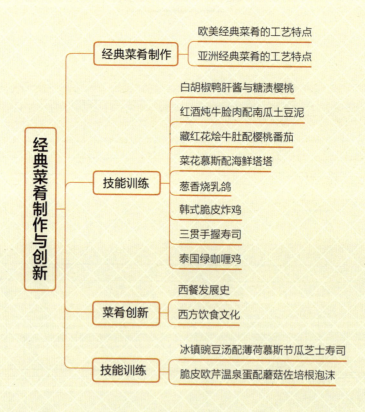

6.1 经典菜肴制作

6.1.1 欧美经典菜肴的工艺特点

欧美经典菜肴有法国菜、英国菜、美国菜、俄罗斯菜、意大利菜和德国菜等。这些国家在饮食文化和菜品制作技巧上具有一定的共同之处。但是在社会经济、地理条件、政治、历史和人文等方面的影响下，各个国家又形成了各自独特的烹饪方法和饮食习惯，具有一定的差异。

1．欧美经典菜肴工艺的共同点

欧美经典菜肴在制作上，具有一定的共同之处，如烹饪方式、用料和风味等。

（1）**烹饪方式** 西餐中的烹饪方式主要有烘焙、炒、煎、炸、焯、水浴、煮和蒸等。

1）烘焙。烘焙又称烘烤、焙烤，是指通过干热的方式使食材脱水变干变硬的烹饪方法。

2）炒。炒是以少量油为主要导热体，将食材在高温环境下用较短时间进行翻动加热至成熟的烹饪方法。

3）煎。煎是指将食材用少量油在短时间内加热成金黄色乃至微煳状态。

4）炸。炸是指将食材浸没入热油中，将其加热的烹饪方法。

5）焯。焯是将食材（肉类或蔬菜类）放入热水或油中短时间加热，再将其捞出，对食材进行初步的加工。

6）水浴。水浴是指将食物浸入温度为71~85℃的少量液体中进行低温烹调。

7）煮。煮是将食材浸入温度为100℃的多量汤汁或清水中进行烹调。

8）蒸。蒸是指利用蒸汽将食材加热至熟的一种烹调方法。

（2）**用料** 西餐在食材选择方面，用料广泛，并且要求较为严格和讲究。除了要求食材新鲜之外，还要善于根据食材不同部位选择合适的烹饪方式。特别是在选取动物类原料时，如家禽，一般以胸部和腿部居多；牛排一般选取腰背部；羊排和猪排大部分选择肋背部。

（3）**风味** 西餐中大部分菜肴基本风味为香醇浓郁。基本风味主要来源于特殊材料的运用和独特的烹饪方法。

1）特殊材料的运用。具有香醇浓郁风味的特殊材料包括乳制品、酒类和香料等。

① 乳制品。在制作菜肴时，乳制品的使用频率较高。常用的乳制品有牛奶、芝士、黄油、淡奶油和酸奶油等。这些材料的用途也不同，如牛奶一般用于汤、酱汁和甜品的制作；芝士

常用于烤或焗等，赋予菜品浓郁的奶香味。

② 酒类。酒本身具有独特的香气和味道，是西餐烹饪中常用的调味材料。将酒运用到西餐制作中，可赋予菜肴浓郁的酒香味，起到增香的作用。在制作菜肴时，需选取与原料相匹配的酒进行烹饪，如"法式红酒鸡"和"法式洋葱汤"，就是使用大量红酒熬煮制成。

③ 香料。香料的使用对西餐独特风味的形成具有重要的影响。

西餐中的香料种类繁多，其中洋葱、西芹和胡萝卜被称为"芳香蔬菜"，洋葱、西芹和京葱被称为"白芳香蔬菜"。两者作为汤类基本的调味剂，可以增加汤类的鲜味。此外，还有一些天然的香草，如丁香、莳萝、百里香和薄荷等。

2）独特的烹饪方法。西餐中独特的烹饪方法的运用对菜肴风味具有一定的影响，如铁扒、烘烤和焗等。使用这些方法烹饪时，可以使材料表面迅速脱水焦化，形成焦黄的外表，产生独特的焦香风味。

2. 欧美经典菜肴工艺的不同点

欧美经典菜肴工艺的不同点主要体现在每个国家独有的特色中。以下阐述一下法国菜、英国菜、美国菜、俄罗斯菜、意大利菜和德国菜各自的工艺特点。

（1）法国菜工艺特点　法国菜在西餐的历史发展中发挥着重要作用。其工艺特点主要体现在以下方面：

1）选料较广、用料讲究。在选料上，使用的食材要新鲜，选取的种类较多，如肉类、禽类、水产类和蛋类等均有涉及。此外，一些不常见的食材也可进行烹饪，如蜗牛、洋蓟等。

2）烹调方式讲究、追求原汁原味。法国菜的烹调方式极为讲究，每道菜在制作时要经历多道工序。其中特别注重酱汁制作，不同种类的酱汁可搭配不同菜肴，使菜肴保持原汁原味。

3）调味材料和酒的运用。在法国菜中，一些具有杀菌消毒和助消化的调料运用较多，如生洋葱、大蒜、白醋和各类酒。

使用酒调味时，不同类型的菜要搭配不同的酒。如制作海鲜类菜肴时，会使用白葡萄酒或白兰地；制作肉类和禽类时，会选用马德拉酒和雪莉酒；烹调水果或甜点时，会使用朗姆酒。

4）注重菜肴鲜嫩度。法国菜内部水分较多，质地较为鲜嫩。在烹饪时，最大限度保留食材本身的汁水和鲜嫩程度，如牛排根据所需可制作成三四分熟，口感较嫩。

（2）英国菜工艺特点　英国菜的特点是清淡少油。其工艺特点主要体现在以下方面：

1）用料和烹调方式简单。英国菜的原料在选取时具有一定的局限性。英国人很少吃海鲜，偏爱牛羊肉、禽类和蔬菜等。

英国菜的烹饪方式较为简单，多将食材处理成大块状或整只，通过煮、烤和扒等方法进行制作。

2）调味简易，味道清淡。英国菜在制作时，调味较为简单，多以盐、胡椒和黄油等为主要调味料。菜肴口味比较清淡，不油腻，最大限度保持食材原有味道。

（3）美国菜工艺特点　美国菜受英国的影响，加上创新与改良，形成了属于自己的特色，成为独立存在的菜式。其工艺特点主要体现在以下方面：

1）喜以水果充当主料或配料。在制作美国菜时，喜欢使用水果做菜，比如橘子、柚子和菠萝等。可将水果和蔬菜搭配制作成沙拉，口味比较清淡；将水果放在热菜中烹饪，咸中带甜，口味独特。

2）追求营养，注重食材合理搭配。在制作美式菜肴时，比较注重营养和食材的搭配，还会针对不同人群所需进行营养配餐。

3）快餐食品迅速发展。随着经济的发展，人们生活节奏加快，快餐行业在美国得到了极大的发展，在美国菜中占据重要地位，并且对世界各地的餐饮业具有一定的影响。

（4）俄罗斯菜工艺特点　传统的俄式菜由于受地理位置和饮食习惯的影响，菜式的特点和英国、美国、法国等国家差别比较大，具有自己的特色。其工艺特点主要体现在以下方面：

1）口味丰富。俄式菜口味较为丰富，酸、甜、辣和咸均有涉及，整体口味较重，偏油腻。为了解腻，调味的材料会选择酸奶油、番茄、番茄酱、柠檬、白醋和黑胡椒等。

2）传统菜肴油性大。传统俄式菜肴油的用量较大，比较油腻，其中黄油和奶油是菜肴制作的重要原料。一些菜肴制作完成后，其表面会浇上少量黄油。随着时代的发展、人们饮食习惯的改变，俄式菜肴开始慢慢趋于清淡。

（5）意大利菜工艺特点　意大利菜肴受法餐的影响较大，多以奶制品入菜，如奶油和芝士等。并且擅长用番茄和番茄酱等制作菜肴。其工艺特点主要体现在以下方面：

1）注重火候的把控，重视传统菜肴制作。意式菜肴制作时尤为注意火候的把控。大部分菜肴在制作时多要求为六七分熟，如牛排要求鲜嫩带血；意大利面和意大利饭一般也是煮至七八分熟，成品中间呈现出有硬心的状态。

意式菜肴比较注重传统工艺，传统的红烩、红焖的菜肴比较多，烧烤、铁扒的菜肴相对较少。

2）追求食材本味。意式菜肴的烹调方法多用煮、煎和蒸等，以此来保持食材的原味。调味也比较简便和直接，常用的有盐、胡椒、番茄、番茄酱和芝士等，注重食材的本味。

3）多以米面做菜，种类丰富。意式菜肴多以米和面为食材制作菜肴，这个是其最独特的。意大利面的种类繁多，样式多变，可用于做汤、菜和沙拉等。此外，意大利饭也是比较重要的菜肴。

（6）德国菜工艺特点　德国的饮食习惯和欧洲其他国家有些许不同。德国人比较重视饮食的营养成分，喜爱吃肉类食品和土豆制品。其工艺特点主要体现在以下方面：

1）肉制品较多。德国肉制品种类较多，如香肠就有上百种，德国菜中的菜肴也常选用肉制品制作。

2）口味以酸咸为主。德式菜肴的口味主要以酸咸为主。制作菜肴时，尤其是制作肉类菜肴时，会加入酸菜，赋予菜肴酸咸的口味。

3）生鲜食用菜肴较多。德国生鲜食用的菜肴比较多，尤其是生牛肉。一般会把嫩牛肉切碎，然后和碎葱末、酸黄瓜末和生蛋黄混合后食用。

4）啤酒调味。德式菜肴在制作时，和其他菜式不同，多使用啤酒进行调味，赋予菜肴独特的酒香。

6.1.2 亚洲经典菜肴的工艺特点

亚洲经典菜肴包括中国菜、韩国菜、日本料理、马来西亚菜等。由于各个国家饮食文化、习惯和习俗的不同，其菜肴制作工艺也不同。

1. 中国菜的工艺特点

中国菜是具有中国风味的餐食。中国菜经过长期传承发展和创新，并且融合了国内外的饮食文化，形成了具有民族风格特点和地域物产特色的综合菜肴体系。其工艺特点主要体现在以下方面：

（1）**用料广泛，选料精细**　我国地大物博，物产丰富，可供选择的食材较多。随着社会的发展，烹调技术的进步，不少新兴材料逐渐被采用，如火鸡和芦荟等。

中国菜在选料上比较讲究。主要从食材的新鲜度、产地、时令、品种、质地和部位等方面进行考量。

以选取食材部位为例，在制作菜肴时，需选取与之相对应的食材部位进行烹饪。如制作红烧肉时，最好选用五花肉；再如制作糖醋里脊时，需选用里脊肉作为主料。

（2）**刀工精湛**　中国菜最为讲究刀工的运用。根据所需将食材加工成丝、条、丁、块、片和末状等。由于烹饪技术受中式传统美学的影响，中餐师傅还会将食材处理成菊花形、蓑衣形和麦穗形等花刀样式。此外，还会利用原料的质地，将其雕刻成花、鸟和鱼等形态。在加工食材时，其形状的大小、粗细和厚薄度要均匀，保证受热和成熟度一致。

（3）**配料搭配精巧**　中国菜在材料的搭配上，可以从颜色、形状、质地、口味和营养等方面体现出来。

配料搭配主要体现在主料和辅料上，辅料主要起烘托的作用，最好不要大于主料。以颜色和形状搭配为例，颜色搭配要合理、和谐，突出主料。形状搭配要遵循丝配丝、丁配丁和片配片的原则。

（4）**口味丰富**　中国菜调味品繁多，主要有葱、姜、蒜、盐、糖、料酒、酱油和各类香料，起到增味去异味的作用。中国菜的口味较多，主要以酸、甜、苦、辣、咸、鲜、香、麻和辣等为基本口味，在其基础上进行口味的组合，如麻辣、糖醋、蒜香、咸鲜和酱香等。

（5）**用火讲究**　中国菜烹饪时，火候的运用特别重要。可根据食材的大小、质地和口感等，把握食材加热的火力大小。有些食材适合短时间大火快速加热，如一些炒菜；有些食材需要小火长时间慢慢烹饪，如一些炖菜；有些食材根据所需还会用大火、中火和小火交替进行烹饪，可根据实际情况进行调整。

（6）**烹饪技法多**　中国菜的烹饪方法较多，如炸、煎、烤、炖和拌等。每种烹饪方法还可根据制作的特点进行细分，如炸又分为干炸和软炸等。此外，每个地区还有特定的烹饪方式，如广东的盐焗，四川的小炒等。

（7）**注重食疗保健**　中国菜的部分菜品讲究食疗与养生，具有药食同源的特点。在制作过程中，按照药膳的机理进行搭配烹饪。该类菜肴对人体有着食疗保健的作用，如粤菜的汤，会根据人的体质进行材料的选取和制作。

（8）**中西结合，借鉴创新**　中国菜在继承传统优秀的菜式时，也在不断融合创新。主要是将西方烹饪的食材和调料应用在中餐中，制作出中西结合的菜肴。

2. 韩国菜的工艺特点

韩国菜肴兼具中国菜和日本料理的特点。韩国菜具有中国菜丰富的口感，但比中国菜少些油腻；韩国菜和日本料理相比，有日本料理的清雅，但是口味又比日本料理丰富。

韩国菜味道辣，色彩鲜艳，用料较多，具有高蛋白、多蔬菜、清淡和凉辣为主的特点。其工艺特点主要体现在以下方面：

（1）**喜欢生食**　韩国人会将生的牛肉、鱼和虾等原材料经过特定的加工后生食。

（2）**泡菜和酱类是必备菜肴**　韩国菜中的泡菜和酱类是必备菜肴，具有助消化和开胃的效果。

（3）**口味以"五味"为主**　口味主要是"五味"，以酸、甜、苦、辣和咸作为味道的组合。以"辣"为例，韭菜、山蒜、姜、葱和大蒜是辣味的主要来源。

（4）**颜色为"五色"为主**　韩国菜以"五色"为主要颜色，分别是红、黄、白、黑和青。这些颜色来源于各类新鲜的蔬菜，如青红椒、胡萝卜、木耳和鸡蛋等。

3. 日本料理的工艺特点

日本料理在制作上，要求材料新鲜，切割讲究，摆放艺术化，注重"色、香、味、器"这四者的和谐统一。其工艺特点主要体现在以下方面：

（1）**日料五行说**　日本料理不仅对食材原料讲究，每位料理师傅对菜品的搭配也尤为重视。秉承色彩、味道和手法的原理来制作料理，从而形成了日料五行说，即五味、五色和五法。

日本料理中的"五味"指酸、甜、苦、辣和咸。"五色"指红、黄、白、黑和青，五色的组合对视觉效果的提升有重要作用。根据菜品的主物料，再搭配上其他辅助食材，来提高菜肴整体的观赏性和文化内涵。"五法"指煮、烧、蒸、炸和生这几种制作手法。

（2）**食器讲究**　装盛菜品的器物在日本料理中非常讲究。日料中的食物器皿会依据食材的季节性、形状、大小、多少等来确定。此外，一些日料职人还会依据自己的喜好选择盛器，突出个人特色。

（3）**风味**　日本料理的风味基本特点是季节性强，味道鲜美，追求原味，清淡。

4. 马来西亚菜的工艺特点

马来西亚菜和其他东南亚国家菜肴类似，口味较重，菜肴颜色鲜艳丰富。其工艺特点主要体现在以下方面：

（1）**原料方面**　马来西亚菜的主料为牛、羊、鸡、鱼和虾等，猪肉较少使用。其中椰汁也是比较常用的主料，使用椰汁制作的菜肴具有淡淡的椰香味，口味比较清爽。

（2）**口味方面**　马来西亚菜口味较重。北部菜系以酸辣为主，南部菜系偏甜偏重口味。

（3）**调味方面**　马来西亚菜肴调味较重。如用一些肉做菜时，会放咖喱和辣椒等调味品。此外，还注重酱料的运用，对菜肴的味型具有重要作用。综合马来西亚菜的味型，其基础的味道来源于椰浆和虾酱，具有提升口感的作用，使菜品达到鲜香的厚重感。

技能训练

白胡椒鸭肝酱与糖渍樱桃

原料配方

(1) 鸭肝酱
鸭肝	100 克
盐	1 克
白胡椒	2 克
白糖	2 克
波特酒	5 克

(2) 波特樱桃酱
白糖	适量
红酒醋	5 克
樱桃碎	4 克
波特酒	20 克

(3) 糖渍樱桃
白糖	适量
波特酒	适量
整颗樱桃	适量

(4) 酸奶酱
酸奶	40 克
盐	适量
白胡椒	适量

(5) 装饰
白胡椒	适量

制作过程

1) 鸭肝酱制作：提前将鸭肝解冻，直至变软。将鸭肝的大肝叶和小肝叶分开，用手在鸭肝上戳一个洞，沿着主要血管的脉络，用手或工具将血管挑出后去除。

2) 在鸭肝表面撒上盐、白胡椒和白糖。

3) 在鸭肝表面喷上少许波特酒，表面封上保鲜膜，冷藏腌制约1小时。

4) 用保鲜膜将鸭肝卷起，包裹成圆柱形。在表面扎少许小孔，排气，用手将两端固定，打结，表面再包一层保鲜膜，裹紧，冷冻定型。

5) 将鸭肝取出，放入恒温为52℃的水中，持续煮约1.5小时。捞出直接放入冷水中冷却，捞出，冷藏备用。

6）波特樱桃酱制作：将白糖放入锅中，熬煮成焦糖色，加入红酒醋，浓缩成焦糖醋。
7）加入樱桃碎和波特酒，小火熬至樱桃碎烂。
8）糖渍樱桃制作：将波特酒和白糖倒入锅中，再放入整颗去核的樱桃，煮熟，制成糖渍樱桃，用来装饰。
9）酸奶酱制作：将酸奶、盐和白胡椒混合，搅拌均匀。
10）装盘：将整粒白胡椒磨碎放在烤盘上。
11）将做好的鸭肝取出，表面沾上胡椒碎，切成片备用。
12）毛刷蘸取适量波特樱桃酱汁，刷在盘上，放上鸭肝片，再放上樱桃碎和整颗糖渍樱桃装饰，旁边放上适量酸奶酱。

制作关键 1）鸭肝去血管时要等到其完全解冻再操作。
2）卷鸭肝时，双手要配合到位，由下至上卷起，一定要卷紧。

质量标准 1）菜品颜色搭配和谐，摆盘具有设计感。
2）鸭肝口感细腻、酒味浓郁；樱桃酸甜可口，酸奶酱软绵。

红酒炖牛脸肉配南瓜土豆泥

原料配方

(1) 红酒炖牛脸肉

牛脸肉	250 克
洋葱块	80 克
胡萝卜块	80 克
西芹块	70 克
月桂叶	2 片
丁香	3 颗
红葡萄酒	400 毫升
黄油	30 克
面粉	适量
盐	适量

(2) 南瓜土豆泥

南瓜	300 克
土豆	300 克
白糖	适量
黄油	25 克

制作过程

1）红酒炖牛脸肉制作：先将一半蔬菜块放在容器底部，再将牛脸肉放在蔬菜块上，最后放上剩余蔬菜块、香料和红葡萄酒（红酒一定要没过所有食材），用锡纸将其密封，冷藏腌制12小时以上。

2）将腌制的汁水过滤在容器中，再将香料去除，最后将滤出的蔬菜块切碎。

3）将腌制好的牛脸肉表面撒盐，再裹上一层面粉。

4）将锅加热，放入黄油，加热至黄油熔化，再放入处理好的牛脸肉，煎至两面上色，最后将其放入烤盘中，在表面撒适量盐。

5）另起一锅，加入黄油和切碎的蔬菜，炒香，再放入煎制好的牛脸肉，倒入过滤出的汁水，用大火煮沸后转小火熬制。

6）待牛脸肉炖熟，捞出，再将汤汁过滤入另一锅中，加热浓缩至所需浓稠度。

7）南瓜土豆泥制作：将土豆放入水中煮熟，捞出，去皮，搅打成泥；将南瓜去子，去芯，在表面撒上白糖，用锡纸包住，放入温度为200℃的烤箱中烤熟，取出，搅打成泥状。

8）将黄油、南瓜泥和土豆泥混合搅拌，加热至浓稠状。

9）装盘：将南瓜土豆泥放在盘中，放上煮好的牛脸肉，淋上浓缩的酱汁即可。

制作关键 1）熬煮牛脸肉期间要将汤汁表面的浮沫撇除。
2）南瓜的烤制时间要根据品种而定。因为不同品种的南瓜含水量不同，烤制时间也需要调整。

质量标准 1）菜品颜色搭配和谐、摆盘具有设计感。
2）牛脸肉质地软嫩、酒香味浓郁；南瓜土豆泥奶香味浓郁、质地细腻。

藏红花烩牛肚配樱桃番茄

原料配方

(1) 肉高汤
新鲜整鸡	1只（1000克）
洋葱	250克
西芹	250克
胡萝卜	200克
牛肋排	500克
盐	适量

(2) 藏红花烩牛肚配樱桃番茄
洋葱	80克
西芹	80克
大蒜	20克
尖红椒	15克
橄榄油	适量
白色牛肚	200克
白葡萄酒	200毫升
藏红花	1克
肉高汤	400毫升
樱桃番茄	150克
盐	适量
黑胡椒碎	适量
新鲜鼠尾草	3克
帕玛森芝士	10克

制作过程

1) 肉高汤制作：将新鲜整鸡去除头、爪和内脏，洗净备用；将蔬菜洗净，切大块，备用；将牛肋排切块，备用。
2) 将所有原料放入汤锅中，加入水，约八分满，大火烧开后，转小火熬制约4小时。
3) 熬煮期间将血水和浮沫捞除，煮好后过滤，放入少许盐调味，冷却备用。
4) 藏红花烩牛肚配樱桃番茄制作：将洋葱、西芹、大蒜（去头去尾去芯）和尖红椒（去除籽和筋）切碎，锅加热，倒入适量橄榄油，加入蔬菜碎，炒香。
5) 将牛肚切成宽度约1厘米的条状，加入步骤4中炒香，再加入盐和黑胡椒碎调味，翻炒均匀。
6) 加入白葡萄酒，加热至酒精挥发。
7) 将藏红花放入200毫升的热肉高汤中浸泡，倒入步骤6中，再加入剩余的肉高汤，大火煮开。
8) 转小火，盖上盖子煮约20分钟，加入对半切开的樱桃番茄，小火煮至牛肚软烂，汁水呈现浓稠状态，熄火。
9) 将部分鼠尾草切碎，加入菜肴中，混合拌匀，再装入盘中，表面撒上帕玛森芝士，放上完整鼠尾草叶子装饰即可。

西式烹调师（技师 高级技师）

制作关键　1）熬制肉高汤的过程中，血水和浮沫要不间断地从锅中捞除。
　　　　　2）肉高汤过滤时要用纱布，这样能更好地将多余油脂过滤出来。

质量标准　1）菜品颜色搭配和谐、摆盘具有设计感。
　　　　　2）牛肚软烂，酒香味、番茄味和芝士味浓郁。

菜花慕斯配海鲜塔塔

项目 6 经典菜肴制作与创新

原料配方

（1）鸡高汤
胡萝卜	100 克
西芹	60 克
洋葱	80 克
黑胡椒碎	5 克
香叶	两片
鸡骨	300 克
白葡萄酒	20 克

（2）慕斯
菜花	150 克
洋葱	30 克
橄榄油	适量
鸡高汤	100 毫升
牛奶	150 毫升
淡奶油	150 毫升
盐	适量
胡椒	适量
泡软的吉利丁片	2 片
橙皮丝	适量

（3）海鲜塔塔
油浸番茄	2 小勺
生火腿	1 片
贝柱	120 克
生牡蛎	2 个
洋葱末	2 小勺
橄榄油	20 克
盐	3 克
胡椒	2 克
小葱碎	适量
意大利香醋	适量

（4）蔬菜
胡萝卜	1 根
红心萝卜	1 根
绿豆芽	适量

制作过程

1）鸡高汤制作：把胡萝卜、西芹和洋葱洗净，切成片。

2）在锅中加入适量水，煮开，加入适量黑胡椒碎、切好的蔬菜和香叶。

3）把鸡骨放入烤盘中，表面喷少许白葡萄酒，放入烤箱中，以上下火280℃烘烤约30分钟，将其烤至上色。

4）将烘烤后的鸡骨放入步骤2中，小火熬煮约2小时，离火，将鸡高汤过滤入容器中。

5）慕斯制作：将菜花切成块状，洋葱切片。

6）锅加热，倒入橄榄油，加入洋葱炒香，再放入菜花，翻炒均匀。放入鸡高汤、牛奶和淡奶油，使用盐和胡椒调味，煮沸后加入泡软的吉利丁煮至溶化，关火，使用手持料理棒打成浓汁。

7）将其过筛，加入橙皮丝，混合拌匀，冷却后倒入圆盘中，放入冰箱冷藏。

8）海鲜塔塔制作：将油浸番茄切碎，生火腿、贝柱和生牡蛎切丁，混合搅拌。加入洋葱末、橄榄油、盐和胡椒进行调味，再加入小葱碎和意大利香醋，混合拌匀，制成塔塔。将其装入圈模中压平定型，取出，备用。

9）蔬菜处理：将所有蔬菜切丝放入冰水中备用。

10）装盘：将海鲜塔塔放在慕斯表面，再将处理好的蔬菜摆放在表面。

制作关键　1）将塔塔放入模具时要按压紧，以免后期松散。
　　　　　2）表面装饰的蔬菜可根据所需调整成当季有脆感的蔬菜。

质量标准　1）菜品颜色搭配和谐、摆盘具有设计感。
　　　　　2）慕斯口感顺滑、质地细腻；海鲜塔塔口感鲜嫩、海鲜味浓郁；蔬菜鲜脆爽口。

葱香烧乳鸽

原料配方

乳鸽	350 克	生抽	6 克	豆蔻	3 克
生姜片	30 克	老抽	5 克	色拉油	适量
小葱	50 克	料酒	15 克	冰糖	10 克
红尖椒	10 克	砂糖	15 克	清水	适量
盐	20 克	香叶	3 克	唥汁	适量
鸡精	20 克	草果	10 克		
味精	15 克	八角	3 克		

制作过程

1) 将盐、鸡精、味精、生抽、老抽和料酒依次抹在乳鸽上，涂抹均匀，腌制约30分钟。
2) 在平底锅中加入一部分小葱和生姜片，煸出香味，备用。
3) 在锅中加入清水、草果、香叶、八角、豆蔻、盐、鸡精、砂糖、冰糖和步骤2的材料小火煮约1小时，制成卤水，备用。
4) 将腌制好的乳鸽放入卤水中，小火卤熟后取出，在乳鸽表面涂抹老抽。
5) 将红尖椒去籽、切红椒圈。将部分小葱用刀切葱段、部分小葱切葱丝塞入红椒圈中制作成装饰件。砂锅中加入色拉油，加入葱段，小火加热出香味，保持其温度备用。
6) 炒锅中加入色拉油，待油温加热至110~120℃，放入乳鸽炸至金黄色，用滤网捞出。
7) 将炸好的乳鸽放凉切块，将鸽肉块放入步骤5的砂锅中，摆放红椒葱丝装饰，搭配唥汁食用即可。

西式烹调师（技师 高级技师）

制作关键 1）制作此菜品的关键在于卤水的调制，卤水的味道要足才能将鸽肉卤制入味。
2）炸制油温要控制好，不要太高，最好控制在110~120℃。炸制时间不宜过长，否则鸽肉水分会丧失，表皮炸至颜色金黄即可。

质量标准 1）菜品富有光泽，颜色搭配和谐。
2）鸽肉口感嫩滑、细腻鲜美，表皮酥脆内部多汁，葱香浓郁。

韩式脆皮炸鸡

原料配方

鸡琵琶腿	1200 克	食用油	适量	番茄酱（可选）	20 克
盐	5 克	菠萝汁	90 克	白芝麻	适量
牛奶	600 克	蒜末	50 克	柠檬片	适量
清酒	10 克	糖稀	60 克	樱桃番茄	适量
生姜汁	10 克	酱油	20 克	意大利芹	适量
牛至	5 克	辣椒油	20 克	樱桃萝卜片	适量
炸鸡粉	1000 克	醋	10 克		

制作过程

1）用牙签在鸡肉上扎孔，方便入味。
2）在鸡肉中加入盐调味，再加入100克牛奶、清酒、生姜汁和牛至抓拌均匀，腌制4小时以上。
3）将500克炸鸡粉和500克牛奶搅拌均匀成糊状，备用。
4）将鸡块先包裹一层炸鸡粉，再放入面糊中沾裹，取出，再包裹一层炸鸡粉。
5）将适量食用油倒入炸炉中加热，待油温升至160~170℃，放入鸡肉炸至表面上色即捞出，待油温升到170~180℃，将上色后的鸡肉再次放入锅中复炸，至外皮金黄酥脆。
6）酱汁制作：在锅中加入菠萝汁、蒜末、糖稀和酱油，煮沸，加入辣椒油和醋，搅拌均匀，放入炸好的鸡腿，使鸡腿表面均匀包裹酱汁。
7）将制作好的炸鸡摆入盘中，表面点缀白芝麻，旁边摆上柠檬片、樱桃番茄、意大利芹和樱桃萝卜片。也可以省略调汁裹汁的步骤，将复炸后的炸鸡直接蘸取番茄酱食用。

> **制作关键** 1）制作面糊时炸鸡粉和牛奶的比例1∶1最佳。
> 2）炸鸡的油温要掌控好，第一次入油锅将其炸熟上色，复炸时炸至表面金黄酥脆，复炸时间不宜过久。
> 3）炸鸡包裹酱汁时，操作要快，时间要短，否则皮会不酥脆。
>
> **质量标准** 1）菜品外表金黄有光泽。
> 2）外表酥脆、内部肉质多汁，包裹的酱汁甜辣适中，带有芝麻香。

三贯手握寿司

原料配方

(1) 寿司饭
米	540 克
纯净水	540 克
寿司醋	50 毫升
熟黑芝麻	适量

(2) 寿司食材
阿根廷红虾	3 只
金枪鱼	200 克
鲷鱼	200 克
三文鱼	200 克
乌贼肉片	200 克
海胆	100 克

(3) 配料
醋腌姜片	适量
山葵泥	适量
青柠片	1 片
海苔片	适量

(4) 装饰
枫叶	2 片
花椒叶	2 片
柚子皮丝	2 根

制作过程

1) 寿司饭制作：将米洗干净，放入土锅内，加入纯净水，盖上盖子，煮12分钟，关火，闷制约8分钟，至熟。
2) 将米饭盛入容器中，趁热加入寿司醋，搅拌均匀，再撒上熟黑芝麻，混合均匀。
3) 寿司食材制作：将阿根廷红虾剥壳，去掉虾线。
4) 将金枪鱼斜切薄片，并在表面剞上刀纹。
5) 将鲷鱼鱼肉去皮，斜切成薄片，表面剞上刀纹。
6) 将三文鱼斜切成片，表面剞上刀纹。
7) 将乌贼肉处理干净，表面分别剞上细密的花刀，再切成小段。
8) 组合装盘：双手沾上冰水，左手拿鲷鱼肉，右手把寿司饭握成团，再用右手食指在鲷鱼肉表面抹上山葵泥。
9) 将饭团放在带有山葵泥的鲷鱼肉表面，按压握成寿司饭团。
10) 使用同样的操作手法，将其他寿司食材和饭团组合在一起，并摆放在盘内。

11)将寿司卷帘铺在桌面,放上海苔片,表面平铺上寿司饭,抹上少许山葵泥,放上金枪鱼肉,将其卷起,再切成小段,放在盘内。

12)将海胆肉摆在盘内,放醋腌姜片、花椒叶、枫叶、青柠片、柚子皮丝摆放在盘内装饰即可。

制作关键 1)米饭要趁热浇上寿司醋,可以使醋味挥发,口味不会太酸。
2)鱼块上剞刀纹时注意力度,不要划断。

质量标准 1)颜色搭配和谐,摆盘具有设计感。
2)肉质鲜嫩、多汁,口感丰富。

泰国绿咖喱鸡

项目 6　经典菜肴制作与创新

原料配方

原料	用量	原料	用量	原料	用量
鸡全腿	600~800 克	大蒜	30 克	鸡粉	2 克
生姜	30 克	香菜	25 克	薄荷叶	25 克
洋葱	150 克	孜然粉	5 克	九层塔	30 克
土豆	250 克	茴香粉	5 克	青柠叶	10 克
青柠	1 个	香菜籽粉	5 克	水	500 克
青辣椒	120 克	白胡椒粉	2 克	椰浆	100 克
柠檬草	30 克	细砂糖	2 克	食用油	适量
红辣椒	3 根	盐	5~10 克		

制作过程

1）预处理：将生姜、洋葱、土豆、青柠分别切成小块；将青辣椒和柠檬草分别切成小段；将红辣椒切成片；将大蒜拍扁；香菜取少许叶片，泡入水中，剩余部分保留备用；将鸡全腿从关节处一切为二。

2）在鸡腿中加入孜然粉、茴香粉、香菜籽粉、白胡椒粉、1克细砂糖、2克盐和1克鸡粉，抓拌均匀，腌制约30分钟。

3）将青辣椒、香菜、生姜、洋葱、九层塔、薄荷叶、大蒜和柠檬草放入料理机中，加入少许水搅拌成绿咖喱酱。

4）锅中倒入少许食用油，倒入酱汁，边加热边搅拌至酱汁浓稠。

5）在锅中加入青柠叶，炒至酱汁水分蒸发，颜色变深，加入腌好的鸡腿，炒香。

6）加入500克水，煮至沸腾，加入土豆，煮沸，转小火将鸡肉和土豆煮熟。

7）加入少许白胡椒粉、3克盐、1克细砂糖和1克鸡粉，搅拌均匀，加入椰浆，煮约1分钟，关火。

8）将煮好的菜品倒入盘中，表面摆放几片红辣椒、青柠块和香菜叶装饰。

制作关键	1）可将鸡腿切成小块，缩短烹饪时间。
	2）盐的添加量可以依据个人口味酌情处理。

质量标准	1）菜品颜色搭配和谐，色彩鲜艳丰富。
	2）鸡肉鲜嫩多汁，土豆绵软细腻，椰香、柠檬香、绿咖喱酱香味浓郁，口感层次丰富。

6.2 菜肴创新

6.2.1 西餐发展史

西餐是指西方国家的餐食，是以欧美国家如法国、英国、德国、美国、意大利和俄罗斯等为代表的菜肴总称。这些国家在文化、政治、宗教和生活习俗等方面具有一定的联系，并且相互影响。

西餐的发展和整个西方文明史的发展具有紧密联系。西餐的发展经历了以下几个时期。

1. 古埃及时期

西餐发源于古埃及时期。约公元前 2000 年，在当时的埃及城市遗址中发现了厨房和餐厅。金字塔中的铭文记载了当时尼罗河流域丰富的物产、面包制作业和糖果业。当时最早创办的烹饪比赛，对烹饪发展具有积极的影响。

2. 古希腊、古罗马时期

西餐是在古希腊、古罗马时期兴起的。

古希腊最先受到古埃及烹饪艺术的影响。公元前 5 世纪，古希腊烹饪文化有了很大发展。它在继承和发扬古埃及烹饪艺术的基础上，慢慢形成属于自己的烹饪艺术特色。

古罗马时期，罗马帝国不断扩张，其餐饮文化发展达到新水平，厨师地位和烹饪技术得到提高。古罗马的宫廷膳房出现了庞大的厨师团队，分工明确且细致。公元 1 世纪后，古罗马的烹饪食谱和烹饪技术达到最佳。人们从古希腊和欧洲最早的烹饪书籍中汲取知识，并且开拓了自己的食谱，其内容和古希腊的相比，更加完善。

3. 中世纪时期

西罗马帝国灭亡后，欧洲进入中世纪阶段。该阶段前后约 1000 年时期内，欧洲很多地区烹饪艺术发展缓慢。15 世纪中叶欧洲文艺复兴时期，餐饮文化得到发展，出现各种名菜和甜点，如意大利空心粉。

16 世纪，英国烹饪受历史原因的影响，烹饪艺术的对外交流减少。英国烹饪的发展受到阻碍，停滞不前，中世纪以后的英国烹饪发展缓慢。

相反，在英国烹饪发展受阻时，法国烹饪得到较快发展。较为传统的法国烹饪和意式烹饪进行了有效融合，对法国烹饪具有积极影响。直至 17 世纪末，法国因一流的烹饪技艺闻名世界。路易十四对西餐的大力提倡奠定了西式传统烹饪的基础，具体表现为经常发起宫廷烹饪大赛，给优秀厨师授勋，奖予蓝带金奖，厨师地位得到大大提高。这种比赛授勋习俗仍保留至今，期间涌现出一批优秀的美食家及优秀烹饪专著。

17 世纪时，餐桌上正式使用刀、叉和匙，结束了用手抓取食物的进餐方法。

4. 近代时期

18~19 世纪，随着工业革命和自然科学的进步和发展，西餐的发展达到一个新的阶段。该时期的西餐发展主要体现在以下方面：

（1）**原料对饮食方式的变化影响较大**　18 世纪时，人们的饮食方式变化受原料的影响较大。在西欧，随着农业的发展，鲜肉四季都有供应，面粉的质量也有所提高。19 世纪末，茶是英国餐饮中的必备饮品；大量鲜肉的供应对传统烤肉方法的确立具有重要的作用；此外，从 17 世纪开始，土豆已经成为西欧的主要食品，其在西餐烹饪中具有重要作用，土豆多样的加工和烹饪方式也丰富了西餐食谱。

（2）**产业革命对西欧的饮食业发展具有重要的作用**　工业革命促进城市发展的同时，也促进食品工业的发展。如容易腐坏的食品不宜大量保存和销售，这就要求食品工业发展出新的保存方法，因此一些脱水食品、罐头食品和冷冻食品应运而生。同时还促进了面包、黄油和牛奶的技术革新，生产出了罐装的炼乳和奶粉，此外，还延伸出了一些快餐食品，如汉堡包和三明治等。

（3）**烹饪书籍进一步完善**　由于时代的发展、生活方式的改变，为了迎合社会新的要求，书籍中的食谱也需要重新编写。其中法式烹饪在整个西餐烹饪术语方面影响较大，有资历的作者都懂得并使用基本法语术语。当时影响较大的法国烹饪大师纷纷出版菜谱书籍，为厨师提供了关于古典法国烹饪的介绍书籍。

（4）**社会上出现大量的饭店和餐厅**　自 19 世纪起，餐馆业开始兴起，如咖啡店、小餐馆、酒馆和饭店等。这些门店的兴起推动了烹饪艺术的发展，是近代西餐烹饪发展的重要标志。繁荣的餐馆业给一些有影响和技术的厨师提供了展示才能的机会，也锻炼了他们的能力。

5. 现代时期

自 20 世纪以来，欧美餐饮进入新时期。随着生产机械化和自动化的不断提高，烹调技术也得到提高。现代食品营养学、食品化学和生物学在烹调中也得到了广泛应用。

现代科学技术和现代营养科学知识的应用是现代西餐烹饪发展的重要标志。

（1）**现代科学技术应用**　现代科学技术应用主要体现在厨房设备现代化和食品生产机械化，它们在西餐的发展中起到重要作用。

工业革命之前，厨房设备简易，用具简单。一些烹饪方法使用得比较少，如煎、炸和烘烤等。对于烤肉，欧洲古老的制作方法有两种：一种是将食材包上泥土后，放入窑中烧，还有一种是将食物用叉子叉起放在炭火上烤。对于甜点和面包等，则是放在用砖堆砌的炉子中烘烤。

19 世纪中叶，一些专业的炊具出现，如汤锅、蒸锅、平底锅、隔水炖锅、各式菜刀和盘子等。20 世纪时厨房的整体布局得到了重视，一些炊具有了固定摆放的位置。厨房内开始有炉灶台、切配台和出菜台等。此外，一些煤气炉和电炉的使用功能得到改进，效率提高。各种烤箱的性能日益完善，并且出现了铁扒炉。

随着科技的发展，厨房用具也得到了更新和发展。相继出现了新的烹调用具，如粉碎机、搅拌机、去皮机、高压锅和油炸炉等。烹调设备的改善对烹饪方法产生了重要的影响，如在煮、炖、烤和煎时会更加方便。

（2）**现代营养科学知识的应用** 19世纪末，随着无机化学、有机化学、分析化学和物理化学的产生，化学革命对烹饪带来了一定的冲击和影响。

现代烹饪的重要组成部分包括合理膳食、平衡营养和饮食卫生。现代西方国家的菜单和销售的食品会显示出原材料的名称和所含的营养成分、数量和配比。在营养科学的指导下，人们创造出的食谱不断地发展出规格化和标准化的特点。在烹调的过程中，也采取了科学的制作方法，最大限度保留食材本身的营养。此外，一些食品添加剂、改良剂和强化剂的研发生产使用，也在丰富食品品种、品质改良等方面起到重要作用。

随着社会的进步，烹饪设备在不断更新，原材料也在不断扩充，烹饪制作的方式也日新月异，这些改变都充分体现了西餐工艺精益求精的追求。

6.2.2 西方饮食文化

西方饮食文化是指西方人在相对较长的时间内，通过食品的生产、制造、加工和消费等过程中，在饮食方面创造和积累的具有西方文化特色的物质财富和精神财富的总和。

西方饮食文化的特点主要包括具有悠久的历史、精湛的技艺和众多的饮食品种，其中最突出的是具有系统的饮食典籍、注重饮食科学和独特的餐桌礼仪等。

1. 系统的饮食典籍

饮食典籍指专门记载和论述烹饪的著作。在内容上，主要是技术、实践经验的总结叙述和科学、理论的分析论述。这些饮食典籍主要包括烹饪技术类、烹饪文化与艺术类、烹饪科学类和综合类。

烹饪技术类书籍包含了技术实践和理论等；烹饪文化与艺术类书籍包含烹饪历史、烹饪美学、哲学和艺术等；烹饪科学类书籍主要包括烹饪营养学、烹饪化学和烹饪卫生学等；综合类中内容比较广泛和影响较大的是百科全书式的烹饪书籍等。

2. 注重饮食科学

西方人的饮食注重科学与营养，烹调过程严格按照科学规范进行。西方的饮食科学内容比较丰富，主要包括饮食思想和科学技术与管理。

在饮食思想上，主要体现在合理均衡和个性突出等观念上，侧重满足人的生理需要，注重食品的完整和齐全，保证营养搭配和均衡。无论该种食物的色、香、味和形是什么样的，首先考虑的就是其营养需要得到保障，还要计算一天摄取的热量、维生素和蛋白质等。

在科学技术与管理上，西方烹饪的标准化与产业化的特点较为突出，侧重食物生产加工过程中的系统性和精确性。制作过程严格按照生产标准，并使用先进的机械加工制作食物，使得食物生产标准化，产品质量稳定。

3. 独特的餐桌礼仪

西方的餐桌礼仪是其饮食文化的一大特色。

西餐的餐具比较多，正规的就餐，餐具会随菜品更换好几套。西餐的餐具以刀叉为主，实行分餐制。对于餐具的摆放，就餐前将所需餐具整齐摆放在餐盘两边，包括汤匙、杯子和刀叉等。

食用西餐前，就座时身体要端正，不可将手肘放置在桌面上。西餐台上已经摆好的餐具不可随意摆弄。之后将西餐餐巾取出，放在膝盖上。

在使用刀叉进餐时，一般为左手持叉，右手持刀。切东西时，左手拿叉按住食物，右手拿刀将其切成小块，使用叉子将食物送入口中。使用刀时，刀刃都是向内的。若中途需暂停用餐，应将手中的刀叉摆成"八"字形，放置在餐盘两边，注意刀刃要朝里摆放。用餐结束后，可将叉子与刀合并，平行斜放在餐盘上。

在就餐过程中，应保持安静，不可大声吵闹，也需避免大声咀嚼食物，如大声啜汤时发出的声音。以喝汤为例，在喝汤时，要用汤勺从里向外舀，若汤盘中的汤快见底时，需用左手将汤盘外侧翘起，用汤勺舀干净。若汤菜过热，可等其稍凉后食用，不要用嘴吹。食用完毕后，将汤匙留在汤碗（盘）中。若别人准备的菜肴不合自己胃口，出于礼貌，不可将不好的情绪表现出来。

技能训练

冰镇豌豆汤配薄荷慕斯节瓜芝士寿司

原料配方

（1）寿司馅

橄榄油	20 克
大蒜片	5 克
小洋葱碎	20 克
百里香	适量
黄节瓜	250 克
青节瓜	250 克
帕玛森芝士	40 克
盐	2 克
胡椒	1 克

（2）寿司

寿司馅	200 克
橄榄油	10 克
盐	适量

（3）薄荷慕斯

薄荷	10 克
淡奶油	100 克
盐	2 克

（4）冰镇豌豆汤

豌豆	150 克
黄油	20 克
洋葱	40 克
大葱末	10 克
鸡高汤	200 克

（参考"菜花慕斯配海鲜塔塔"中鸡高汤的制作）

盐	适量

制作过程

1) 寿司馅制作：锅加热，放入橄榄油。将大蒜片、小洋葱碎和百里香放入锅中，炒香。将部分黄节瓜和青节瓜切丁，放入锅中，炒软，放入帕玛森芝士，炒至熔化，再加入盐和胡椒调味，装入盘中备用。

2) 寿司制作：在保鲜膜上淋少许橄榄油。

3) 将一部分青节瓜切成薄片，一片压一片摆放整齐，表面撒上少许盐，再将寿司馅放在节瓜片上。

4) 将其用保鲜膜卷起，包紧，冷藏备用。

5) 薄荷慕斯制作：在淡奶油中加入薄荷叶和盐，加热至60~80℃，离火，过滤出薄荷叶，将其隔冰水进行降温。

6) 将冷却的步骤5打发，表面盖上保鲜膜，备用。

7) 冰镇豌豆汤制作：在水中加盐，煮沸，放入豌豆煮熟。

8) 将豌豆捞出，放入冰水中冷却。

9）锅加热，加入黄油，再加入洋葱和大葱末炒香。放入豌豆，翻炒均匀，加入鸡高汤，小火熬制入味。

10）将其放入料理机中，打碎后过滤，冷却降温。

11）组合装饰：将冷藏好的寿司切成段。

12）将寿司段放在盘中，旁边放上做成橄榄状的薄荷慕斯。

13）用豌豆和薄荷叶装饰，淋上冰镇的豌豆汤。

制作关键　1）摆节瓜的时候，要一片压着一片，不要留有缝隙，以免后期露出馅料。

2）后期淋入豌豆汤时，要缓缓淋入盘中，以免冲乱食材。

质量标准　1）菜品颜色搭配和谐，整体摆盘具有设计感。

2）寿司鲜嫩爽口，芝士味浓郁；慕斯口感细腻爽滑，有清新薄荷味；豌豆汤细腻，豌豆味浓郁。

脆皮欧芹温泉蛋配蘑菇佐培根泡沫

项目 6　经典菜肴制作与创新

原料配方

（1）炸鸡蛋

鸡蛋	200 克
白醋	10 克
面包糠	50 克
意大利芹	10 克
低筋面粉	20 克
色拉油	适量

（2）蘑菇

黄油	适量
洋葱碎	30 克
香菇	50 克
白蘑菇	50 克
平菇	50 克
盐	适量
白葡萄酒	40 克
鸡高汤	200 克
（参考"菜花慕斯配海鲜塔塔"中鸡高汤的制作）	
淡奶油	50 克
黑胡椒	1 克

（3）培根泡沫

培根	50 克
黄油	适量
牛奶	200 克

（4）装饰材料

甜菜苗	适量
可食用花卉	适量

制作过程

1）炸鸡蛋制作：将带壳鸡蛋放在冰水中浸泡10分钟后取出，放入加有白醋的沸水中煮约5分30秒。

2）将鸡蛋取出，放入冰水中降温，去除鸡蛋壳。

3）将面包糠和意大利芹叶放在料理机中，打碎，制成黄绿色面包糠。

4）在去壳的鸡蛋表面依次沾上面粉和黄绿色面包糠，放入盘中，备用。

5）将油温烧至约170℃，放入鸡蛋，炸约30秒，捞出。

6）蘑菇：锅加热，加入黄油，加热熔化，放入洋葱碎，炒软，再放入切片的菌菇类，炒软，最后撒少许盐调味。

7）倒入白葡萄酒，加热至酒精挥发，再加入鸡高汤，小火熬至菇类变软，制成蘑菇酱。加入淡奶油，小火加热至浓稠状，再加入少许黑胡椒调味。

8）培根泡沫：将培根切条，在加热的锅中倒入适量黄油，放入培根，煎至上色。

9）加入牛奶，加热至60~80℃，使培根的味道进入牛奶中。

10）将液体过滤入容器中，用料理机搅打成泡沫状，备用。

11）组合装饰：将蘑菇酱放到盘中，中间放上炸好的鸡蛋。

12）在鸡蛋四周淋上培根泡沫，表面装饰甜菜苗和可食用花卉即可。

制作关键 炸鸡蛋时间不要太长，否则鸡蛋会变老。

质量标准 1）菜品颜色搭配和谐，摆盘具有设计感。
2）鸡蛋外酥里嫩，香草味浓郁；蘑菇软嫩多汁，奶香味浓郁；培根泡沫质地细腻。

复习思考题

1. 欧美经典菜肴工艺的共同点是什么?
2. 欧美经典菜肴工艺的不同点是什么?
3. 亚洲经典菜肴的工艺特点是什么?
4. 简述西餐的发展史。
5. 西方饮食文化有哪些?

项目 7 宴会设计与菜单制订

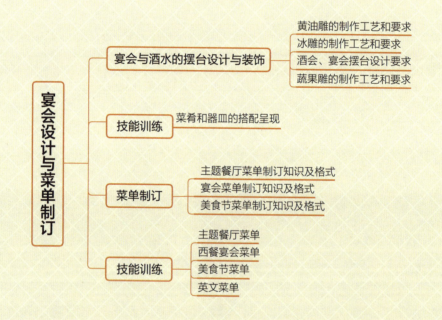

- 宴会设计与菜单制订
  - 宴会与酒水的摆台设计与装饰
    - 黄油雕的制作工艺和要求
    - 冰雕的制作工艺和要求
    - 酒会、宴会摆台设计要求
    - 蔬果雕的制作工艺和要求
  - 技能训练
    - 菜肴和器皿的搭配呈现
  - 菜单制订
    - 主题餐厅菜单制订知识及格式
    - 宴会菜单制订知识及格式
    - 美食节菜单制订知识及格式
  - 技能训练
    - 主题餐厅菜单
    - 西餐宴会菜单
    - 美食节菜单
    - 英文菜单

7.1 宴会与酒水的摆台设计与装饰

7.1.1 黄油雕的制作工艺和要求

黄油雕也叫油塑，是一种食品雕塑，最早源于西方，以特制的黄油（人造黄油）为原料制作而成，常用于大型宴会和食品展台，提高宴会的档次，营造高雅的气氛。

1. 黄油雕的材料

制作黄油雕最好使用人造黄油，其形态、口感和天然黄油相似，但熔点高，软硬度适中，具有较强的可塑性。人造黄油的品种较多，制作黄油雕时，需选取硬度大、可塑性较强、含水量低的黄油，比较容易操作。

2. 黄油雕的特点

1）雕刻所用的工具没有固定规格。

2）雕刻时有温度的限定。

3）黄油雕作品保存期限较长。

4）雕刻的原材料易得，并且不受季节限制。

3. 黄油雕的制作工具

制作黄油雕的工具有雕塑刀、美工刀、切刀和热胶棒等。

（1）**雕塑刀** 雕塑刀的种类较多，如木质雕刀、黄油塑刀等，具有大小不同的规格，主要用于作品细节的雕塑和刻画。

（2）**美工刀** 美工刀也叫刻刀，由刀片和刀柄组成，为抽拉式结构。刀片为斜口，刀身薄，用于雕刻或裁切。

（3）**切刀** 切刀由刀柄、刀面和刀刃组成。刀面为长条形，前端为尖头，刀刃带有弧度。主要用于切制黄油，便于雕刻使用。

（4）**热胶棒** 热胶棒又叫热熔胶棒，无毒害，具有快速黏合、强度高和耐老化的特点，主要用于材料的黏结。

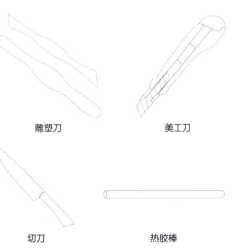

雕塑刀　　美工刀

切刀　　热胶棒

4. 黄油雕的制作工艺

制作黄油雕时,有直接雕刻和间接雕刻两种方法。直接雕刻就是在整块黄油上进行雕刻;间接雕刻是先扎好坯架,或将泡沫雕刻成初坯,再在坯体上涂抹黄油。

黄油雕的制作需经过设计构图、扎架或雕初坯、上油、细节塑造和收光这几个工艺流程。

(1)**设计构图**　根据所需确定作品的名称和样式,再在图纸上画出设计稿即可。

(2)**扎架或雕初坯**　扎架就是使用铁丝等器具扎成所需样式的支架,其在整个黄油雕制作中起着定型和稳固的作用。雕初坯就是将泡沫塑造成所需样式。

以扎坯架为例,在扎架子的过程中,要注意架子的准确和稳定。

1)准确。扎制的支架是雕塑物的基本大形。操作时,要先确定塑造物体的整体结构,再进行扎架,支架之间的位置和距离要准确。

2)稳定。支架要稳定,大支架在木板上要钉牢固,小支架缠在大支架上时,要缠得紧一些。检查支架的稳定性时,要将支架平放在平坦位置,用手左右摇晃,观察其是否平稳。若架子向一个方向倾斜,将其向相反的方向调整,直至稳定。

(3)**上油**　依据设计稿,先在支架上大致抹上黄油,塑出大形,再进行细节刻画。上油时,黄油要处理成小块,将其放在架子上或初坯上,注意每块要粘牢固,不要留有缝隙,否则会影响产品的稳固性。

(4)**细节塑造**　在大形基础上进行细节塑造,可以让作品更加细腻。在细节塑造时,一般使用括、按、捏、切、掏和刻画等手法进行操作。

1)括。括就是使用刀具将作品周围多余原料括除,清晰表现出作品元素之间的形体关系,准确刻画出作品的形状和轮廓。

2)按。按就是将工具作用在产品表面压制,将其修理平整、圆润光滑。一般常和括搭配使用,因为在使用括操作时,会留下刀痕,需将刀痕修理光滑。

3)捏。捏就是用手将油料捏制出所需的样式。

4)切。切就是用刀将黄油修理平整或切出形状。

在制作大型作品时,作品零部件较大,需用刀将各个部件的大致形体切出,再进行塑造。在制作一些小的作品底座时,也需用到切的手法,将其切平整或切出所需样式。

5)掏。掏就是用"S"形或钩状工具对作品进行塑造,使作品呈现得更加细致。该种技法使用比较少,有一定的难度。

6)刻画。刻画多用于塑造人物或动物的五官、动物的羽毛等细微的部位。操作时,最好一气呵成,若多次重复进行刻画,黄油会变软,影响操作。

(5)**收光**　收光就是使用工具将作品表面修整圆润和光滑,该种技法一般用于作品基本成型后。

5. 黄油雕制作要求

1)扎架时,由于黄油比较滑,比较容易脱落,在一些悬空和着力的地方要缠上小十字架，让黄油有更好的附着点和支撑点。

2）为确保黄油不熔化，制作者需要在 −10~5℃ 的低温室内进行操作。

3）制作时要从整体出发，边制作边全方位观察每个部位是否准确，不要一直盯着局部塑造，否则会浪费时间，影响效果。

4）操作时若作品变软不易操作塑形，可将作品放入冰箱中降温，待其变硬后再操作。

7.1.2　冰雕的制作工艺和要求

冰雕是以冰为主要材料，以水为黏结剂，使用工具进行雕刻的造型艺术。冰雕侧重于装饰和展示，可用于冷餐会、宴会等场合展示，具有突出主题和烘托气氛的作用。

1. 冰雕的种类

（1）**圆雕**　圆雕是立体雕刻，就是在一整块原料上，使用不同的刀具和手法雕刻而成。圆雕是立于空间中的实体形象，不需要依附于任何背景，可以从四面进行欣赏。因此，在制作时，需要考虑其体积感、厚重感，以及从不同角度所呈现的效果。

（2）**浮雕**　浮雕就是平面雕刻，在原料平面上雕出凸起的造型。浮雕是单面的半立体形象，只可以单面欣赏，具有很强的绘画性。

（3）**透雕**　透雕主要突出作品镂空的特质，操作时，在原料的表面上雕刻出所需形状，再将原料内部挖空即可。

2. 冰雕的材料

制作冰雕的材料是冰块，冰块可以自制或购买。选取材料时要仔细，理想的冰块需要用纯净水制作，这样的冰块透明度高，内部气泡较少。

3. 冰雕的特点

1）观赏性强。

2）操作难度较大。

3）操作时间短。

4）操作时有一定的温度要求。

4. 冰雕的制作工具

冰雕的制作工具分为电动工具和手工工具两种。

（1）**电动工具**　电动工具主要有手枪钻、打磨机和电锯等。

1）手枪钻。手枪钻常用来雕刻文字和纹路等细节，使用时需要配备不同的钻头，用来切割、雕刻和打磨。

2）打磨机。打磨机也叫抛光机，主要将冰雕表面磨制光滑。

3）电锯。电锯主要用来切出造型的大形，省力便捷且高效。

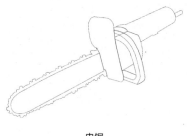

钻头　　　手枪钻　　　　　　打磨机　　　　　　　　电锯

（2）**手工工具**　制作冰雕的传统手工工具有手锯、凿子、锥子和冰夹等。

1）手锯。手锯有不同的长度、宽度和锯齿等，一般分为大手锯和小手锯。

大手锯用于去除大块多余冰块，小手锯用于细节部分和肌理的处理。

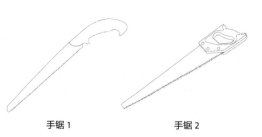

手锯1　　　　　　手锯2

2）凿子。凿子在冰雕中应用较广，分为平凿、角凿和圆凿。

① 平凿也叫扁铲、平刀，刀口分为平面和斜面两种，应用较为广泛，宽度有大小之分，可根据所需选取。使用时，根据冰雕的大小和造型，选择不同宽窄的平凿。

平凿的平面和斜面使用效果也不同，平面的凿子刀口是平直的，在使用时，容易操作，使用频率较高；斜面凿子的刀口是倾斜的，使用时不易控制，比较适合内弧形状的雕刻。使用时要注意角度和方向。

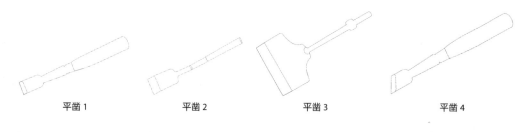

平凿1　　　　平凿2　　　　　平凿3　　　　平凿4

② 角凿也叫角刀，呈V字形，种类较多，大小不同，角度也不同。主要用于一些作品的肌理雕刻，其雕刻的雕痕表面光滑，棱角尖锐，具有一定的折射作用，显得玲珑剔透，常用于雕刻作品的纹路、羽毛和鳞片等。

③ 圆凿也叫圆刀，呈U字形，种类较多，有不同的大小和弧度。其和角凿一样，多用于后期细节部分的加工，常用于雕刻冰雕的肌理和圆弧形的凹槽处理，刀痕光滑圆润，自然流畅。

3）锥子。锥子分为单头锥和多头锥。

① 单头锥的外形呈三棱锥形，用于初期去除冰的多余部分，形成冰雕的大形。操作时主要将其放在冰上使用，配合锤头敲制。

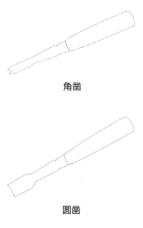

角凿

圆凿

② 多头锥也叫叉子，形状类似于梳子，锥头呈V字形，有不同的宽度，锥头的数量和疏密程度也不一样。分开的锥头叉减小了操作时的阻力，比较容易操作。主要用于冰雕大形的雕刻。

单头锥　　　　　　多头锥1　　　　　　多头锥2

4）冰夹。冰夹主要用于搬运冰块，方便快捷。

5. 冰雕的制作工艺

冰雕在制作时有两种方法：一种是模具制作；另一种是雕刻制作。

冰夹

（1）**模具制作**　模具制作就是将液态水注入模具中，冷冻定型后，将其分离，再用工具进行精细的雕刻。

（2）**雕刻制作**　雕刻制作一般要经历切割、雕刻和精修等工艺流程。

1）切割。将准备好的冰块取出，按照设计图纸的样式，画在冰块上，使用工具沿着线条样式切割出大致轮廓，再去除轮廓以外的冰块。

2）雕刻。使用冰铲等工具按照纹路样式进行细节的雕刻操作。

3）精修。待冰雕制作完成，使用工具进行细节精修，去除冰雕表面的浮冰即可。

6. 冰雕的制作要求

1）冰雕制作时，制作者需在不超过15℃的环境下，短时间内快速完成产品制作。因为材料是冰，若操作温度过高，极易融化，影响产品状态。

2）使用电锯切割冰块时，注意雕塑整体性，切大形时，每隔一段时间就停下来查看冰雕大形是否准确。

3）制作好的冰雕需要专人专车运输，在装运摆放期间，冰雕与冰雕之间要隔有一定的距离，以免相互碰伤。

4）大型冰雕摆放前，需确定好位置，摆上后，尽量减少冰雕的移动次数，以免多次移动造成冰雕损坏。

5）制作好的冰雕最好不要放在通风口，以免加快其融化速度。

6）若将冰雕摆放在室外，要避免阳光直射和雨淋。

7）做好的冰雕作品线条要流畅，轮廓要分明，做工要精细；作品塑造要生动传神，凹凸有致。

8）冰雕作品保存时，需将其放入0℃冰库中。

9）使用冰雕作品时，最好在作品周围摆放冷光灯，在光线的照耀下，作品会显得更晶莹剔透。注意作品下需放置盛器，用来盛放融化的冰水。

7.1.3 酒会、宴会摆台设计要求

1. 酒会、宴会摆台设计的意义

根据宴会主题和宴会菜品而设计的台面的物品具有非常重要的意义，通过设计台面相关物品，包括盛器、装饰品、装饰花、口布花等，可以烘托宴会气氛。除此之外，通过台面上各种元素之间的色彩搭配，能体现宴会设计者的艺术风格和创意，也能体现主办方整体的管理水平。

2. 酒会、宴会的台面种类

宴会台面所需物品应根据宴会的主题、规模和档次来确定不同的组合，宴会台面按照用途可以分为食用台面、观赏台面、艺术台面三种。

（1）**食用台面** 食用台面也称餐台或素台，在餐饮业中称为正摆式。它的特点是按照就餐人数的多少、菜单的编排和宴会的标准来配备，餐位用品摆放在每位宾客的就餐席位前，餐具简洁美观，公共用品摆放比较集中，各种装饰物摆放较少，四周设座椅，此类台面的服务成本较低，多见于中档宴会。

（2）**观赏台面** 观赏台面也称看台，是专门供宾客观赏的一种装饰台面。一般用于高档宴会，摆放在宴会厅大门入口处或宴会厅中央显眼的位置，可以营造宴会气氛。台面上一般摆放花卉、雕刻物品、盆景、果品、食品雕塑等，突出宴会主题。

（3）**艺术台面** 艺术台面也称花台，是目前酒店中最常见的一种台面形式，一般用鲜花、绢花、盆景、花篮及各种工艺品和雕刻品等装饰在台面中央，在外围摆放公用餐具。在正式开宴前，根据需求可选择撤掉桌上的各种装饰物。这类台面既可以供宾客就餐，又可供宾客欣赏，是食用台面和观赏台面的综合体，多见于中高档宴会。

3. 酒会、宴会餐桌的基本组合

（1）**一字形（直线形）台型** 当来宾不超过36位时，宜采用一字形台型。长桌两头分为方形和圆弧形两种，按照西餐宴会的礼节，正副主人坐在长桌的两头，主宾坐在他们的两边。大型宴会的主桌，主人与主宾则会坐在长桌的中间，多选用方头的长条桌。圆弧形多为豪华型的台型。

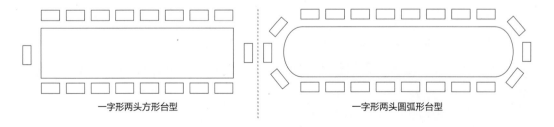

一字形两头方形台型　　　　　一字形两头圆弧形台型

（2）U形台型　当来宾超过 36 位时，宜采用 U 形台型，中央部位可布置装饰物，适用于主宾身份高于或等同于主人的情况。其中圆弧形或方形部位是主要部分。

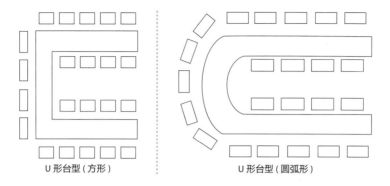

U 形台型（方形）　　　　U 形台型（圆弧形）

（3）课桌式台型或鸡尾酒会课桌式台型　这类台型方便主桌贵宾观看舞台上的节目，主桌按课堂式安排，面向舞台。

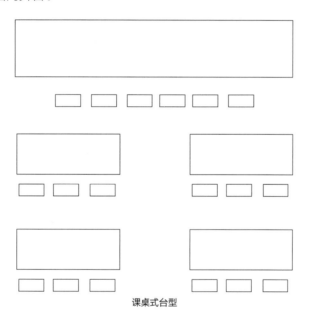

课桌式台型

（4）其他台型

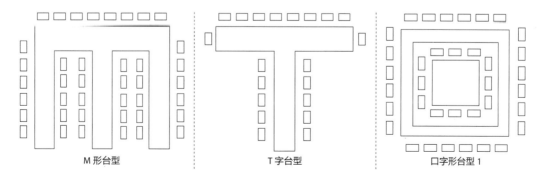

M 形台型　　　　T 字台型　　　　口字形台型 1

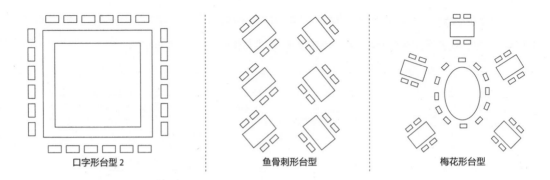

4. 酒会、宴会摆台的主要物品种类

（1）**公共物品** 摆台的公共物品主要包括台布、台裙、转台、公用餐具、台号牌、烛台、蜡烛、烟灰缸、菜单、牙签筒、装饰花瓶等。

（2）**餐位用品** 酒会、宴会台面上的餐位用品包括餐刀、餐叉、面包盘、毛巾碟、筷子、筷子架、口汤碗、汤勺、饭碗、骨碟、味碟、水杯、啤酒杯、红酒杯、白酒杯、口布、席次卡等。

（3）**装饰用品** 台面上装饰用品一般指台心装饰，包括装饰花、食品雕刻等。

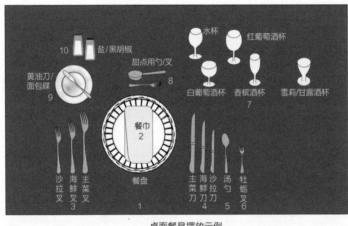

桌面餐具摆放示例

5. 酒会、宴会摆台设计的要求

（1）**根据宴会主题和档次设计** 在具体设计前，需要先明确宴会设计的主题和档次，如生日宴会和公务宴会的主题是不同的，生日宴会台面上可以选择烛台、生日蛋糕等来装饰，但在公务宴会台面上则可以摆放"孔雀迎宾"造型进行装饰。对于不同档次的酒会、宴会，选择的餐具也是不同的，如普通宴会配 5 件头，中档宴会配 7 件头，高档宴会则会配 8~10 件头，此外餐具还有质地的不同，包括金、镀金、银、镀银等。

（2）**根据主题宴会菜品和酒水特点设计** 台面餐具的摆放需以菜品数量及宾客进餐需求为依据进行设计，应根据宴会酒水菜品的特点选择餐盘、杯子、餐具，方便宾客拿取和饮用，如中式餐具代表性物品为筷子，西餐则多为刀和叉。

（3）**餐桌摆放必须突出主桌且有一定次序** 西餐大型宴会需要分桌时，要将主桌确定在明显且突出的位置上，餐桌的主次以离主桌的远近而定，以宾客职位高低定桌号顺序，每桌都要有主人方作陪。

一般面对大门、可观景、背靠主体（主席台）墙面的座位为主座，以右为尊，右高左低，近高远低。

（4）**主题宴会台面各种用品摆放要协调美观** 在确定台面人数后，要合理选择餐具、装饰物，确保整体颜色协调，大小适中，要结合美学原则进行创新，提高艺术欣赏性。

（5）**摆放餐位餐具一定要有界域** 摆放每一套餐具时，要紧凑一些、相对集中一些，相邻两套餐具之间要留有较大的空隙，使宾客能辨别属于自己位置的餐具。

（6）**在进行主题宴会台面设计时，要讲究礼仪** 酒会、宴会的宾客来自不同的地方，风俗习惯和爱好各不相同，所以在摆台时一定要做到尊重客人的习俗，特别是桌面装饰花、装饰物，同时要体现出宴会礼仪。

7.1.4 蔬果雕的制作工艺和要求

1. 蔬果雕的特点

（1）**食材新鲜度高、食用方便** 蔬果雕现做现用，产品都十分新鲜，且水果经过切分成型，食用便捷、卫生。

（2）**外形美观、色彩搭配协调** 蔬果雕采用专业的雕刻手法及摆盘方式，具有观赏性强的特点，可以增加食用乐趣，同时可以辅助烘托宴会的气氛。

（3）**口味多元化** 可用于蔬果雕的水果品类较多，其质地、形态、口感及营养各有不同，相互搭配可以使成品更加均衡，可以根据不同的需求进行搭配组合。

2. 蔬果雕选用材料的标准

1）材料新鲜、质地脆嫩、内部实心、肉中无筋、肉质细密。

2）材料形态完整端正，适合雕刻。

3）色泽鲜艳、表面光亮。

3. 蔬果雕常用材料

蔬果雕多以根茎类的瓜果和蔬菜为原料。常用的有南瓜、芋头、红薯、土豆、萝卜、西瓜和冬瓜等。

（1）**南瓜** 南瓜种类繁多，常见的有圆球形、圆柱形和扁圆形等。外表呈金黄色、墨绿色和橙红色等。

该种原料雕刻出的作品比较细腻，能引发食欲，使用频率较高。其中大的圆球形南瓜适合浮雕、镂空雕；小的南瓜适合浮雕，用作盛菜的器皿。

（2）**芋头** 芋头水分较少，含有淀粉，雕刻出的作品比较细腻，常用来制作山水、鸟兽和人物等。

（3）**红薯** 红薯又叫山芋，果肉颜色分为白、粉白和暗红色等，质地细腻，较为硬脆。

（4）**土豆** 使用土豆制作雕刻作品时，最好选用肉色洁白、形态圆、个头大的土豆。主要用于制作各式花卉，如玫瑰花和牡丹花。

（5）**萝卜** 萝卜水分含量较高，口感脆嫩多汁。品种较多，如青萝卜、白萝卜、红萝卜、心里美萝卜、胡萝卜等。每种萝卜雕刻出的作品都有独特的效果。

1）青萝卜。青萝卜外皮青、内部绿，质地脆嫩，一般用于刻制形体较高的花瓶、人物和食物等。

2）白萝卜。白萝卜内外均为白色，质地脆嫩、略透明，雕刻出的作品较为洁白。

3）红萝卜。红萝卜外皮红、内部白，质地脆嫩，内部组织紧密，常用来制作花卉如月季花；也可雕刻禽类如天鹅。

4）心里美萝卜。心里美萝卜外皮绿、内部红，色彩鲜艳，常用来制作牡丹花和玫瑰花等。

5）胡萝卜。胡萝卜大多为橙红色或黄色，色泽鲜艳，耐存放，常用来制作梅花、郁金香和小型的鸟类等。

（6）**西瓜** 西瓜体圆形美，绿皮、红果肉。根据西瓜的表面颜色和外形，使用恰当的工具可雕刻出瓜灯、瓜盅等。

（7）**冬瓜** 冬瓜体态较大，肉质较厚，可浮雕图案，常用于制作冬瓜盅、冬瓜灯和冬瓜花篮等。

4. 蔬果雕的制作工具

常见的雕刻工具有切刀、雕刻主刀、槽刀、拉线刀、套环刀、压模、削皮刀、挖球器和斜口刀等。在制作产品时，工具可单独使用，也可组合使用，具体需根据实际经验和作品要求选取。

（1）**切刀** 该种刀的刀面比较宽，呈长条形，前端刀刃口具有一定的弧度。主要用于切制原料的基本轮廓，如去掉原材料的头部与尾部，或将原料切平整。

（2）**雕刻主刀** 雕刻主刀也叫平口刀、雕刀和尖刀，整体呈长条形，刃口呈平直状，主要用于切削毛坯、花瓣，去除余料、镂空造型和细节的雕刻等。在雕刻中的使用频率较高，通常和其他工具一起搭配使用。

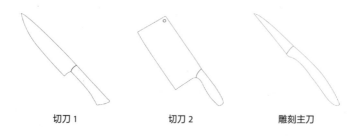

切刀1　　　　切刀2　　　　雕刻主刀

（3）**槽刀** 槽刀分为V形和U形两类，规格有多种大小。

1）V形槽刀。V形槽刀的刀口呈V形，两头均可使用，有大中小规格之分。用其戳出的线条呈三棱形。主要用于作品的花纹、线条、尖形羽毛、尖形花瓣、人物发型和衣纹等制作。

2）U形槽刀。U形槽刀的刀口呈U形，与V形刀一样，有大中小规格之分。用其戳出来的线条呈圆弧形。主要用于雕刻鸟类翅膀、鱼类鳞片、圆形孔洞、圆形花瓣和动物骨骼等。

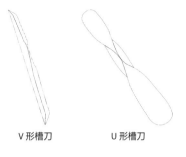

V形槽刀　　U形槽刀

（4）**拉线刀**　拉线刀有单线和双线的，刀头横截面呈现圆弧形或V形，主要用于拉线和刻形等。拉线刀是拉出线条和雕刻出花边图案的理想工具。

（5）**套环刀**　套环刀是传统的瓜雕工具，主要用于挑瓜灯的套环、线条刻画。

（6）**压模**　压模的形状样式繁多，常见的有蝴蝶形、鸟形和兔子形等。使用时，将模具按压在原料上，刻制出对应样式即可。

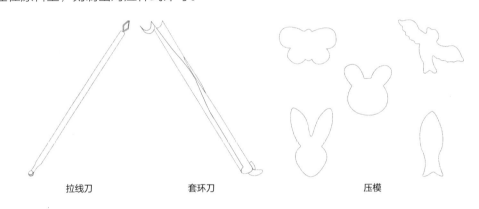

拉线刀　　　　　套环刀　　　　　压模

（7）**削皮刀**　削皮刀的样式多样，主要用于原材料去皮。

（8）**挖球器**　挖球器两端呈半圆形，主要用于挖球和去除原料。

（9）**斜口刀**　刀口呈45度斜角，适用较小造型的细雕，适合在较狭小的空间内操作。

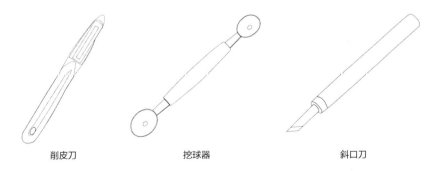

削皮刀　　　　　挖球器　　　　　斜口刀

除了以上工具外，还可以根据个人所需自制或选用其他工种的雕刻刀具，如剪刀、镊子、锉刀和分规等。

5. 蔬果雕的运刀手法

雕刻的运刀手法是雕刻时持刀的姿势。在操作时，常用的运刀手法有横握、直握和笔握。

（1）**横握**　四指横握住刀柄，刀刃向内。拇指空开，雕刻时，拇指按在原料上，起到支撑和稳定的作用，手掌和虎口收缩，夹紧雕刻刀且向里运动。

（2）**直握**　直握就是四指直握住刀柄，拇指紧贴刀刃的后侧，运刀时，刀具进行左右移动。主要用于雕刻物体的初坯和轮廓。

（3）**笔握**　笔握就是用握笔的姿势握刀。运刀时上下左右进行运动。常用来雕刻物体的细节部位和各式纹路。

6. 蔬果雕的制作技法

蔬果雕的主要制作技法有直切法、刻刀法、旋刀法、戳刀法、刻画法和压切法。

（1）**直切法**　直切法就是将刀与原料呈 90 度运刀，主要用于大块原料的初步加工。可将原料厚度和长短先定出来，利于作品的造型设计，还可用于作品的轮廓定型，方便雕刻，提高效率。

（2）**刻刀法**　刻刀法就是通过手指和手腕的运动，刻制原料或去除废料，主要使用雕刻主刀操作，使用频率较高。

（3）**旋刀法**　旋刀法就是将刀贴着原料，旋转刻出弧形，雕刻出的面为弧形，如一些弧度较大的花瓣。该种技法具有一定的难度，主要使用雕刻主刀进行操作，操作时持刀要稳，下刀要准，确保旋刻出来的面是光滑平整的。

（4）**戳刀法**　戳刀法一般使用槽刀进行雕刻。使用时，将槽刀斜插入原料表面，刀匀速向前推动，分别刻出条、丝、沟和槽等形状。戳刀法主要分为直戳、曲线戳和翘刀戳。

1）直戳。直戳就是将槽刀压在原料表面，找到进刀点，确定好深度和厚度，刀口朝前或向下，走直线向前推进。

2）曲线戳。曲线戳和直线戳操作类似，只是走刀路线为曲线，刻制出的线条是弯曲的。主要用于雕刻细长且弯曲的形状，如鸟类羽毛或动物毛发等。

3）翘刀戳。翘刀戳就是将槽刀压在原料表面，找到下刀点时，先轻戳，再慢慢用力加深，达到一定深度后，刀尖慢慢向上翘，刀后部向下压，刻出的形状呈现出两头细的凹状或勺状。常用于鸟类羽毛、细长形花瓣制作。

（5）**刻画法**　刻画法就是以雕刻刀为笔，在原料上刻画出所需形状样式，用于辅助雕刻时"取大形"（轮廓塑形），常用于瓜雕和浮雕等制作。

（6）**压切法**　压切法就是使用各式压模压切出所需样式。该种方法比较简单，使用时只需要将压模刀口放在材料上压制出形状即可。

7. 蔬果雕的制作工艺

蔬果雕制作时，主要有选题、选料、构思、雕刻和组装这些工艺流程。

（1）**选题**　选题需要确立产品主题，同时要确定表现形式的呈现方式。选题时，要注意作品主题思想、意境和用途。此外，作品主题、题材和内容要和宴会主题相契合。

（2）**选料**　选料就是根据作品题材和类型选择合适的原材料。选取时，主要从原料的形状、大小和质地等来考量。此外，要考虑到作品色彩搭配。原料选用时要遵循大料大用，小料小用的原则，避免材料使用不到，造成浪费。

（3）**构思**　构思主要是作品制作的前期准备和巧思，主要表现在对尺寸确立、表现形式的呈现、主体和配件的位置、色块的分布和作品的比例等。可根据所需画出草图，每个配件的形状和操作技法都要提前做好计划和设计。

（4）**雕刻**　雕刻在操作中比较重要，主要通过一系列的雕刻技法，将设计和构思表现出来。雕刻时要先雕刻整体轮廓，再进行局部塑造。

（5）**组装**　产品雕刻完成时，可依据所需将配件进行组装和修理，使作品完美地呈现出来。

8．蔬果雕的制作要求

1）挑选的水果需要新鲜，新鲜水果的营养价值得到了最大程度的保留，且雕刻出来的造型美观度更好。

2）蔬果雕色彩搭配要合理。造型需干净整洁且突出主题，色彩搭配和谐统一。

3）根据选用水果的特性合理安排雕刻时间，如芒果等肉质较软的水果，长时间暴露在空气中，其口感和外观都会受影响，同时会降低水果的新鲜度。

4）操作时要注意卫生。水果含糖量和含水量都较高，对制作环境和储存环境有较高的要求，操作间砧板、刀具、盛装器皿都需定期清洁和消毒，蔬果雕完成后还需注意储存空间周边的卫生情况，避免储存不当引起食品卫生安全事故。

5）使用雕刻工具时注意安全，相关操作需按照正确流程进行，避免误伤自己。

技能训练

菜肴和器皿的搭配呈现

除菜肴本身的色泽和外观之外，菜肴和器皿搭配组合得当，可以平衡视觉，更好地突出食材本身的形态、质感与颜色等。器皿作为菜肴的盛装工具，决定了菜肴的摆盘方式和艺术方向。

选取器皿时，需综合考虑器皿的颜色、材质、形状和花纹等。

1．颜色

使用不同颜色的器皿盛装菜肴，具有不同的呈现效果。白色器皿能突出菜品自身特点；暗色调的器皿可最直接、最有效地体现出食材的色彩，使其有着不同的质感和时尚感。菜肴和器皿在搭配组合时，颜色要和谐。

1）将浅色的菜肴和深色系（如黑色和棕色等）器皿组合搭配，呈现出别样的质感和高级感。

2）将色泽深的菜肴和浅色系器皿（如白色和淡蓝色等）搭配，可提亮菜肴的色泽，使菜品的颜色鲜明。

2. 材质

常用的器皿材质有玻璃、陶瓷、木质等，不同材质的器皿和菜肴搭配，具有不同的呈现效果。

（1）**玻璃器皿**　玻璃器皿透光，可突出食物质感，常和沙拉、泡菜等食物搭配。

（2）**陶瓷器皿**　陶瓷器皿应用较为普遍，雅致的器具给菜肴和画面增添特有的质感。

（3）木质器皿　木质器皿可使人联想到大自然，具有复古传统、质朴且温暖的感觉，增加菜品质感。

3. 形状

器皿的形状有圆形、椭圆形、方形和异形等，可单独盛装菜肴，也可组合搭配使用。运用造型各异的餐具组合搭配，可丰富视觉效果。

（1）单独使用

1）圆形。圆形器皿盛装的菜肴，样式多样，大小和深浅不一。

2）椭圆形。椭圆形器皿盛装菜肴，样式多样，具有一定的延伸感。

3）方形。方形器皿包括正方形和长方形，根据器皿应用场合的不同进行选取。

4）异形。异形的器皿一般有菠萝形、杯形和叶子形等，该种器皿形状较为复杂，和菜肴搭配时，具有一定的意境和艺术感。

（2）组合搭配使用

1）同样式不同大小组合。相同样式，不同大小的器皿组合在一起，如将不同大小的圆形餐盘堆叠组合在一起，会形成更多的层次，可营造出一定的高低错落感。

2）多样式组合。不同形状样式器皿组合在一起，如圆形搭配方形，具有一定的平衡感，使餐桌变得活泼有生气。

4. 花纹

器皿表面的花纹样式繁多，如纹理、花卉、叶子、树木和自然风景等。该类器皿和菜肴相互搭配，能营造出一定的意境和美感。

7.2 菜单制订

7.2.1 主题餐厅菜单制订知识及格式

主题餐厅一般有一个主题，围绕这个主题营造出餐厅的经营氛围。餐厅内的所有产品、服务、装饰等都是为主题服务的。

1. 主题餐厅菜单制订知识

菜单是突显餐厅品牌个性和定位的延伸。主题餐厅菜单是展示餐厅产品、烹饪哲学和品牌属性的重要工具。制作菜单时，需要考虑重量、大小、纸张、字体、排版和照片等。

2. 主题餐厅菜单制订格式

主题餐厅菜单在制订时，菜单样式有单页、三折页等，内容包括餐厅名称、菜单名称、菜品名称、价格、菜品图片、餐厅电话、餐厅地址和营业时间等。这些内容可根据实际所需进行组合，再具体呈现在菜单上。

参考示例

示例 1
样式：单页
标题：×××主题菜单
内容呈现：菜品分类、菜品名称

示例 2
样式：三折页
标题：×××主题餐厅
内容呈现：菜品分类、菜品名称、价格和菜品图片

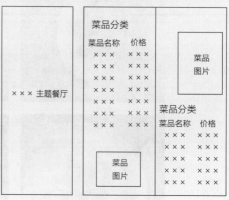

主题餐厅菜单 1　　　　　　　　　主题餐厅菜单 2

7.2.2 宴会菜单制订知识及格式

1. 宴会菜单制订知识

（1）**宴会菜单的含义**　宴会菜单是根据宴会菜品组成和要求，按照上菜顺序编写的菜品清单。宴会菜单在形式上是记录菜名的单子；在内容上是具有规格的一整套菜单；在功能上，菜单是厨师和服务员用于生产和服务的计划书。

（2）**宴会菜单的种类**　宴会菜单的种类多样，按市场特点分类，有固定性、循环性和即时性这三种；按主题宴会菜单格式分类，分为提纲式主题和表格式主题宴会菜单。

1）按市场特点分类。

① 固定性宴会菜单。固定性宴会菜单是按照定好的格式，提前设计几套不同价格、类型和风格的宴会菜单，如婚宴和商务宴套餐菜单等。

该种菜单的菜品和售价固定，利于宴会所需原料的集中采购和加工，降低成本；缺点是因为需要购买的原材料不变，无论涨价与否，都需购买，并且固定菜单不够灵活，难以提供多种服务，容易使厨房和服务员产生厌倦感。

② 循环性宴会菜单。循环性宴会菜单是以一定天数为周期，循环使用。在周期内，每天使用的菜单不一，待该套菜单用完之后，也就结束一个周期，再从头到尾使用这套菜单即可。缺点是该种菜单无法迅速适应市场需求变化和原料季节性变化，无法根据时令菜的上市或下市迅速更换菜单。

③ 即时性宴会菜单　该种菜单是根据宾客消费标准、饮食特点和宴会要求即时制订，无固定模式，使用时效短，灵活性强，可迅速适应宾客口味和饮食习惯等变化需求，也可根据季节和原料供应的变化及时更换菜单。

2）按主题宴会菜单格式分类。

① 提纲式主题宴会菜单。该种菜单是按照上菜顺序依次列出各种菜品名称，将其分行和整齐排列。所有原材料和其他说明会用附表补充，在酒店中应用较广。

该种菜单在宴会摆台时，可放置在台面，方便宾客了解宴会菜品，此外，还具有一定的装饰作用。

② 表格式主题宴会菜单。该种菜单是按照上菜顺序分门别类列出所有菜名。每道菜名后列出主要原料、烹饪方法和味道等。

该种菜单为酒店标准化菜单，厨师看菜单就知道如何选料、加工和安排上菜顺序等，宾客看到菜单较容易选取所需菜品。

2. 宴会菜单制订格式

（1）**宴会菜单样式**　宴会菜单的样式多样，如方形、圆形、心形、立式台卡、单面或折叠等，可根据所需进行选取。

（2）**宴会菜单制作材料**　菜单材质要考虑宴会类型、规格和成本等。对于普通宴会，菜单是一次性的，无须考虑耐磨性；对于高规格宴会，即便是一次性的，也要求选材精良、设计优美，体现出宴会的规格和档次。

（3）**宴会菜单的尺寸**　菜单的规格尺寸应该与宴会内容、宴会厅的大小和类型、餐桌的大小和座位之间的空间等相协调，使宾客拿起来查阅舒适即可。

（4）**宴会菜单的文字**　宴会菜单文字不宜超过菜单总篇幅面积的50%，注意阅读感受与信息传递的平衡。

（5）**宴会菜单的色彩**　宴会菜单色彩具有一定装饰性，能起到推销菜品、显示宴会厅风格的作用。

菜单颜色要与宴会厅环境、餐桌和餐具颜色搭配和谐。

颜色需根据宴会厅规格、大小和种类进行选择。一般鲜艳的大色块色彩比较适合喜庆类宴会；高规格档次宴会，多以淡雅颜色为主，如米黄、浅灰和天蓝等。

（6）**内容编排**

1）宴会名称。宴会的名称需要根据宴会性质和类型命名，如结婚宴会菜单。

2）菜品名称和价格。菜品按照上菜顺序分类排列，一般有横排和竖排两种，横排按照类目编排，比较贴合现代人阅读习惯；竖排按每道菜编排，具有古韵风格。

菜品的价格可以写在每道菜品后面，也可以直接注明整桌价格。

对于表格式宴会单，不仅要写出菜名，还要在后面写上原料名称、产地、等级和辅料，以便厨房生产时使用。

3）告示性信息。每张菜单会提供一些告示性信息，信息需要简洁，主要包含4个方面。

① 酒店名称，列在封面。

② 酒店地址、电话。

③ 酒店特色风味，列在宴会菜单封面的酒店名称下面。

④ 酒店经营时间，列在封面或封底。

（7）宴会菜单制订示例

示例1
样式：单页
标题：宴会名称
内容呈现：菜品名称、价格

宴会菜单设计1

示例2
样式：单页
标题：宴会名称
内容呈现：总价格、菜品分类、菜品名称

宴会菜单设计2

7.2.3 美食节菜单制订知识及格式

美食节又叫食品节，是以节庆的形式，汇聚某些区域的美食进行展销。美食节的形式多种多样，可单独存在，如一些特色美食展销，也可以和其他活动组合在一起，如啤酒节和传统节日等。

1．美食节菜单制订知识

（1）美食节菜单的种类

1）以某种或某类原料为主题，如常见的以鱼、牛等为主要材料的主题美食节活动。

2）以节日为主题，如圣诞节菜单、新年菜单等。

3）以地方菜系或风味为主题，如意大利美食节等。

4）以名人名厨为主题。为某人专门设计的美食节，多发生在与名人有关的日子里，如名人诞辰纪念日、名人欢迎会等。

5）以某种烹饪技法为主题，如烧烤节、饺子节等。

6）以食品功能特色为主题，如养生美食节。

7）以某种餐具器皿为主题。

（2）美食节菜单设计的原则

1）菜品需围绕主题。各类菜品不能随意组合，菜品内容与主题要存在关联性。

2）菜品风格要有特色。菜品有一定的独特性，有相关代表性特征。

3）菜品需控制数量。根据美食节人流量、档口大小、工作人员数量等情况，合理安排相关菜品数量，避免过多、过少的情况发生。

4）菜品需搭配合理。根据美食节特点，挑选特色菜品，合理安排菜品组合位置，保证菜单整体的丰富性。

5）菜品需要进行成本核算。综合定价要合理，要确保留有利润空间。

2. 美食节菜单制订格式

美食节菜单制订时，其内容由主题、菜品名称、菜品价格和菜品图片等构成。

示例 1

标题：×××美食节菜单

内容呈现：菜品名称、价格和图片

示例 2

标题：×××美食节菜单

内容呈现：菜品图片、菜品名称和价格

美食节菜单设计 1

美食节菜单设计 2

技能训练

主题餐厅菜单

1. 泰式主题餐厅菜单

富有泰式风情的主题餐厅菜单，菜单内有凉拌、酥炸、咖喱、炒菜、蔬菜和烧烤料理这几大类菜品。

2. 地中海主题餐厅菜单

富有地中海风情的主题餐厅菜单，菜单内包含了开胃菜、汤、主菜、主食和甜品这几大类菜品。

泰式主题餐厅菜单

地中海主题餐厅菜单

西餐宴会菜单

1. 西餐宴会菜单 1

菜单内菜品分为开胃菜、汤、主菜、沙拉、甜品、咖啡或茶、佐餐酒水这几大类。

2. 西餐宴会菜单 2

菜单内菜品分为开胃菜、汤、主菜、沙拉、甜品、咖啡或茶这几大类。

西餐宴会菜单 1

西餐宴会菜单 2

美食节菜单

1. 墨西哥美食节菜单

墨西哥美食节菜单，菜单内菜品分为墨西哥饼档、墨西哥风味美食档口、墨西哥比萨&沙拉&甜点、汤等几大类。每个类别的菜品都富有墨西哥风情。

2. 德国美食节菜单

德国美食节菜单，菜单内菜品为德式风味台、现切烤肉台、开胃冷盘、热菜、德式汤和甜品档这几大类。

墨西哥美食节菜单

德国美食节菜单

英文菜单

1. 英文菜单 1

英文菜单的菜品分为开胃菜、汤、主菜、沙拉和甜品这几大类。

图示菜品：开胃菜包括烟熏三文鱼和香草汁焗蜗牛；汤有奶油蘑菇汤和法式洋葱汤；主菜有爱尔兰烩羊肉和匈牙利烩牛肉；沙拉有恺撒沙拉和金枪鱼沙拉；甜品有芒果慕斯和法式苹果挞。

2. 英文菜单 2

英文菜单的菜品分为开胃菜、汤、主菜、沙拉和甜品这几大类。

图示菜品：开胃菜有法式鹅肝配青苹果乳酪和鱼子酱、焗澳洲带子配香橙；汤有蔬菜浓汤和经典洋葱汤；主菜有普罗旺斯羊肉和煎三文鱼黄油水瓜柳汁；沙拉有蔬菜沙拉、地中海式甜虾沙拉；甜品有巧克力蛋糕和奶油泡芙。

西式烹调师（技师 高级技师）

```
Menu
Appetizers
Smoked Salmon
Vanilla Baked Snails

Soups
Cream of Mushromm Soup
French Onion Soup

Main course
Irish Lamb Stew
Beef Gulash

Salads
Caesar Salad
Tuna Fish Salad

Desserts
Mango Pudding
Apple tart
```

英文菜单 1

```
Menu
Appetizers
French style Foie Gras with
Green apple cheese and caviar
Baked scallops with orange

Soups
Vegetable Soup
National Onion Soup

Main course
Lamb Chop Provence
Pan Fried Salmon with butter Caper sauce

Salads
Vegetable Salad
Mediterranean Style Sweet Shrimp Salad

Desserts
Chocolate cake
Puff with wipping cream
```

英文菜单 2

复习思考题

1. 黄油雕具有什么特点？
2. 制作黄油雕的工具有哪些？
3. 黄油雕的制作工艺是什么？
4. 制作黄油雕有哪些要求？
5. 冰雕有哪些种类？
6. 冰雕的特点是什么？
7. 冰雕的制作工具有哪些？
8. 冰雕的制作要求有哪些？
9. 蔬果雕的制作工艺有哪些？
10. 蔬果雕的制作要求有哪些？
11. 简述主题餐厅菜单制订知识。
12. 主题餐厅菜单制订的格式有哪些？
13. 简述宴会菜单制订知识。
14. 宴会菜单制订格式有哪些？
15. 简述美食节菜单制订知识。
16. 美食节菜单制订格式有哪些？

项目 8

厨房管理

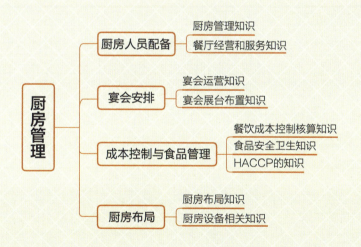

8.1 厨房人员配备

8.1.1 厨房管理知识

1. 西餐厨房的定义及特点

西餐厨房是西餐菜肴、西点的生产部门和加工场所。西餐厨房具备人员分工精细专业、工作流程科学合理的特点。

2. 西餐厨房的工作任务

西餐厨房的工作涵盖食品原料的采购、验收、储存、领用、食材的切配初加工、菜肴的配份、少司与菜品的烹调制作、面包点心房出品等诸多环节,每个环节都需要由专业的人员完成。

3. 西餐厨房的组织

西餐厨房的生产和管理需要通过一定的组织形式得以实现,西餐厨房组织机构设置的合理性及管理的规范性,直接关系到整个西餐厨房的出品品质、生产运作,甚至会影响餐厅的运作。

设置科学合理的厨房机构,明确每个岗位工种的工作职责,确保每个员工充分了解自己的工作职能,需做到权责分明,以保证厨房有条不紊地持续运作。

(1)西餐厨房的组织原则

1)与经营目标一致。西餐厨房组织的责任、权利需要以经营目标为基础,其经营任务也需要围绕经营目标制订。

2)专业合理的分工与协作。西餐厨房组织结构的专业性较强,分工与协作需要根据厨房的规模进行设计,将诸多工种、若干岗位进行协调配合,通过分工达到提高工作效率的目的。

3)有效的管理制度。在厨房组织结构的每一层级都应该有相应的责权,组织结构需赋予不同职位以相应的职务权利,且有相关的监管机制。

4)稳定性和适应性结合。厨餐房组织需根据酒店的规模、等级、类型而定,既要保证组织的相对稳定性,也需要保持一定的弹性空间,顺势调整。

(2)影响西餐厨房组织形式的因素

1)外部因素。西餐市场现状及当下社会生产力的状况属于外部因素,会在一定程度上影响厨房组织形式的设定。

2）内部因素。提供西餐餐饮服务的企业类型多样，企业规模不同，厨房的组织形式就会不同，组织形式主要分为小型、中型及大型厨房三类。除此之外，硬件设备、经营范围都会对组织形式有一定程度的影响。

（3）西餐厨房的组织结构形式　西餐厨房主要负责西式菜品的制作工作，由于西方国家和地区的不同，人们生活习惯的差异，西餐有法式、意式、俄式等多种菜式。不同的菜式在选材、配料、调味、制作上各有不同要求，但是在厨房运作模式上大同小异，其组织结构也相似。

组织结构系统是一个层级结构，也是一个职位描述列表。厨房组织机构建立后需要明确厨房各部门的基本职能，明确各岗位的基本职责。

1）小型西餐厨房组织。厨师负责厨房内多数产品的制作与出品，配有厨工辅助。

2）中型西餐厨房组织。社会型西餐厨房一般规模为中型，根据菜肴生产的类别分为不同的独立部门，各个部门都有独立的厨师、厨工岗位。

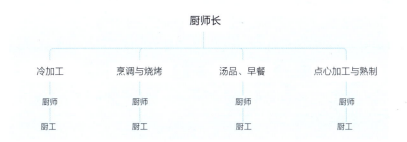

3）大型西餐厨房组织。现代大型的西餐厨房架构更复杂，由行政总厨指挥整个厨房系统的生产、操作和运行。每个部门独立负责菜肴加工中的某一部分或某一类菜肴的加工工作，配有分管的厨师和厨工。

4. 西餐厨房的工作流程

按照厨房的生产功能，西餐厨房可以分为如下类别。

（1）基础厨房 基础厨房也称加工厨房，是西餐厨房中的初加工、配菜部门，是食材原料进入厨房的第一生产岗位。

基础厨房的职责是将食材进行初加工、预处理，初加工包括将新鲜肉类、水产、蔬菜等食材进行挑拣、清洗、宰杀及干制食材涨发、洗涤、处理等。

基础厨房在一些大饭店称为加工中心，负责饭店内烹调厨房所需烹饪原料的加工，由于基础厨房需要处理的工作量较大，进出货物较多，大多数时候会被设置在出入便利、易于排污的场所。具体工作职责：

1）负责厨房内设备的日常检查和维护工作，确保设备正常运行。

2）原材料的到货验货，依据采购清单核对到货明细，把控品质和材料缺失状态。

3）根据各厨房提供的料单需求，对肉类原材料进行解冻（涵盖水产类、肉类、禽类）。

4）食材的清洗工作，将当日需求食材进行分拣，并全部清洗干净。

5）食材的切配工作，根据菜品工艺对食材进行预处理加工。

6）日常的库存盘点，盘点已有库存，配合其他厨房需求制订次日食材的采购计划。

7）厨房的日常清洁工作，使用厨房期间保证厨房区卫生合格。

（2）冷菜厨房 冷菜厨房是加工制作、出品冷菜的场所，一系列涉及冷菜制作的环节都在这里完成，包括食材的改刀、腌制、烹调、装盘工作。

冷菜厨房还可以进一步分为冷菜烹调制作厨房（加工类操作）和冷菜装盘出品厨房，后者主要用于冷菜的装盘与发放。

冷菜制作流程与热菜不同，一般多为先加工烹制，再切配装盘。所以冷菜间的卫生和环境等会有更加严格的要求。具体工作职能：

1）负责冷菜厨房的日常消毒工作，使用食品级消毒剂消毒设备、工具、毛巾等。

2）根据需求订单进行冷菜制作，保证出品符合工艺要求。

3）盘点库存情况，制订次日采购计划，交于厨师长。

4）维护并及时清理冷菜厨房的环境卫生，保证食品安全。

5）负责厨房内设备和工具的维护工作，检查水电等。

（3）零点厨房 专门用于生产宾客临时、零散点菜的场所，对应的餐厅为零点餐厅。

零点餐厅是给宾客自行选择、点餐的餐厅，顾客按照自己的喜好和需求进行选择，具有用餐方便、快捷、种类多样的特点。零点厨房的具体工作职能：

1）接收客户预订单，分配至各操作岗位。

2）按照顾客的零点需求，完成西餐菜品的制作，并确保产品符合出品质量及供给。

3）盘点库存情况，制订次日采购计划，交于厨师长。

4）零点厨房相对场地较大、准备工作量大，负责清洁和维护整个饭厅范围的卫生工作，包括地面卫生、台面卫生等。

5）负责厨房内设备设施的日常维护保养。

（4）**宴会厨房** 大型酒店、饭店为保证宴会的规格和档次，会专门设置此类厨房。宴会厨房是专门为宴会厅服务、生产烹制宴会菜肴的场所，负责各类大小宴会和多功能厅的烹饪出品。具体工作职责：

1）接到宴会菜单后按照要求提货。

2）按照需求项目与数量准备相关餐具、厨具。

3）按照标准制作宴会所需菜肴，并确保出品符合菜单要求。

4）负责宴会厨房环境卫生。

5）负责厨房内设备设施的日常维护与保养。

（5）**咖啡厅厨房** 咖啡厅厨房是负责生产制作咖啡及相关产品的场所，酒店咖啡厅经营品种多为普通菜肴和饮品。因此，咖啡厅厨房设备相对齐全，生产出品快捷，一些饭店会将咖啡厅厨房作为每天营业时间最长的餐厅，有些可以24小时提供送餐服务。具体工作职责：

1）保证设备、设施、水电燃气状况良好。

2）根据需求保证咖啡厅厨房产品出品，保证出品质量。

3）负责咖啡厅厨房的卫生清洁和维护工作。

4）常规盘点库存，根据需求制订次日订货单。

（6）**面点厨房** 面点厨房是加工制作面食、点心的场所。西餐中面包、甜品、蛋糕等西点是必不可少的，该区域主要设备有搅拌机、和面机、醒发箱、烤箱等。具体工作职责：

1）根据需求制作面包、蛋糕等。

2）负责厨房内常用设备、工具的日常维护与常规检查。

3）负责厨房区域卫生环境的清理和维护。

4）常规盘点库存，根据需求制订次日订货单。

5. 西餐厨房各岗位工作职责

岗位职责是指厨房人员在厨房组织机构中的位置和应该承担的责任。

西餐厨房岗位设置需综合西餐厨房规模、类型、生产方式及企业需求等各方面进行考量，以工作定岗位，以岗位定人。

西餐厨房常设岗位：行政总厨、行政副总厨、厨师长、厨师领班、专业厨师（热菜厨师、冷菜厨师、少司厨师、西点点心厨师）、厨工。

（1）**行政总厨** 行政总厨属于行政职务，侧重管理，是西餐厨房的主要负责人。担当此职位的人员除具有全面的行业知识，精湛的技巧，还需要具备管理能力。行政总厨是厨房一切事宜的决策者、创新的引导者，要通晓市场需求；负责指导、协调厨房工作，确保厨房整体运转顺畅，产品供应正常，质量合格。

岗位职责	① 设计菜单，了解菜品销售情况，根据顾客需求和市场变化进行菜单创新 ② 成本核算，精准控制成本，定期分析经营情况 ③ 根据各厨房原材料使用情况和库存存货数量，制订采购计划，控制进货质量 ④ 制订厨房管理制度、操作标准、卫生标准 ⑤ 监管督导西餐厨房各职能板块，合理安排时间和指导操作人员，协调相关事宜 ⑥ 传达公司各项规章制度，合理分配任务，建立并维持本部门良好的人际关系

（2）**行政副总厨** 行政副总厨属于技术、执行层面，负责协助行政总厨做好各项工作，职责包括全面协助菜品生产、监督管理厨房中的人员和实际操作，烹饪技术指导等。

岗位职责	① 协助行政总厨，监督食品生产，确保负责的工作正常运营 ② 协调部门内及跨部门合作，团结部门员工 ③ 协助行政总厨制订培训计划，保证实施

（3）**厨师长** 厨师长是烹调生产的主要管理者与执行者，负责按照行政总厨及行政副总厨的要求有效开展部门工作。从事这一职务的人员需具备专业的烹饪技术知识和多年实战经验，熟知所有出品原料、烹饪及装饰技术。

岗位职责	① 负责指导出品，按照标准进行烹饪制作，确保出品质量、出品分量及出品速度符合标准 ② 协助行政总厨制订采购计划，确保所有材料在使用过程中没有浪费，菜品验收 ③ 协调班组厨房之间的配合，及时解决工作中出现的问题 ④ 负责管辖范围内工具、设备、设施的正常使用 ⑤ 负责区域卫生状况监管，确保厨房饮食安全

（4）**厨房领班** 厨房领班负责厨房内各个区的工作监督。

岗位职责	① 协助厨师长做好所辖范围内的一切业务及生产管理工作 ② 负责生产前的一切准备工作，如申领原料、物品等 ③ 严格控制菜肴质量，检查厨师是否遵守操作流程 ④ 负责监管厨房环境卫生、食品卫生安全工作 ⑤ 掌握原料库存，定时盘点以保证厨房原料充足

（5）**热菜厨师** 烹调生产的主要管理者与执行者，按照厨师长的要求有效开展部门工作。熟知相关热菜的原料、烹饪及装饰技术。

岗位职责	① 采用多种西式烹调技法制作热菜类菜品 ② 保证菜品质量且符合卫生标准 ③ 参与制订相关菜品原材料需求及采购需求清单 ④ 熟悉所有操作设备的使用与突发情况的处理

（6）**冷菜厨师** 负责冷菜、沙拉、少司、水果盘等菜肴的制作，保证出品的及时性。

岗位职责	① 负责日常冷餐沙拉类、冷餐肉盘等菜品制作 ② 能完成相关鸡尾酒会、自助餐、宴会小点等制作和装饰，并符合菜品出品标准 ③ 所辖区域环境卫生良好 ④ 安全使用设施设备和工具

（7）少司厨师　负责少司部分的制作，保证出品时效性。

岗位职责	①负责制作汤类和各种少司，且保证符合出品标准 ②参与制订原材料需求单和采购单 ③确保所辖工作区域卫生情况良好，消毒符合标准

（8）**西点点心厨师**　制作烘焙类相关产品的厨师，产品范围包括面包、甜品、巧克力、蛋糕等。

岗位职责	①负责饼房所有产品（面包、蛋糕、慕斯、饼干等）的准备与制作，且保证达到出品标准 ②定期检查烤箱、冷库、搅拌机、烤箱等设备是否正常运行 ③检查库存情况，确保原料、冷冻半成品、成品的品质，参与制订采购单 ④确保工具、工作区域卫生情况良好，消毒符合标准 ⑤根据预订情况领取材料，进行质检，并放于指定位置

（9）**厨工**　厨工属于基层工作者，厨房的每个区域基本都有配备，一般不需要特殊的技能与经验。

岗位职责	①服从分管厨师的工作安排 ②规范且安全使用厨房内设备和工具 ③保持个人卫生及操作区域的卫生整洁

8.1.2　餐厅经营和服务知识

1. 西餐厅的管理制度

西餐厅的管理水平直接影响顾客对餐饮及服务质量的评价，是餐厅经营最重要的内容之一。

（1）西餐厅的经营特点

1）良好的餐厅环境。西餐厅除可以提供美味的食物和优质的服务外，还需要注重用餐环境。

用餐环境在一定程度上决定了餐厅的定位。餐厅环境包括餐厅的外观及内部装修、餐厅内家具的选用与摆设、餐厅特色产品及菜单呈现、餐具选择及摆台、酒具陈设等。

2）提供优质的菜肴和酒水。西餐厅的经营内容一般是菜肴和酒水，西餐厅提供的菜肴需要确保质量，食材新鲜卫生且具有特色。菜单和酒水单的设计需要定期更新，不仅要控制成本，还要保证质量。

3）提供优质的接待服务。西餐厅的服务也属于西餐厅经营的重要组成部分，优质的接待服务可以带给人宾至如归的感觉，是西餐厅经营的关键。西餐服务比较抽象，属于餐厅的无形服务，西餐厅管理人员需要以身作则地做好引领工作，加强服务人员的服务意识与服务态度，加强礼节礼仪的培训与考核。

（2）西餐厅的管理制度

1）西餐厅员工个人健康卫生制度与培训制度。

① 西餐厅员工个人健康制度。西餐厅实行入职体检制度，入职西餐厅的人员必须按规定参加健康体检项目，且必须持有餐饮人员健康证才能上岗。西餐厅需每年定期组织员工到具有体检资质的体检中心或正规医院进行健康检查。

② 西餐厅员工卫生知识培训制度。因从事食品行业，西餐厅就业人员应按照《中华人民共和国食品卫生法》规定，每年接受食品卫生法律法规及相关卫生知识的培训学习，还需熟悉有关应知应会内容，并做好学习记录。

西餐厅应建立员工学习培训及考核制度，新进员工做好岗前培训，培训情况需要记录在案。对不积极参与培训或考核不合格的员工从严考核。

③ 西餐厅员工卫生检查制度。西餐厅需根据不同工作岗位的职责和卫生要求，制订卫生检查制度并定期开展卫生检查工作。检查中发现的问题要及时确认做好记录，针对发现的问题提出整改意见并尽快修正，对不符合卫生要求的行为需要及时制止。应建立卫生管理档案，健全卫生管理奖惩制度，将检查结果纳入考核项目。

④ 西餐厅员工个人卫生管理制度。

a. 西餐厅员工要具有良好的卫生习惯，做到勤洗手、勤剪指甲、勤洗澡、勤洗衣服、勤换工作服。

b. 西餐厅员工需要保持良好的工作风貌，上班时保持工服整洁，戴好标识牌。

c. 西餐厅员工需要按规定戴好卫生帽、口罩。

d. 西餐厅员工不得穿戴工作衣帽进入洗手间或与食品加工无关的其他场所。

⑤ 西餐厅员工操作卫生制度。

a. 员工需保持良好的卫生操作习惯，不得对食品和宾客做打喷嚏、咳嗽等不卫生动作。

b. 服务人员出餐时使用托盘，切记不要用手触碰食物、餐具的边缘内部、杯口、刀叉汤匙的前端等。

2）西餐厅厨房区域的卫生制度。

① 西餐厅餐具、厨具的卫生管理。西餐厅所用餐具、厨具需要保证无油渍、无水，且每次使用完毕需经过完善的消毒流程。

对餐具、厨具进行清洗、消毒、保管的时候，需要根据不同的类别实行分类管理。通常情况下，餐具、厨具等可根据质地的不同进行分类，常见的餐具质地有陶瓷类、玻璃类、不锈钢类、铜类、银类、木质类等。不同材质的餐具、厨具的清洗处理方式和保存方式稍有差别，具体如下。

a. 陶瓷类：陶瓷类在餐具厨具中比较常见，如咖啡杯、瓷碗、瓷碟、羹匙等。清洗陶瓷类餐具需轻拿轻放，消毒后须将餐具放于干净的封闭储存柜内，摆放整齐有序。

b. 玻璃类：玻璃质地器具常见的有西餐杯、酒杯、水果盘、水果茶壶等。清洗玻璃材质器皿时要使用杯擦或洁布，不可用力过大，用干布彻底擦干水使其透明光亮，消毒后整齐分类存放于密闭储存柜中，发现有破裂或缺损的应停止使用。

c. 不锈钢类：不锈钢质地餐具常见的有西餐刀、西餐叉、分匙、托盘等。不锈钢可用刷子或百洁布揩擦污渍，因不锈钢质地也容易残留水渍，冲水晾干后需用干布擦亮，再进行消毒程序，存放于密闭储存柜中。

d. 铜类、银类：铜、银质地特殊，常见的器具有碗托、餐匙、餐叉、碟托等。铜器、银器具要用专业的洗铜水或洗银水清洗，不宜使用药物消毒法消毒，以免将其腐蚀。储存前必须抹干表面水分，长久不使用也应定期擦拭避免氧化，尽量做到定期盘点并用专柜保管。

e. 木制类：木材质器具常见的有筷子、承托餐盘等。木质餐具忌受潮、暴晒，清洁消毒完毕后需要及时拭干水分，并放置在密封干燥的环境下储存，避免发霉。

② 西餐厅厨房清洁应设立岗位责任制，所有日常厨具保证进行严格的消毒，厨具消毒后密封保管防止再次污染，未经过消毒的厨具不得使用。

③ 西餐厅厨师需配备专用毛巾、抹布，保证专物专用，下班前将毛巾、抹布清洗干净煮沸消毒，妥善存放。

④ 西餐厅厨房环境卫生需保持良好，地面保持清洁，水迹及时擦干避免安全隐患。西餐厅厨房门窗需维持清洁，定期擦洗。

⑤ 西餐厅厨房所用到的不同种类的食材、工具等，需要有专门的清洗区域，不要混淆使用，避免污染。

⑥ 西餐厅厨房的炉灶、配料台、工作台等，在使用完毕后，需及时擦拭干净，确保干净整洁。

⑦ 西餐厅厨房下水道要定期清洁，以保证排水通畅，避免产生异味。

⑧ 西餐厅厨房水槽需要及时清理干净，避免水槽脏污对食材造成污染。

⑨ 需要清除西餐厅厨房区域的卫生死角，并定期进行灭鼠灭虫工作。

3）西餐厅食品卫生管理制度。

① 西餐厅食材采购环节。

a. 保证采购源头的稳定与安全，要与有资质且经相关部门检疫检验合格的供货商合作。

b. 保证采购的食材符合卫生要求，品质新鲜、无过期变质。

c. 短保、鲜活食材最好做到每日现买现用。

② 食材保管环节。

a. 生熟食材需要放置于不同的冰箱，分开保存可以避免熟制品受到污染。

b. 无须放置到冰箱的食材需要做到干湿分离保存，且需要离墙、离地，避免污染。

c. 切分生食和熟食时，需要使用不同的操作工具（如砧板和刀具），避免食材相互污染。

d. 处理好的半成品食材需要及时密封，避免在放置期间被污染。

③ 西餐厅库房区域的管理。

a. 确保库房环境区域的整洁合规。仓库内物品必须按照类别区分品种，摆放规整并贴标签明示，不可杂乱无章。

b. 库房区域地面需要保持整洁卫生，定期清除卫生死角。

　　c. 定期进行库存盘点，临期产品需及时使用，过期产品及时处理丢弃。

　　d. 库房区域需保证通风良好，降低食材发生霉变的可能。

　　4）西餐厅的成本控制管理。西餐厅要获取较高的利润，就必须加强餐饮成本控制管理，餐饮成本控制是提高西餐厅经济效益与经营管理的根本。西餐厅管理人员需树立成本控制意识，建立成本控制体系与制度，加强成本核算。完善的成本控制体系需要贯彻于西餐厅生产和经营的全部流程中，通常涉及成本控制的环节包括采购阶段、库存管理、切配与粗加工环节、产品制作环节、销售环节等。

　　严格且有效的成本核算制度是有效控制成本的基础，西餐厅需制订餐厅成本日报表，定期比对成本，包括同期数值比对、成本结构分析、影响因素分析等，还要比较计划与实际的差异性数据，发现存在的问题与原因，及时掌握成本状况，将问题及时进行处理，从而达到降低成本的目的。

2. 西餐服务知识

　　西餐服务是指西餐厅服务人员为就餐宾客提供餐食、饮品等一系列行为的总和。服务类产品和其他产业的产品相比，具有非实物性、不可储存性及生产消费同时性等特征。

　　（1）西餐服务特点

　　1）西餐就餐形式多样。西餐的就餐形式包括宴会、冷餐酒会、鸡尾酒会、自助餐、点菜等多种形式。不同形式特点不一，为顾客提供多样性选择，适合不同场合、不同客户群等。

　　2）西餐餐具使用多样。西餐以刀、叉、匙为主要就餐工具，菜品的品类不同使用的工具种类也不同。

　　① 每吃一道菜，撤换一副刀叉。

　　② 上甜点时，应该撤去所有刀叉，将调味品一同撤下。

　　③ 当顾客将刀叉合并或平行放到餐盘上，表示不再食用，一般可以将刀叉撤去。如果将刀叉搭放在餐盘两侧，则表示暂时不需要撤盘。

　　3）西餐具有规律性上菜顺序。通常情况下，西餐的上菜顺序是具有一定规则的，不同的场合呈现不同。菜肴的上菜顺序通常是开胃菜、沙拉、前菜、汤、主菜、甜品、咖啡（茶或餐后酒）。

　　4）西餐菜品与酒类搭配较为讲究。西餐用餐搭配的酒分为开胃酒、佐餐酒、甜酒，通常白葡萄酒会搭配水产等清淡鲜美的菜肴，而牛羊肉类红肉多搭配红葡萄酒。

　　5）西餐讲究就餐礼仪。西餐厅环境通常以宁静、优雅、温馨为主，在着装、问候、言谈举止、点菜及用餐过程中都有相对严格的要求，不同国家与地区的礼仪具有一定的差异性。

　　（2）西餐服务质量控制标准　　服务质量是比较抽象的概念，不同的人对服务质量都会有不同的理解，当宾客感受到的服务与预期比较接近的时候，宾客是相对满意的，服务质量在这个时候可以理解为正常或比较高。反之，如果宾客感受到的服务远低于心理期望，可能此时的服务质量水平比较低，需要进一步提升。

对服务质量的管控是有难度的，需要制订完善的质量管理体系。服务质量的呈现主要分为三个阶段，分别为准备阶段、执行阶段和结果阶段，在这三个阶段可以进行不同的质量管控。

1）准备阶段对应的质量控制为预先控制，预先控制包括对人力资源的灵活安排上，如何合理地安排班次及员工工作时间是需要提前规划好的，要保证开餐时的服务品质。

2）执行阶段对应的质量控制为现场控制。现场控制包括服务程序的控制、意外事件的控制能力。餐厅管理者在制订服务程序的时候，需要进行标准化的规范，这样利于服务程序的优化与再造。餐厅管理人员需要通过巡视、监督等机制及时发现问题，并及时提出解决方案。应对宾客的投诉，也应该有完善的投诉制度，采取快速、主动的措施进行妥善解决，用合理的补偿和诚意消除不良影响。

3）结果阶段对应的质量控制为反馈控制，通过前期的服务得到的回馈，寻找不足与进步的空间。信息的反馈来源主要是宾客和内部人员。

（3）西餐的服务方式　西餐服务源于欧洲贵族家庭，经过各个国家和地区多年的演变，形成差异化，演变出不同的服务方式，目前常见的服务方式有法式服务、俄式服务、美式服务、英式服务、综合式服务与自助式服务。

1）法式服务。法式服务源于法国，属于西餐服务中最为细致、豪华且讲究的服务。通常情况下法式服务多见于法国餐厅，法国餐厅的装修多豪华、高雅，具有欧洲宫殿风格，餐厅使用的器具器皿质地多为高质量的瓷、银、水晶等。

① 法式服务的特点。

a. 法式服务注重礼貌礼节和服务程序。

b. 法式服务的摆台方式比较讲究。

c. 法式服务优雅、周到，确保每位宾客都能得到充分细致的照顾。

d. 法式服务属于劳动最密集的服务，需要较多的人力，且需要经过专业培训的服务人员。

e. 服务的宾客少，人均消费较高，服务的节奏较慢，所以餐厅利用率较低，相对的服务成本较高。

② 法式服务的服务方式。

a. 合作式服务，法式服务需要两名服务人员相互协作，其中一名为专业服务员，另外一名是助理性质的服务员。

b. 每上一道菜，服务员需要清理台面、撤掉餐具。

c. 菜品需要与酒类相匹配。

d. 法式服务一般会有现场烹制表演，菜肴在厨房进行初步烹调以后，会置于手推车上进行一些烹制表演，或进行现场切分再装入盘中。

③ 法式服务的规则。

a. 主菜采取右上右撤的原则。

b. 面包、沙拉、黄油采取左上左撤的原则。

2）俄式服务。俄式服务源于俄罗斯的贵族和皇廷，较为正规，多见于高档西餐宴会、高级餐厅。其服务周到，台面的摆设与法式服务相似。

① 俄式服务的特点。

a. 俄式服务较多使用银器，投资较大，保养和保管要求较高。

b. 通常菜肴的量比较大。

c. 俄式服务人力简约，对服务人员的技能要求比较高。

d. 俄式服务的服务效率和餐厅的空间利用率高。

e. 俄式服务中每一位顾客能得到相对周到的服务，餐厅的氛围比较好。

② 俄式服务的服务方式。

a. 将餐盘分发至宾客桌前，服务员用右手按照顺时针方向，从宾客的右侧送上空盘，放在就餐者面前，盘子的选择需要遵循热菜用热盘，冷菜用冷盘的原则。

b. 菜肴在厨房全部制熟，每桌的每一道菜肴被盛放在不同的精致大浅盘中，并盖上盖子，服务人员采用肩上托盘的方式将菜肴送至餐桌上。

c. 派菜开始时，服务员将餐盘上的盖子打开，再用左手胸前托盘先向宾客展示菜肴，然后用右手操作服务叉和服务汤匙，从顾客的左侧派菜到桌上的空盘中，派菜需要按逆时针方向进行。

③ 俄式服务的规则。

a. 所有菜肴在厨房准备完毕，派菜之前需要向宾客展示和介绍盘内的菜肴。

b. 分派菜肴服务人员需要灵活掌握派菜的数量，分派的数量参考宾客的需求，分派后剩余的菜肴，可以退回厨房。

3）美式服务。美式服务产生于美国，是一种简单、快捷的餐饮服务方式，也称为盘式服务。美式服务常见于咖啡厅、西餐厅和西餐宴会厅。

① 美式服务的特点。

a. 美式服务相对简单、自由，速度快，不太拘泥于形式。

b. 美式服务餐具和人工成本都比较低，周转率比较高。

c. 美式服务对餐厅空间利用率比较高。

d. 美式服务提供的个性化服务程度比较低，一个服务员可以对应多个餐台，缺少桌边服务且宾客无法选择食物的分量。

② 美式服务的服务方式。

a. 菜肴是统一在厨房烹饪完成的，装在盘中，冷热菜对应使用冷热盘。

b. 服务人员将菜品放在托盘上，从厨房运送到餐桌上。

c. 热的菜肴需要盖上盖子，且要当着宾客的面将盖子打开。

d. 呈上菜肴的时候，服务人员需要站在宾客的左边，用左手将餐盘从左边送上。

e. 撤掉餐盘和餐具的时候是在宾客的右边，斟倒酒水同样是在宾客的右边进行。

4）英式服务。英式服务又称家庭式服务、主人服务，用于非正式场合，通常由餐桌主人在服务员的协助下完成。

① 英式服务的特点。

a. 英式服务比较节省人力，对服务质量要求不高。

b. 英式服务突显个性化服务特征，气氛比较活跃。

c. 英式服务中许多服务事宜宾客可亲自参与，节奏相对缓慢。

d. 英式服务的服务节奏和用餐节奏相对比较慢，大众化餐厅不太适用。

② 英式服务的服务方式。

a. 菜肴在厨房制作，之后盛放在一个大盘子中，再由餐桌上的主人将菜品分到宾客的餐盘中。

b. 英式服务经常是从汤开始，服务员将热汤盘放在主人面前，主人盛满每只碗，再由站在左边的服务人员根据主人吩咐送给每位宾客。

c. 主人亲自动手切割，配菜装盘，主人需要有一定的切割技术和装盘造型技巧。

d. 调味品、沙拉汁和配菜都摆放在桌子上，由宾客自取或者互相传递。

e. 在宾客的右侧上佐餐酒。

③ 英式服务的规则。

a. 英式服务通常是从宾客的右边开始。

b. 英式服务中清理餐盘等从宾客的左边开始。

5）综合式服务。综合式服务也可以称为大陆式服务，是融合法式服务、俄式服务、美式服务和英式服务的一种服务方式。综合式服务在我国比较常见，许多西餐的宴会也常使用综合式服务。

不同的餐厅或不同的餐别选用的组合方式不同，与餐厅的定位和特色、销售方式及目标群体的消费水平有密切的关系。如有些餐厅会使用美式服务呈上沙拉和开胃菜，使用俄式服务呈上汤和主菜类，使用法式服务呈上甜品。

综合式服务是较有效的服务方式，人手使用最少；餐位周转率较高；菜单简单，进餐速度较快；食物品类多样，可以满足不同需求，宾客各取所需即可。

6）自助式服务。相较于前面提及的法式、英式、俄式、美式、综合式服务的就座式用餐不同，自助式服务的餐品由宾客自取，较适合在短时间内接待大批宾客。

餐厅服务人员在餐前布置时，将事先准备好的产品摆在餐台上，宾客自主选择需要的菜肴和饮品。用餐过程中，服务人员会帮助撤掉宾客用过的餐具和酒杯，随时补充餐台上的菜肴、饮品。自助餐台先摆冷菜，后摆热菜，以保证宾客用餐时热菜还是热的。

自助式服务简单、便捷；效率较高，宾客可以随时取用自己需求的菜品；成本较低，经济实惠。

8.2 宴会安排

8.2.1 宴会运营知识

宴会运营是宴会工作的重点内容，其工作效果会直接影响酒店或餐厅的经济效益和品牌形象，所以既要注重宴会促销、宴会预订的前期工作管理，同时也要做好宴会生产管理工作。

1. 宴会促销管理

（1）宴会促销的类型

1）节日促销。宴会多发生在节日期间，一是因为节日假期的空闲时间多，二是因为节日氛围可以更好地活跃宴会气氛。西餐宴会常见的节日有圣诞节、情人节、复活节、万圣节等，可以举办特色西餐折扣，派发相关节日礼物等相关活动。

2）主题活动。酒店或餐厅可以根据自身情况及周边环境的变化，围绕某一主题事件来实施促销活动，如新品上市的"试吃会"、情侣烛光晚宴活动、名人表演活动等，主题活动有助于吸引客户，同时能够提升主办场地的知名度。

3）优惠促销。酒店或餐厅通过给客户让利的方式来吸引客户，从而促进销售活动，一般可以通过打折促销、抽奖促销、礼金券促销、满减促销、赠品促销等方式来进行相关活动，促销活动可以进一步激发客户的消费欲望，给餐厅增加相关话题性。

（2）宴会促销的宣传方式

1）人员促销。酒店或餐厅组织一批熟悉宴会业务和市场行情的促销人员，采取拨打电话、发邮件等方式将宴会促销活动信息告知特定的客户，这种宣传方式属于人员促销，是较为传统的一种促销方式，同时也是维护客户关系的一种常见方式。

2）传单促销。将宴会相关营销内容通过排版印刷的方式做成传单，通过人员派发、机器派发、随意领取等方式传递给潜在消费群体，一般在商场进入口、街道口等地方发放传单。

3）广告促销。酒店或餐厅通过报纸、电视、户外大屏、广告牌等多渠道向社会人群传递促销信息，这种方式通常称作广告促销，其可以在固定的时间及地点向观众传递信息，扩大促销活动的知名度，以吸引更多客户参与进来。

（3）宴会促销计划管理

1）活动主题。活动主题是促销活动的关键内容，主办方需要用简短的词语将相关主题表达给特定群体，一般多选用一两个词语或一句话。

2）活动目的。宴会促销活动的主要目的不同，其对应的活动规则、活动预算等也不同，一般的促销目的包括但不限于增加主办单位的市场份额、维护客户关系、提高营业额、去产品库存等。

3）活动对象。促销活动针对的特定客户群体是促销的活动对象，确定活动对象有利于主办方有针对性地制订活动时间、活动规则、活动预算、活动宣传方式等，有助于提高宣传效率，能够较为精准地预测和达到一定的经济效益。

4）活动时间。促销活动可以是 3~5 天的短期活动，也可以是 1 个月甚至半年的长期活动，主办方应该根据宴会的目的、主题、特定人群特征等具体情况来决定促销活动的时长。

5）活动规则。在制订促销互动的相关活动规则时，需要较为直观地调动特定群体的参与积极性，其规则应简单易懂、详细透明。

6）宣传方式。主办方应根据活动对象、活动规则、预算等情况选择合适的宣传方式，切记行事作风与主办方、宴会促销内容形象要匹配。

7）促销活动预算。促销活动预算应包括人工预算、物料预算、宣传预算等，预算设定要考虑自身实际情况及可预设的活动效果，且需要有一定的备用金应对突发事件，一般为预算金额的 5%~10% 为宜。

（4）宴会促销的组织管理

1）宴会促销部管理。宴会促销部是宴会促销活动的核心部门，需要策划执行整个促销活动。日常经营中，宴会促销部需要与其他部门保持密切联系，及时沟通，加强相关业务合作，促进经营状态的持续向上。在制订宴会活动时，要确保相关部门能够按时完成相关计划内容，保证各部门人员、物料等能够应对后续的活动开展。

2）宴会促销人员管理。宴会促销相关人员应当熟悉促销活动类型、活动规则、宣传方式等，并对宴会市场行情有着高度的敏锐性，对宴会活动策划、执行等一定的认识。

（5）宴会促销物料管理

1）宴会菜单。主办方根据宴会促销活动设计特色菜单，使菜单样式符合宴会主题和气氛。

2）广告宣传资料。在制作相关促销广告宣传单、宣传页面、广告牌时，需将对应的活动主题、活动时间、活动地点、活动规则等关键信息放在较为醒目的位置，且内容富有创意，符合活动主题。

（6）宴会促销活动评估管理　在宴会促销整个活动过程中，需要有专人对流程进行仔细记录，在促销活动完成之后，以便对整个活动进行系统回顾，对细节及流程进行分析与评估，并进行经验总结。

2. 宴会预订的方式

（1）电话预订　电话预订是较为常见、便捷、经济的预订方式，适用面很广，电话中可告知客户特色菜品、价格、服务、环境等相关信息，预订员在与客户的通话中，应当热情、专业、细心，尽力促成宴会预订。

（2）**当面预订** 当面预订指客户到餐厅当面完成宴会约定，也称面谈预订。当面预订是最有效、最直接的一种宴会预订方式，较适用大规模、高标准的宴会预订，当面预订可以更好地了解客户的真实需求，客户也可以考察宴会环境。此外，当面预订可以确定付款方式及付款金额，相关宴会预订信息也可以一并完成。

（3）**销售预订** 销售预订指宴会销售上门宣传的一种预订方式，这种方式适用于大型宴会、大型会议等活动，一般针对酒店或餐厅的老顾客，重点推荐的内容多是周年庆宴会、年会、产品推广会等。

（4）**信函预订** 一般酒店或餐厅会在促销活动时给客户发信函，纸质、邮件等方式都较常见，信函附有酒店宴会设备、菜品酒水、环境等相关信息，具体展现以促进宴会预订为目标。

（5）**网络预订** 网络预订指通过互联网进行的宴会预订服务，餐厅可通过自身的官方网站或其他互联网交易平台发布信息，网络预订页面需注意关键词等内容的展示，准确的关键词搜索可以帮助页面信息被更多人看到，客户通过在线客服可以了解更多宴会细节。

3. 宴会预订的程序

（1）**准备宴会资料** 主办方需要根据自身档次、经营风格、市场环境等情况综合制订出宴会相关资料，以方便客户浏览、知悉。一般宴会资料需包含以下几个方面。

1）不同种类、不同标准的宴会价格，以及对应的服务规格、服务项目。

2）各类宴会菜单。

3）对宴会菜单中的特色产品或服务，可以进一步做详细标注。

4）宴会周围环境及宴会厅布置情况说明。

5）宴会预订定金等相关规定与说明。

6）宴会预订更改、取消的处理原则说明。

（2）**了解宴会预订信息** 宴会预订人员在向客户说明具体预订信息时，需确定宴会的各种细节，具体包括以下几个方面。

1）明确宴会举办的具体日期和时间，如某年某月某日某时至某时。

2）明确宴会相关流程和各环节的时长，需明确是否有彩排环节、舞台搭建等。

3）明确宴会的主题内容、类型以及标准。

4）明确宴会出席人数、席位数，此外还需了解是否有大量特殊人员如儿童。

5）明确客户对宴会菜单、场地、服务等是否有特殊要求，如特殊宾客的喜好与禁忌。

6）明确宴会相关服务的细节与要求，如接待礼仪、停车服务等。

（3）**收取宴会预订定金** 宴会预订人员与客户商定了宴会预订的各项细节之后，应进一步要求客户支付定金，并告知违约的相关处理原则，完成基本预订程序。一般情况下，定金约是宴会总价的 20%；若任何一方发生违约，应该按照约定好的处理原则进行相关赔偿。

（4）**填写宴会预订单**　在收取宴会预订定金之后，应及时填写对应的宴会预订文书或预订单或通知单，其内容应该包括约定宴会预订单、宴会安排日记簿及商定好的预订信息。示例表如下。

<table>
<tr><td colspan="7" align="center">宴会预订单</td></tr>
<tr><td colspan="7">编号：</td></tr>
<tr><td colspan="2">预订单位</td><td colspan="5"></td></tr>
<tr><td colspan="2">预订日期</td><td colspan="5"></td></tr>
<tr><td colspan="2">预订人员</td><td colspan="5"></td></tr>
<tr><td colspan="2">客户地址</td><td colspan="2"></td><td>客户联系方式</td><td colspan="2"></td></tr>
<tr><td colspan="2">宴会主题</td><td colspan="2"></td><td>宴会时间</td><td colspan="2"></td></tr>
<tr><td colspan="2">预收定金</td><td colspan="2"></td><td>结账方式</td><td colspan="2"></td></tr>
<tr><td colspan="7">用餐安排</td></tr>
<tr><td colspan="2">时间</td><td>地点</td><td>最低桌数</td><td>人数</td><td>用餐形式</td><td>用餐标准</td></tr>
<tr><td colspan="2"></td><td></td><td></td><td></td><td></td><td></td></tr>
<tr><td colspan="2">宴会酒水</td><td>宴会台型</td><td>宴会主桌</td><td>宴会场地</td><td>宴会设备</td><td>宴会装饰</td></tr>
<tr><td colspan="2"></td><td></td><td></td><td></td><td></td><td></td></tr>
<tr><td colspan="2">特殊要求</td><td colspan="5"></td></tr>
<tr><td colspan="2">预订人员确认签字</td><td colspan="2"></td><td>承办人</td><td colspan="2"></td></tr>
<tr><td colspan="2">跟踪人员</td><td colspan="2"></td><td>备注</td><td colspan="2"></td></tr>
</table>

（5）**签订宴会合同**　宴会预订员按照客户的要求，确定好相关内容后，应与客户签订宴会合同，给双方做进一步的利益保证。宴会合同应一式两份，经双方确认签字后生效。

（6）**填写宴会通知单**　在确定宴会预订后，宴会部需要将相关信息传达给相关部门，明确各部门在宴会中承担的工作内容，并做留存资料，仔细保管，以便核对。示例表如下。

×××××宴会通知单

编号:				
公司名称			日期	
组织者			电话	
地址				
预计人数			保证人数	
活动形式			付款方式	
预订员			预付款	
用餐安排	人数		价格	食品	
	时间			饮料	
	地点			场租	
	餐别			咖啡茶点	
特殊要求				
指示牌				
装饰（花卉等）				
场地工程				
美工				
摆台				
菜单				
记录日期				
抄送	前厅部、餐饮部、酒水部、行政总厨、工程部、财务部、市场营销部、人事行政部、保安部			

（7）**与客户保持联系**　宴会预订员要与客户保持联系，在宴会准备前要向客户确定宴会相关信息是否发生变化，若有变化，需及时更改宴会通知单，并及时主动告知其他部门更改工作计划。

（8）**检查和追踪宴会工作情况**　在宴会开始前，宴会预订部门应当按照预订要求检查宴会环境等方面是否达到标准，确定宴会相关服务是否完善。可邀请客户先行到场，对相关内容进行确认，不足之处要及时改进。

在宴会结束后，要及时向客户表达感谢，并积极主动询问客户满意度及改进意见。若客户对相关情况不满意甚至发生投诉事件，要及时分析原因，积极做出对应的补救措施，并对相关问题表达歉意；若客户比较满意，可进一步加深联系，并以此作为案例进行宣传。宴会部应及时记录客户的反馈意见并存档，对本次活动的优缺点进行总结归纳，作为留档资料。

（9）**建立宴会客史档案**　在宴会结束之后，为进一步改进宴会服务、维护客户关系，需要将本次宴会内容记录在客户档案文件中，一般宴会内容包含宴会预订资料、宴会菜单、客户资料、宴会费用、宴会程序、服务方式、特殊要求与意见等。根据客户的性质，可以进一步将宴会客户档案分类，方便后续的精准服务与追踪。

4. 宴会预订的更改程序

客户通过预订员预订宴会服务，在正式开始前，客户可能会向主办方提出更改或取消宴会的要求，主办方应当按照预订协议的固定程序和原则来处理该类事宜，需尽量降低其对酒店宴会经营的负面影响。

（1）**与客户主动沟通** 在客户告知更改需求时，主动与其沟通，了解其真实需求及想法，提出合理的更改建议。

（2）**协商更改内容** 与客户协商更改内容，双方达到一致后，按照宴会预订更改的处理原则，记录需要更改的项目或细节。

（3）**更改信息的确认及报送** 将相关更改内容报送宴会预订部直接领导，经其同意后，通知客户已确认更改，之后填写宴会更改通知单，将其报送相关部门，并请相关部门主管领导签字确认。示例表如下。

宴会更改单					
预订单编号 ||	预订员		负责人	
更改内容					
项目		原内容			现内容
日期					
地点					
人数					
其他					
宴会负责人					
宴会费用	菜点费用				
	酒水费用				
	鲜花费用				
	场地费用				
	设备费用				
	礼品费用				
	其他费用				
宴会程序					
宴会菜单					
宴会类型					
宴会布置					
服务方式					
通知单位 || 前厅部、餐饮部、酒水部、行政总厨、工程部、财务部、市场营销部、人事行政部、保安部				

（4）存档　将宴会预订更改相关资料存档，并告知宴会预订部门相关领导知悉。

5．宴会预订取消程序

（1）询问原因　宴会预订员应主动与客户进行沟通，了解相关原因，根据实际情况考虑是否有帮助客户解决宴会相关问题的方法，真诚挽留客户，将相关内容记录、存档。

（2）根据预订合同进行退订事宜　根据合同的相关细则，协商进行相关退订操作，如退定金。

（3）确认宴会取消及报送　将取消内容报送宴会预订部直接领导，经其同意后，通知客户已确认取消，并将取消信息报送相关部门。完成后，可再由宴会部负责人向客户致电，为不能为客户提供服务表示遗憾，表达希望未来继续合作的意向。

6．宴会安全与卫生管理

（1）设施设备安全管理　宴会部门应该加强宴会厅建筑装饰安全方面的管理，禁止摆放任何质量不合格、具有安全隐患的装饰品，定期对相关设施设备进行检修，对相关工作人员进行安全管理的培训，提高工作人员的安全意识。

（2）消防安全管理　注意宴会厅内的消防设施及安全通道管理，注重消防安全管理，定期对员工进行消防安全培训工作。

（3）人身与财产安全管理　宴会部门应该给宾客提供安全的宴会环境，保证宾客们的人身与财产安全，一般应当在公共区域安装摄像头，条件允许的情况下为其提供衣帽间、贵重物品保管处等。

（4）服务业务水平管理　宴会部门应定期对员工进行安全培训，提升员工业务水平，避免员工在服务过程中造成安全事故，提升员工的心理素质和应急反应能力。

（5）食品卫生安全管理　宴会部门需做好食品卫生安全管理工作，对食材的采购、存储、制作、销售等环节做到有规可依，并做好对应的监督工作。

（6）环境卫生管理　宴会部门应当保证宴会大厅、厨房、走廊、卫生间、休息区等区域的整洁干净，做好定期清洁消毒工作，包括角落、缝隙、墙壁等位置，要定期驱虫去害，内外环境都需做到干净稳妥，给宾客留下良好的印象，给服务加分。

（7）餐具卫生安全管理　宴会部门及主体部门应设置专门的清洁工作区及用具保洁区，配备专业的、符合国家卫生标准的清洗、消毒设备，对餐具、酒具、烹饪器具等用具做到标准清洁。

（8）员工个人卫生管理　员工必须持健康证上岗，且需定期体检，禁止患有传染病的员工提供一线服务，相关服务人员应做到勤洗手、勤洗澡、勤剪指甲、勤理发、勤换工作服，禁止服务期间用手直接接触食物，禁止用手直接接触任何不洁、不雅的地方。

8.2.2 宴会展台布置知识

在现代社会中，除了菜品质量外，就餐环境也是宴会设计的重要组成部分。宴会环境布置指围绕宴会主题对宴会场地进行布置的一系列设计工作，利用现有场地特点营造宴会气氛，表达主办人的意图，体现宴会标准，同时便于宾客用餐和工作人员服务。

西餐宴会以中小型为主，中小型宴会一般采用长台型，大型宴会常采用自助餐形式。西餐宴会餐桌为长条桌，多是用小方台拼接而成的。

1. 西餐鸡尾酒会展台布置

在举办鸡尾酒会时，通常不摆放桌椅，不设置主宾席，只摆设酒台及一些小圆桌或茶几，宾客在酒会中以站姿进餐。在酒会的场地设计中，舞台、酒吧台、小圆桌是展台布置的重点。

1）酒会的灯光照明不需要太明亮，一般微暗的灯光较符合酒会的气氛。酒会中各种装饰的色彩、背景墙的内容、舞台的灯光灯需突显宴会主题。

2）在酒会中，餐台的摆设方式主要取决于酒吧台的位置，酒会通常采用活动式的酒吧台，摆设时以尽量靠近入口处为原则，并且摆放一些辅助桌以放置酒杯。

3）餐台的布置需配合宴会厅的大小，还应摆设在较显眼的地方，一般都摆设在距离门口不远的地方，宾客一进门口就能清楚地看到。如果参与宾客较多，最好在场内再摆一个酒吧台。

4）酒会中除了放置餐台及酒吧台外，还需摆设一些辅助用的小圆桌，在上面可摆放一些装饰物或小食，增添酒会的气氛。示例如下。

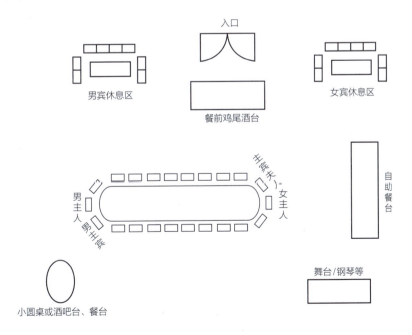

2. 西餐冷餐酒会展台布置

西餐冷餐酒会展台的设计需要注意以下几个方面。

1）有足够的空间布置菜台。通常情况下，每 80~120 人设一组菜台，来宾人数达到 500 人以上后，可每 150 人设一组菜台。

2）菜台上的菜肴摆设要合理。菜台上的菜肴摆设要以菜单上的菜肴数量为依据，过大或过小的餐台都是不适当的，要事先了解菜肴分量，以此作为菜品布置的依据，同时要考虑特殊餐具的摆设需求。

3）菜台摆放位置要合理。对于特殊菜品，如烧烤，需考虑其制作的特殊性，摆放位置尽量放置在角落。

4）展台布置要突出主题。如设置点心台等，既可供宾客欣赏，又能烘托宴会的气氛。

5）冷餐酒会可设座，也可不设座，具体需根据场地大小和实际需求而定。

6）展台布置时，需要考虑宾客取菜的顺序及流向，如宾客取酒后要在合适的地方设置小圆桌，方便宾客搁置酒杯。需考虑宾客用餐时可以停留或观赏的空间。取菜空间要顺畅。示例如下。

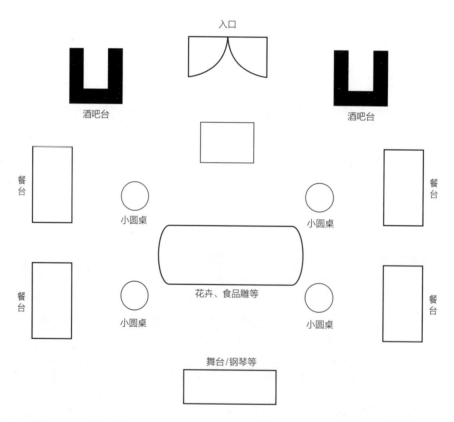

3. 西餐自助餐主题展台布置

1）自助餐主题确定及对应布置。如以节庆为设计主题，相关装饰及摆台需与之对应，要营造出相应节日的气氛。

2）自助餐台要布置在显眼的地方，要利于宾客查看，最好一进入餐厅就能看见。另外，需要注意自助餐台不应让宾客看见桌腿，其上可以铺台布或围上桌裙或装饰布。

3）菜肴组合及摆台合理。菜肴、装饰物品摆放应错落有致，不过于拥挤，主次有别。冷盘、沙拉、点心、热菜、水果等应该按序组合好，有条件的话，可细分区域，如沙拉区、水果点心区等。

4）餐台大小及位置设置要合理，要考虑宾客取菜的人流方向，避免餐台过小、摆放过密集造成人员拥挤。

5）餐台周围环境要符合现场气氛。如灯光、装饰物、食品造型等要与主题活动匹配，切忌不合时宜地摆放堆砌，影响宾客食欲。示例如下。

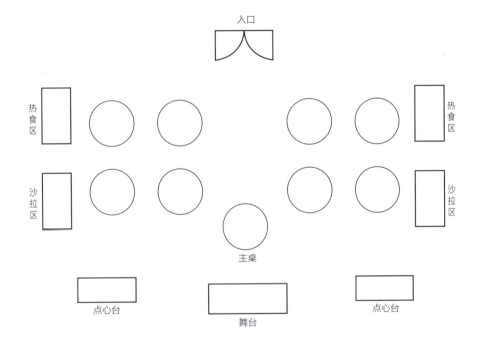

8.3 成本控制与食品管理

8.3.1 餐饮成本控制核算知识

1. 成本

（1）成本的概念　成本指企业为生产各种产品而产生的各项耗费之和，其中各项耗费应包括食材、燃料、动力消耗、劳动报酬的支出、物品折旧费、店面租金等支出、生产、消耗费用等。

成本可以综合反映相关企业的管理质量，涉及计划、组织和控制的全过程，是企业的核心竞争力。成本控制是市场竞争的必然要求，在销售价格稳定的情况下，只有降低成本才能创造更多利润，所以成本是经营决策的重要依据。

（2）餐饮成本的概念　餐饮成本指餐饮产品制作过程中的所有支出。由于厨房中各类支出多而繁杂，较难逐一进行精确计算，所以在厨房范围内，只计算直接体现在菜品制作中的损耗，即构成菜品的原材料支出之和，主要包括菜品的主料、配料和调料。

2. 餐饮业的成本核算

成本核算是餐饮市场竞争的客观要求，对生产中产生的费用支出形成核算是企业管理的重要工作内容，其决定了餐饮管理实现财务目标的程度。

（1）成本核算的意义和目的　对餐饮业进行成本核算的意义在于正确执行物价政策，维护消费者利益、促进企业改善经营管理。

成本核算给菜品定价一个参考标准，同时能促使各相关经营部门不断提高技术和服务水平、加强管理、保证产品质量、改善经营管理、提高企业经济效益。

（2）成本核算的方法　厨房范围内的成本核算主要围绕对消耗原材料成本的核算，来计算各类产品的单位成本和总成本。其中单位成本指每个菜点单位所具有的成本，如元/份、元/千克、元/盘等，总成本指某种、某类、某批或全部菜点成品在某核算期间的成本之和。

根据餐饮业务性质，可将成本分为生产、销售和服务三种成本，其中生产成本多以原材料作为主要成本要素。

产品成本核算方法有两种。

1）按照实际领用的原材料计算已售产品耗用的原材料成本。

此方法适用于采用"领料制"的企业，这类企业设有专门的仓储部门，一般购进的原材料先进入仓库，由专人管理。取料生产时，取料人填写领料单向仓库部门领取物料。

计算公式如下：

　　耗用原材料成本＝厨房原材料月初结存额＋本月领用额－厨房月末盘存额

示例：

某厨房中的点心房进行本月原料消耗的月末盘存，原料成本剩余580元。已知此点心房本月共领用原料的成本为3600元，上月末结存原料成本480元，求此点心房本月实际消耗原料成本。

解：实际耗料成本＝上月结存额＋本月领用额－月末结余额＝480+3600-580=3500（元）

答：此点心房本月实际消耗原料成本为3500元。

2）按照生产存量计算消耗量，倒求成本。

　　耗用原材料成本＝厨房原材料月初结存额＋本月购进原材料总额－月末盘存额

此方法适用于小型企业，企业相对较小，空间、设备较简陋，平日耗用原材料不记账，通过计算存量来计算出材料消耗量，也称为"以存计耗法"。

示例：

某厨房进行本月原料消耗的月末盘存，原料成本剩余600元。已知本月厨房新购入原料的成本共4000元，上月末结存原料成本900元，求本月厨房实际消耗原料成本。

解：实际耗料成本＝上月结存额＋本月领用额－月末结余额＝900+4000-600=4300（元）

答：此厨房本月实际消耗原料成本为4300元。

3. 餐饮产品成本的三要素

餐饮产品中的原料成本主要分为三大类，即主料、配料和调味品，这三类原料是核算餐饮产品成本的基础，称为餐饮产品成本的三要素。

（1）**主料** 主料是制作各个产品的主要原料，常见的有面粉、大米、禽畜类、海产等，如果是以主副料为主要结构制成的产品，一般主料的占比在70%以上；有些不分主副料的菜，计算时，可以理解为全是主料。

（2）**配料** 配料是各个产品制作的辅助材料，多是配菜，数量不多，占比不大，配菜价格不一定便宜，对于价格较高的配料，要注意精确计算，不能估算。

（3）**调味品** 调味品是产品的调味用料，如油、盐、酱油、醋等，主要起到一定的口味调节作用。它在产品里的用量较少，但不可或缺，一般产品的调料成本应占总成本的10%以下，但也有调料价格超出主料价格的特殊情况，核算时需注意。

（4）**燃料成本** 现阶段，很多餐饮核算也会算入燃料成本，但单位成本占比较小，可根据实际情况具体确定。

综上所述，菜品的成本一般计算公式如下：

$$菜品成本＝主料成本＋副料成本＋调料成本$$

4. 出材率

（1）**出材率的概念** 出材率也称净料率，是表示原材料利用程度的数据指标，是指原材料加工后可用部分与加工前原材料总质量的比率。

计算公式如下：

$$出材率＝加工后的可用原料质量 \times 100\% / 加工前的原料质量$$

（2）**出材率的应用**

1）根据出材率公式，只要已知任意两个量，就可以求出第三个量。

计算公式如下：

$$加工后的原料质量＝加工前的原料质量 \times 出材率$$

$$需准备的原料总量＝加工后的可用原料质量 / 出材率$$

2）根据加工前原料单位进价和出材率，可计算出加工后的原料单位成本。

计算公式如下：

$$加工后的原料单位成本＝加工前原料单位进价 / 出材率$$

5. 损耗率

损耗率与出材率相对应，指加工后原料损耗质量与加工前原料质量的比率。

计算公式如下：

损耗率 = 加工后原料损耗质量 ×100% / 加工前的原料质量 = 1- 出材率

6. 净料成本的计算

计算菜品成本的基础是菜品原材料的成本。

（1）净料的概念　净料指直接配置菜品的原料，包括经加工配置为成品的原料和购进的半成品原料。

（2）净料单位成本的计算

1）加工前是一种原料，加工后还是该种原料，且下脚料无价值。

计算公式如下：

加工后原料单位成本 = 加工前原料进货总价 / 加工后原料质量

示例：

厨房新购入芹菜 8 千克，每千克 2.4 元，经处理后，得净芹菜 7 千克，求净芹菜的单位成本。

解：芹菜的净单位成本 =8 × 2.4/7 = 2.74 元 / 千克

答：净芹菜的单位成本为 2.74 元 / 千克。

2）加工前是一种原料，加工后还是该种原料，但是下脚料有另外用处。

计算公式如下：

加工后原料单位成本 =（加工前原料进货总价 - 下脚料作价款）/ 加工后原料质量

示例：

厨房新购入芹菜 8 千克，每千克 2.4 元，经处理后，得净芹菜 7 千克，作为下脚料的芹菜叶子厨师也可加以利用，作价 2 元，求净芹菜的单位成本。

解：净芹菜的单位成本 =（8 × 2.4 - 2）/7 = 2.46 元 / 千克

答：净芹菜的单位成本为 2.46 元 / 千克。

3）加工前是一种原料，加工后是若干档原料。

计算公式如下：

加工后某原料单位成本 =（加工前原料进货总价 - 加工后各档原料作价款总和）/ 加工后某原料质量

示例：

厨房购入一只活鸡，重 2.7 千克，8 元 / 千克，经过宰杀、清洗后得光鸡 2.2 千克，厨房准备对其进行分档使用，其中鸡脯肉占光鸡重量的 18%，鸡腿和相关主要部位占 40%，作价 10 元 / 千克；其他下脚料占光鸡重量的 42%，作价 8 元 / 千克，求鸡脯肉的单位成本。

解：加工后的鸡脯肉质量 =2.2 × 18%=0.40 千克

活鸡价格 =8×2.7=21.6 元

加工后鸡腿和相关主要部位作价 =2.2×40%×10=8.8 元

加工后其他下脚料的作价 =2.2×42%×8=7.40 元

鸡脯肉的单位成本 =（21.6-8.8-7.40）/0.40 = 13.5 元 / 千克

答：鸡脯肉的单位成本是 13.5 元 / 千克。

（3）调味半成品单位成本的计算　调味半成品除了净食材外，还有使用的各类调味材料成本。

计算公式如下：

调味半成品单位成本 =（原料总价 + 调味品总价）/ 调味半成品质量

示例：

某复合材料总重 5 千克，此材料进价为 10 元 / 千克，经过处理后得到净料为 4.5 千克，使用总价值 10 元的香料、调料等对其进行腌制，再次处理后得到半成品 4 千克，求该调味半成品的单位成本。

解：此复合材料的总价 =5×10=50 元

调味半成品成本 =50+10=60 元

调味半成品的单位成本 =60/4=15 元 / 千克

答：该调味半成品的单位成本是 15 元 / 千克。

8.3.2　食品安全卫生知识

1. 厨房卫生

为了保证食品安全，国家和地方制定了一系列的法律、法规，西餐行业的食品安全法律、法规的基本要求包括原料的采购、原料及成品的储存、原料加工、食品加工、生食加工、清洁和消毒、从业人员卫生、虫害控制、场所、设备、设施、工具等各个环节的卫生要求。

（1）个人卫生要求

1）相关法律、法规。依据《中华人民共和国食品安全法》第三十三条、四十五条。

2）具体要求如下。

① 食品生产经营者应当建立并执行从业人员健康管理制度。患有国务院卫生行政部门规定的有碍食品安全疾病的人员，不得从事接触直接入口食品的工作。

从事接触直接入口食品工作的食品生产经营人员应当每年进行健康检查，取得健康证明后方可上岗工作。

② 食品生产经营人员应当保持个人卫生，生产经营食品时，应当将手洗净，穿戴清洁的工作衣、帽等；销售无包装的直接入口食品时，应当使用无毒、清洁的容器、售货工具和设备。

（2）环境卫生要求

1）相关法律、法规。依据《餐饮服务食品安全监督管理办法》第十六条。

2）具体要求如下：

贮存食品原料的场所、设备应当保持清洁，禁止存放有毒、有害物品及个人生活物品。

应当分类、分架、隔墙、离地存放食品原料，并定期检查、处理变质或者超过保质期限的食品。

应当保持食品加工经营场所的内外环境整洁，消除老鼠、蟑螂、苍蝇和其他有害昆虫及其滋生条件。

（3）**设备及器具卫生要求**

1）相关法律、法规。依据《餐饮服务食品安全监督管理办法》第十六条。

2）具体要求如下：

应当定期维护食品加工、贮存、陈列、消毒、保洁、保温、冷藏、冷冻等设备与设施，校验计量器具，及时清理清洗，确保正常运转和使用。

用于餐饮加工操作的工具、设备必须无毒无害，标志或者区分明显，并做到分开使用，定位存放，用后洗净，保持清洁；接触直接入口食品的工具、设备应当在使用前进行消毒。

应当按照要求对餐具、饮具进行清洗、消毒，并在专用保洁设施内备用，不得使用未经清洗和消毒的餐具、饮具；购置、使用集中消毒企业供应的餐具、饮具，应当查验其经营资质，索取消毒合格凭证。

应当保持运输食品原料的工具与设备设施的清洁，必要时应当消毒。运输保温、冷藏（冻）食品应当有必要的且与提供的食品品种、数量相适应的保温、冷藏（冻）设备设施。

2．厨房安全管理

（1）**用电安全**　电器设备失火多是电器线路和设备的故障及不正确使用引起的。

1）为了保证电器设备的安全，做到电器设备的安全使用，需要做到以下几点：

① 需要定期检查电器设备的绝缘状况，禁止带故障运行机器。

② 要防止电气设备超负荷运行，并应采取有效的过载保护措施。

③ 设备周围不能放置易燃易爆物品，应保证良好的通风效果。

④ 操作人员必须经过安全防火知识培训，会使用消防设施、设备。

⑤ 操作机械设备人员必须经过培训，掌握安全操作方法，有资质和有能力操作设备。

⑥ 电气设备使用必须符合安全规定，特别是移动电器设备必须使用相匹配的电源插座。

⑦ 经常保持电器设备清洁，但需注意别留下水滴，以防触电。

2）突发触电事件处理。如果有人触电，需要使用正确的方法进行处理和救护。

① 如果开关在事故附近，需立即断开开关和保险盒，用最短的时间使触电者远离电源，是抢救触电者最重要的一环。

② 如果断开开关有困难，可用干燥的木棒等不导电物体挑开触电人身上的电线。

③ 如果无法断开开关且无法挑开电线，可用带有干燥木把的铁锹、斧子等把电线砍断，切断电源。

④ 切忌直接用手触碰电线或触电人身体的裸露部分，以防救护人自己触电。

⑤ 救护时，要确定触电者身边无水，防止救护者自己触电。

3）突发触电事故的现场医疗急救措施。当触电者脱离电源后，由医疗救护组根据触电者的具体情况，迅速对症救护，现场应用的主要救护法是人工呼吸法和胸外心脏按压法。

在送医院前，对触电者按以下三种情况分别处理：

① 如果触电者伤势不重，神志清醒，但有些心慌，四肢发麻，全身无力，或者触电者在触电过程中曾一度昏迷，但已清醒过来，应让触电者安静休息，不要走动，并由医生前来诊治或送往医院。

② 如果触电者伤势较重，已失去知觉，但心脏还有跳动和呼吸，应让触电者舒适安静地平卧，周围不要围人，使空气流通，解开衣服以利呼吸；如果天气寒冷，要注意保温。并速报 120 急救中心或送往医院。如果发现触电者呼吸困难、微弱或发生痉挛，应随时准备好，如发生心跳或呼吸停止，要立即做进一步的抢救。

③ 如果触电者伤势严重，呼吸停止或心脏跳动停止，或二者都已停止，应立即施行人工呼吸和胸外心脏按压，并速报 120 急救中心或送医院，且途中不得停止抢救。

（2）**燃气安全**　气体燃料又称燃气，在西餐制作中常用的燃气有天然气、人工煤气和液化石油气，这些燃气都会产生一氧化碳等有毒气体，易燃、易爆。所以燃气的正确安装和使用，对安全生产具有重要意义。

1）燃气设备的安装。有明火设备的地方易发生火灾，需做好必要的防火工作。其中企业建筑工程和内部装修防火设计必须符合国家有关技术规范要求。建筑工程和内装修防火设计应送公安消防监督机构审核批准后方可组织实施，且不得私自改动。施工完成后，应向公安消防监督机构申请消防验收，一般防火措施有：

① 燃气设备必须安装在阻燃物体上，同时便于操作、清洁和维修。

② 各种燃气设备使用的压力表必须符合要求，做到与使用压力相匹配。

③ 燃气源与燃气设备之间的距离及连接软管长度等必须符合规定。

2）燃气设备的安全使用。

① 燃气设备必须符合国家的相关规范和标准。

② 如果燃气设备需要人工点火时，要做到"以火等气"，不能"以气待火"，防止发生泄漏事故。

③ 凡是有明火加热设备的，在使用中必须有人看守。

④ 对燃气、燃油设备要按照要求进行定期保养、检测。

⑤ 对于容易产生油垢或积油的地方，如排油烟管道等必须经常清洁，避免着火。

⑥ 相关员工需要懂得哪些是生产操作中的不安全火灾隐患，需要懂得火灾预防措施，还需要懂得扑救初起之火的方法。

⑦ 相关员工需要掌握火警报警方法，会使用各种消防器材。

3）突发火灾事件处理。

① 迅速判断起火位置、起火性质、火势情况等。

② 在保证安全的情况下，迅速利用附近的灭火器材进行灭火，阻止火势的蔓延。

③ 当部分起火有发展到整体着火的趋势时，拨消防火警专用电话119通知消防队支援灭火，且尽可能防止火势乘隙扩大。

④ 报告火情时应报明火警的具体位置、火势情况和自己的身份，报告词应迅速、准确、清楚。

⑤ 消防灭火时，首先应关闭排风机、鼓风机、空调开关、切断火源，根据火势情况切断电源。

⑥ 正确使用消防器材，迅速有效地扑灭火灾，一般火灾采用灭火器喷射灭火，较大火灾应用高压水龙喷射灭火。但切记厨房油锅着火或电器着火，严禁用水灭火，以免油锅溢出散布火苗扩大火灾面积或损坏电器。

4）在送医院之前，对烧伤人员的急救处理。

① 如果伤员身上有火，且衣服较难脱下时，应尽可能躺卧在地上，不停地滚动，直到扑灭火焰。切忌带火奔跑或用手拍打。

② 灭火后应立即取下伤者身上佩戴的饰物，避免它们因为不散热对伤者造成更大的伤害。

③ 如果伤者感觉烧伤处灼热、疼痛，可以浸在缓缓流动的凉水中，至少10分钟。如果伤口不方便浸泡，可以用湿毛巾或布盖住伤处，然后不断浇冷水，使伤口尽快冷却降温，减轻热力引起的损伤。

④ 不能直接用物品涂抹皮肤的烧伤处，如防腐剂、油脂、凡士林等，应持续降温直至感觉稳定下来，离开凉水时不会增加疼痛感。

⑤ 穿着衣服的部位烧伤严重，不要先脱衣服，否则易使烧伤处的水泡皮一同撕脱，造成伤口创面暴露，增加感染机会；而应该立即朝衣服上浇冷水，等衣服局部温度快速下降后，再轻轻脱去衣服或用剪刀剪开衣服、脱去，最好用干净纱布或布覆盖创面，并尽快送往医院治疗。

⑥ 在简单处理后，用消毒干燥布块将受伤部位包扎起来，以防感染；在包扎手指或脚趾受伤部位前应用布条将每个指头或趾头彼此分隔开来，以防彼此粘连。

⑦ 对于休克伤员（症状：目光呆滞、呼吸快而浅、出冷汗、神志不清、身体颤抖、面色苍白、四肢冰冷等），要使伤员平卧，将两腿架高约30厘米，并给伤员盖上毛毯或衣服，用以保暖，并大声呼唤患者使其恢复意识。及时尽快包扎伤口，减少污染和疼痛，及时尽快送医。

（3）器具的安全使用

1）塑料制品的安全使用。食品包装常用PE（聚乙烯）、PP（聚丙烯）、PET（聚酯）塑料，这几种塑料制品因为在加工过程中助剂使用较少，树脂本身比较稳定，它们的安全性很高。安全可靠的塑料制品对人体来说基本是无害的，但是没有质量验证（QS标志）的产品很有可能给消费者带来健康问题。

塑料容器底部一般应有三角形的循环标记，内有数字，它是塑料回收标志，表明容器的塑料成分。

数字1：材质为聚对苯二甲酸乙二醇酯，常见于矿泉水瓶、饮料瓶。

数字2：材质为高密度聚乙烯，常见于购物袋、食品袋。

数字3：材质为聚氯乙烯，常见于保鲜膜、塑料盒。

数字4：材质为低密度聚乙烯，常见于保鲜膜、塑料袋。

数字5：材质为聚丙烯，常见于微波炉饭盒、塑料水杯。

数字6：材质为聚苯乙烯，常见于一次性水杯。

数字7：材质为聚碳酸酯，常见于奶瓶。

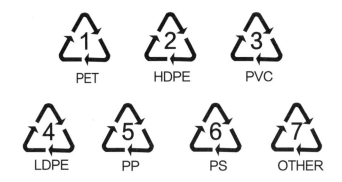

塑料容器是西餐制作中的常用容器之一，在使用中要注意塑料制品的使用范围，正确区分和使用塑料容器，是保证食品安全的重要措施之一。

2）金属容器的安全使用。金属容器指用金属薄板制造的薄壁包装容器。镀锡薄板（俗称马口铁）用于密封保藏食品，是食品行业中最主要的金属容器，但是在酸、碱、盐及湿空气的作用下易锈蚀，这在一定程度上限制了它的使用范围。如蜂蜜呈酸性，不适宜用金属容器保藏，因为酸性食品会与金属发生化学反应或使金属元素溶解于食品中，储存时间越长，金属溶出越多，食用危害性越大，达到一定量可引起中毒。

3）刀具的安全使用。各种刀具也是易引发事故的工具。在使用刀具时，要避免做不妥当的动作，避免意外事故的发生。刀具应该存放在较为明显的地方，不要放在水中或案板下等不易觉察的地方，避免发生意外的割伤事件。根据不同的使用场景，选择适合的刀具，减少劳动损伤的可能。

4）锅具的安全使用。锅具是进行热加工的主要器具之一，应根据不同的制品选择不同的锅具，在使用时要注意操作安全。在使用锅具前，要确保锅具的完整性和锅柄是否牢固，避免发生意外；对于易生锈的锅具，应认真清洗，防止锈蚀物融入食物中；在加热过程中，操作人员不能离开，防止食物溢出熄灭燃气发生事故。

5）其他用具的安全使用。食品用具、容器的安全使用是食品安全的重要环节之一，西餐制作中的工具、用具应该做到一洗、二冲、三消毒，制作过程中使用的抹布要勤洗、勤换，抹布应专布专用。

8.3.3 HACCP 的知识

1. HACCP 的含义

HACCP 是英文"Hazard Analysis Critical Control Point"的首字母缩写,即危害分析及关键控制点。它主要通过科学和系统的方法,分析和查找食品生产过程中的危害,确定具体的预防控制措施和关键控制点,并实施有效的监控,从而确保产品的安全卫生质量。

2. HACCP 的由来及发展

HACCP 最早出现于 20 世纪 60 年代,美国多家机构与公司在开发美国航天食品时,要求设计食品生产工艺必须保证食品中没有病原体和毒素。

1971 年,Pillsbury 公司在第一届美国国家食品保护会议上首次公开提出了 HACCP 概念。1973 年,美国 FDA 决定在低酸罐头食品中采用这个概念。

1985 年美国科学院推荐 HACCP 在食品行业中应用。

1989 年 11 月,美国农业食品安全检查局(FSIS)、水产局(NMFS)、食品药品管理局(FDA)等机构发布了"食品生产的 HACCP 法则"。

1990—1995 年,美国相继将 HACCP 应用于禽肉产品、水产品等方面。

1997 年 12 月 18 日,美国对输美水产品企业强制要求建立 HACCP 体系,否则其产品不能进入美国市场。

20 世纪 80 年代,HACCP 传入中国。

1988 年,中国检验检疫部门就注意到国际食品卫生物标准委员会对 HACCP 体系基本原理所做的详细叙述。

1990 年,原国家进出口商品检验局科学技术委员会食品专业技术委员会开始进行 HACCP 的应用研究,制定了"在出口食品生产中建立 HACCP 质量管理体系"导则,以及一些应用于食品加工业的 HACCP 体系的具体实施方案,并在全国范围内进行广泛讨论。同时,组织开展了"出口食品安全工程的研究和应用"计划,涉及水产品、肉类、禽类和低酸性罐头食品等,扩大了食品企业对 HACCP 概念的认识。

目前,HACCP 已经成为中国商检食品安全控制的基本政策。

3. HACCP 的七个原理

HACCP 体系是一个为国际认可的、保证食品免受生物性、化学性及物理性危害的预防体系,是目前世界上最权威的食品安全质量保护体系。

HACCP 体系是一种建立在良好操作规范(GMP)、标准的操作规范(SOP)和卫生标准操作规程(SSOP)基础之上的控制危害的预防性体系,它的主要控制目标是食品的安全性,因此它与其他的质量管理体系相比,可以将主要精力放在影响产品安全的关键加工点上,而不是对每一个步骤都花许多精力,这样在预防方面显得更为有效。

Pillsbury 公司在为美国太空计划提供食品期间,认为当时质量控制技术在食品生产中不能提供充分的安全措施防止污染。在过往的经验中，对产品的质量和卫生状况的监督均是以最终产品抽样检验为主。当产品抽验不合格时，产品已经失去了改正的机会；即使抽验合格，由于抽样检验方法本身的局限，也不能保证产品100%合格。

确保安全的唯一方法，是开发一个预防性体系，防止生产过程中危害的发生，由此逐步形成了HACCP计划的7个原理。

（1）原理一：进行危害分析，确定预防措施（HA-PA） 首先要找出与品种有关、与加工过程有关的可能危及产品安全的潜在危害，确定这些潜在危害中可能发生的显著危害，并对每种显著危害制定预防措施。

其中显著危害的特点有两处，即有可能发生且可能对消费者造成不可接受的风险。

危害主要有生物危害、化学危害和物理危害。

1）生物危害包括致病菌、病毒、寄生虫。生物危害可能来自原料，也可能来自食品的加工过程。预防措施有很多种类，可通过控制时间、温度、pH、添加防腐剂、干燥等方法抑制或杀死致病菌，通过高温蒸煮方式杀死病毒，通过温度等方式杀除寄生虫。

2）化学危害可能存在于食品生产和加工的任何阶段中，天然存在的化学物质（如组胺、生物碱等）、食品添加剂、无意或偶尔进入的化学物质（肥料、抗生素等）等都可以使食品产生化学危害，一般的预防措施有来源控制（如产地证明、供货证明等）、生产控制（加工过程中对食品添加剂合理应用）、标识控制（如成品合理标出配料和已知过敏物质）。

3）物理危害包括任何在食品中发现的不正常的有潜在危害的外来物，如灰尘、碎玻璃等，其可能是储存不当造成的，也可能是运输、加工等环节进入食品中的，一般的预防措施有来源控制（销售证明、原料检测等）、生产控制（增加探测器、筛网等设备的使用）。

（2）原理二：确定关键控制点（CCP） 关键控制点（Critical Control Point）指对食品加工过程的某一点或某一步骤（或工序）进行控制后就可以防止或消除食品危害发生，或使之减少到可以接受的水平。

关键控制点是HACCP体系中重要的检测和控制对象，其是动态的，不是静态的。有时一个危害需要多个CCP来控制，而有时一个CCP点可以控制多个危害。

（3）原理三：确定所确定的关键控制点的极限值（CL） 关键限值指在某一个关键控制点上将生物、化学、物理的参数控制到最大或最小水平，从而可防止或消除所确定的食品安全危害发生，或将其降低到可接受的水平。

关键限值的建立需要进行实验或从科学刊物、法规性指标、专家及实验研究会中收集信息，每个CCP必须有一个或多个关键限值用于每个重大危害，当加工偏离了关键限值，应进一步进行纠偏措施，保证食品安全。

（4）原理四：建立关键控制点的监视系统（M） 关键控制点监控的建立包括监控什么、如何监控、监控频率、谁来监控等内容，监控程序需实施一个有计划的连续观察和测量，以评估一个CCP是否受控，并做出精确的记录，用作后期的验证。

（5）原理五：偏离的纠正及纠正措施的实施（CA） 纠偏行动是当发生偏离或不符合关

键限值时采取的步骤；当发生关键限值偏离时，可采取纠偏行动，以确保恢复对加工的控制，确保食品安全，并确保没有不安全的产品销售出去。

（6）原理六：建立有效的记录及保存系统（R） 关于 HACCP 体系的记录有四种，分别是 HACCP 计划和用于制定计划的支持性文件、关键控制点监控的记录、纠偏行动的记录、验证活动的记录，建立有效的记录保持程序，用文件证明 HACCP 体系。

（7）原理七：建立验证程序（V） 除了建立关键控制点监控外，制定程序来验证 HACCP 体系的正确运作也是关键环节，用来确定 HACCP 操作系统与 HACCP 计划是否一致，是否需要修改或重新确认所使用的方法、程序、测试和审核。

4. 实施 HACCP 的一般步骤

1）组成一个 HACCP 小组。HACCP 小组负责制订 HACCP 计划及实施和验证 HACCP 体系。该小组应保证建立有效 HACCP 计划所需的相关专业知识和经验，应包括企业具体管理 HACCP 计划实施的领导、生产技术人员、工程技术人员、质量管理人员及其他必要人员。当相关人员不足时，可以外聘。

2）产品描述。产品描述主要包括产品名称、原料和主要成分，以及相关理化性质、杀菌处理等，还有产品的包装方式、储存条件、保质期限、销售方式、销售区域等。

3）产品预期用途。产品在可能使用的场景中会发生何种状态需要有预期猜想和控制。对可能发生的产品错误处理和误用，可将产品的感官评价方法标注在标签上，提醒消费者使用适宜的方法，如"可能含有 ×× 成分""过量摄取可能导致轻微腹泻"。同时，除了预期使用者，还要考虑其他可能的消费者，对可能造成的伤害要给出提醒。

4）绘制生产流程图。HACCP 工作小组应深入生产线，详细了解产品的生产加工过程，在此基础上绘制产品的生产工艺流程图。

5）现场验证生产流程图。生产流程图完成后，还需要进行现场验证，不能遗漏任何加工流程。

6）列出所有潜在危害，进行危害分析，确定控制措施。

7）确定 CCP。

8）确定每个 CCP 中的关键限值。

9）确定每个 CCP 的监控程序。

10）确定每个 CCP 可能产生的偏离的纠正措施。

11）确定验证程序。

12）建立记录保存程序。

8.4 厨房布局

8.4.1 厨房布局知识

1. 厨房规划

厨房规划需要确定厨房的规模大小、形状、内外风格、装修标准、设备摆设等，还需考虑人员部门规划相关的位置摆放等，尽力打造出良好的工作环境，提高厨房工作效率，降低人力成本。厨房规划基本要求如下。

1）需要保证生产的畅通和连续。

2）人员安排位置合理、协调，方便生产和管理，有助于工作效率的提高。

3）需要考虑部分产品生产的特殊性，优先考虑其设备设施的摆放位置，确保产品出产顺利，保证质量。

4）注意厨房通风、温度、照明系统，注意厨房噪音处理。

5）注意厨房内外环境的营造氛围，避免过于拥挤等因素造成心理负担。

6）注重厨房冷热水处理及其他方便操作设施，减轻员工日常工作压力，提高工作效率。

7）注重厨房安全设施摆放位置，注意消防通道的建设，合理设置安全出口。

2. 厨房布局

厨房布局是具体确定厨房部门、生产设施和设备的位置等工作内容，合理的厨房布局能够充分利用厨房的空间和设施，减少厨房制作和操作的次数、时间，减少操作者来回流动的时间和距离，利于人力成本的减少。

（1）**设备布局的基本要求** 西餐的制作需要在适宜的场地和设备下进行，所以在进行设备布局的时候要尽可能做到以下几点：

1）设备的配套性。主要设备及辅助设备之间应相互配套，满足工艺要求，保证产量与质量，并与建设规模、产品方案相适应。

2）设备的通用性。设备的选用应满足现有技术条件下的使用要求和维护要求，与安全环保相适应，确保安全生产，尽量减少"三废"排放。

3）设备的先进性。装备的水平先进、结构合理、制造精良，其中连续化、机械化和自动化程度较高的设备具有较高的安全性和卫生要求。

4）布局的合理性。燃气灶等设备不能安装在封闭房间内，应保持空气的流通。大型设备应安装在通风、干燥、防火且便于操作的地方，应尽量靠墙放置，设备之间需要保持安全间距，防止发生事故，且存放空间需便于设备保养和维修。

电冰箱等恒温设备应存放在阴凉避光的地方，防止阳光直射而影响制冷效果。

（2）设备布局的方法

1）直线排列法。又称一字型厨房，指将生产设备按照菜肴的加工程序，从左至右以直线排列的排列法，烹调设备的上方安装排风设施和照明设备。这种布局适用面较广。

此类布局需要对流程规划非常清晰，若各区域贯穿畅通，可以极大减少走动距离；若流程混乱，则会大大增加走动量且易出纷争事故。

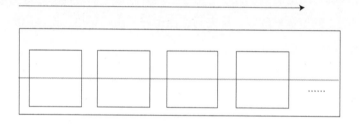

2）带式排列法。带式排列指将厨房分成不同的生产区域，每个区域负责某种单项加工，各区域之间用隔断分开以降低噪声影响，且较易管理。每个区域的设备可采用直线法排列。

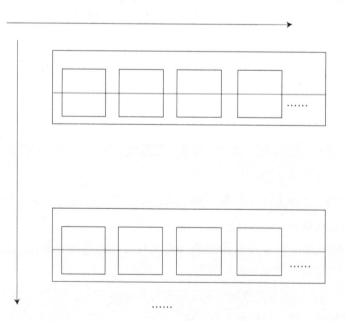

3）"L"形排列法。将厨房设备按照"L"形进行倒向排列，这种排列方法主要用于面积有限且不适合直线排列法的厨房，可以较好地利用空间。

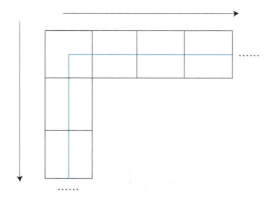

4)海湾式排列法。如果厨房中存在几个区域,如中点、西点、西餐、冷菜等区域,每个区域可以按照"U"字形进行设备排列,合围式布局可以提供更多高效性协作。多个"U"形区域组成的样式即为海湾式排列。

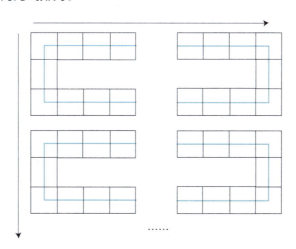

8.4.2 厨房设备相关知识

1. 烹调设备

(1)炉灶 炉灶按照热能来源可分为电灶、燃气灶等,按照灶面又可以分为明火灶和平顶灶两种。有大型厨房灶具和小型家用灶具两大类,气源有管道煤气、管道天然气和液化石油气等。

1)明火灶。加热速度快,操作方便,每个燃烧口一次只能加热一个锅。

2)平顶灶。燃烧口处用钢板覆盖,一次性可以支持多个锅,烹调量大且可支撑重物。

(2)烤炉(烤箱) 烤炉通过电源或气源产生的热能使炉内的空气和金属传递热,使制品成熟。烤炉按不同要求配备加热器、温控仪、定时仪、传感器、涡轮风扇、加湿器等装置来控制烤炉的工作。

一般烤炉分为工业用烤炉和家用烤箱两大类。其中工业用烤炉按形式和功能可以分为层式平炉、旋转烤炉、隧道烤炉等种类；按热源分为电烤箱和燃气烤箱。家用烤箱常见的有嵌入式烤箱和台式小烤箱等。

此外，新型的多功能烤箱不但有烤箱基础功能，也可以作为蒸柜使用。

层式平炉

烤箱

台式小烤箱

（3）油炸炉　油炸炉是使油炸制品成熟的设备。油炸炉一般用电热管作为加热装置，装置温控仪后，可以自动控制设定的油温。油炸炉内也能盛放水，具有使用方便、清洁、卫生、便于操作等优点，是西餐制作中常见的成熟设备之一。

（4）铁扒炉　铁扒炉又分为煎灶和扒炉两种。

煎灶表面是一块 1~2 厘米厚的平整铁板，四周是滤油孔，热能来源可以是电或燃气，食材靠铁板传热；扒炉结构与煎灶类似，但受热面不是铁板，而是铁铸的铁条，热能来源可以是燃气、电、木炭等。

（5）微波炉　微波炉利用微波对物料进行加热，并且对物料的里外同时加热。微波炉使用方便、加热迅速、清洁卫生。

（6）搅拌机　搅拌机是用来搅拌奶油、面糊、面团的设备，一般可以分为面包面团搅拌机、多用途搅拌机和小型台式（桌式）搅拌机等。

面包面团搅拌机

小型台式搅拌机

（7）酥皮机　酥皮机又称压面机、开酥机，主要作用是将揉制好的面团通过酥皮机可调节的压辊轮之间间隙压成所需厚度的坯料，方便面团的后续加工。

酥皮机适用于起酥类面包面团和混酥类制品面团的制作，其擀叠效果比手工制作要稳定且效率高，可以大大降低劳动强度。

酥皮机1　　　　　　　酥皮机2

（8）切片机　切片机是利用一组排列均匀的刀片的机械运动对制品进行切片加工的一种机械设备。

切片机可以对吐司面包进行切片加工，也可以对没有果料的油脂蛋糕进行切片加工。运用切片机加工的制品具有厚薄均匀、切面整齐的特点。

（9）电冰箱　按照构造的不同，电冰箱可分为直冷式电冰箱和风冷式电冰箱；按照功能的不同，可以分为冷藏电冰箱和冷冻电冰箱；按照形式的不同，可以分为电冰箱和电冰柜。

2. 烹调设备的使用和保养

（1）炉灶的使用及保养

1）炉灶的使用。

① 在使用前，一定要确认燃气灶开关处于关闭状态，然后打开气源总阀门。

② 燃气设备的使用应掌握"先点火、后开气"的原则，防止发生意外。

③ 每天下班前要确定关闭气源总阀门。

2）炉灶的保养。

① 保持灶具的清洁卫生，保持火眼的畅通。

② 进气软管长期使用会老化或破损，形成安全隐患。因此，进气软管有老化现象时应及时更换。

③ 观察燃气灶各零件是否存在老化、锈死等情况，以杜绝隐患。

（2）烤炉的使用及保养

1）烤炉的使用。操作者必须掌握所使用烤炉的特点和性能，并熟悉设备的使用说明书，了解烤炉的基本结构和性能，熟练掌握操作规程，并严格按照操作规程进行操作：

① 初次使用烤炉前应详细阅读使用说明书，避免因使用不当发生事故。

② 制品烘烤前，烤炉必须进行预热，待温度达到工艺要求后方可进行烘烤。

③ 根据制品的工艺要求合理选择烘烤时间。

④ 在烘烤过程中，要注意观察制品外表变化，及时进行温度和时间上的调整。

⑤ 烤炉在使用完毕后，应该立即关闭电源，温度下降后要清理烤炉内的残留物。

⑥ 严禁在烤箱内部或周围放置易燃物，使用时注意远离窗帘、布帘、幕墙或类似物品，以防造成火灾。

⑦ 严禁将密闭的容器放置在炉内加热，否则可能有爆炸的危险。

2）烤炉的保养。在日常工作中，注重对烤炉的保养，延长烤炉的使用寿命，也是保证制品质量的重要手段。

① 保持烤炉内外部清洁，保证机器干净、卫生。

② 保持烤炉内的干燥，不要将潮湿的用具直接放入烤炉内。

③ 日常检查各部件是否运转正常。

④ 如果长期不使用烤炉，应将烤炉内外擦洗干净，将其置于干燥通风处，盖上防尘工具。

（3）油炸炉的使用及保养

1）油炸炉的使用。

① 油炸炉使用时，在通电后将温控仪调至所需的温度刻度，发热管开始工作。

② 到达设置温度后（一般有指示灯提示），可以放置油炸制品，如设备配置定时器，可设定油炸时间。

2）油炸炉的保养。

① 油炸炉使用完毕后应及时清洗，一般可用清洁剂喷在油炸炉表面后用软刷刷洗，再用清水冲洗干净。

② 油炸锅的过滤网清洗时应将过滤网取出，放入温水中用刷子刷洗干净。

（4）微波炉的使用及保养

1）微波炉的使用。

① 在使用微波炉之前，应检查所用器皿是否适用于微波炉。

② 微波炉需要放在平整、通风的场所，且与其他物品需保留10厘米左右的空隙。

③ 加工少量制品时，要多加观察，防止过热起火。

④ 从微波炉内拿出制品和器皿时，应当使用隔热手套，避免高温引发烫伤。

⑤ 如果微波炉发生损坏不能继续使用，必须由专业维修人员进行检修。

⑥ 加热的物品不宜过满，不宜加热罐装、带壳类食物。

2）微波炉的保养。微波炉保养的主要内容是清洁工作，在进行清洁工作时，需要注意以下几点：

① 在清洁之前，应将电源插头从电源插座上拔掉。

② 日常使用后，在不烫手的情况下，尽快用湿抹布将炉门上、炉膛内的脏物擦掉。

③ 微波炉用久后，内部会有异味，可以将柠檬或食醋加水放在炉内加热煮沸，异味即可消除。

（5）搅拌机的使用及保养

1）搅拌机的使用。

① 使用搅拌机前应了解设备的性能、工作原理和操作规程，严格按照规程操作。

② 搅拌机不能超负荷工作，应避免长时间使用影响搅拌机使用寿命。

③ 在使用搅拌机前，应先检查各部件是否完好，待完全确认后再开机和使用。

④ 如果在设备运行过程中，听到异常声音时应立即停机检查，排除故障后方可继续操作。

⑤ 设备上不应堆积放置杂物，避免异物掉入机械内损坏设备。

2）搅拌机的保养。

① 带有变速箱设备的搅拌机应该及时补充润滑油，保持一定的油量，减小摩擦，避免齿轮产生磨损。

② 要定期对设备的主要部件、易损部件、电动机等进行维修检查。

③ 经常保持对机械设备的清洁工作，清洗时要确认切断电源，防止事故发生。

（6）酥皮机的使用及保养

1）酥皮机的使用。

① 使用前先检查压辊是否干净。

② 启动电机检查压辊方向是否符合标志方向。

③ 压面操作时，先启动机器，再转动调距手柄，使压辊之间的间隙达到所需的距离。

④ 严禁将硬质杂物混入面坯中，避免损坏设备。

2）酥皮机的保养。

① 日常工作完毕后应清洁酥皮机的上下刮板、上下辊轮、面团承接板和输送带等多个区域。

② 经常对酥皮机各传动系统进行上油保养。

③ 经常对酥皮机输送带的松紧度与跑偏度进行检查。

（7）切片机的使用及保养

1）切片机的使用。

① 切片机需放置在平稳的地方，不可在整体机身不稳定甚至晃动的情况下进行工作。

② 使用前需要确认切片机的刀片的清洁卫生。

③ 切片机不能切割带有硬质果料的面包及蛋糕，防止刀片发生损坏。

2）切片机的保养。

① 日常工作完毕后要对切片机进行清洁，将各处的面包、蛋糕的碎屑清扫干净。

② 定时对切片机的刀片进行维护保养，保证刀片的锋利程度，避免影响设备的正常使用。

（8）电冰箱的使用及保养

1）电冰箱的使用。

① 电冰箱应放置在空气流通、远离热源且不受阳光直射的地方，箱体四周应留有 10~15 厘米的空隙，便于通风降温。

② 电冰箱内必须按规定整齐放置储存的食品，存放的食品不宜过多且需要定期清理，食品之间要留有一定的空隙，以保持冷气畅通。

③ 电冰箱内存放食品应生熟分开，食品不能在热的情况下放入电冰箱。

④ 使用电冰箱时应尽量减少开关电冰箱门的次数，减少冷气的流失。

2）电冰箱的保养。

① 要定期清除电冰箱内的积霜，除霜时要切断电源，取出电冰箱中存放的食物，使积霜自动融化。

② 在电冰箱运行过程中，不要经常切断电源，这样会使压缩机超负载运行，缩短电冰箱的使用寿命。

③ 长期停用电冰箱时，应将电冰箱内外擦洗干净，风干后将箱门微开，用防尘工具遮挡好，放在通风干燥处。

复习思考题

1. 西餐厨房的特点是什么？
2. 常见的西餐厨房组织有哪些？
3. 西餐厨房中的基础厨房主要工作职责是什么？
4. 一般西餐厨房中厨师长的岗位职责是什么？
5. 宴会预订有哪些基本程序？
6. 餐饮成本的概念是什么？
7. 餐饮产品成本的三要素是什么？
8. 进行厨房工作时，个人有哪些具体的卫生要求？
9. HACCP 的含义是什么？
10. 直线排列的设备布局方法是如何呈现的？

项目 9

指导与创新

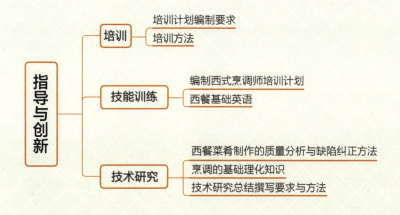

9.1 培训

9.1.1 培训计划编制要求

关于西餐的培训,针对不同的人群需求要设定不同的培训计划,在实际执行前要先做好预先的系统设定,完成一个较为全面的培训方案,以确保后续工作能够稳定开展,内容一般涉及以下几个方面。

1. 明确培训意义

明确培训意义与需求、指导思想与基本原则,说明培训计划实施的必要性和原则性。

确定培训需求主要是要找到设定本次培训活动的核心焦点,确定适合需求的培训内容,挑选适当的培训方法,使员工通过培训能够达到培训需求,为企业发展和个人发展展现更好的知识和技能。

所以,确定培训意义和需求是培训效果的关键和起点,可以观察总结员工现状、部门现状、企业发展等多方面的需求,综合分析员工个人、组织纪律、工作质量与效率等现实问题,得到一个或多个符合分析结果的需求。这里需注意预期的培训效果要大于现有的职业能力,培训才具有一定的意义。

为了更好地明确需求,可以通过培训调查问卷、访谈、面谈等方法广泛听取员工们的意见。培训需求调查表示例见下页。

2. 明确培训对象

对于任何岗位来说,培训对象的能力和需求不同,依此设计的培训内容的起始难度、深度、宽度会有很大不同,培训需要"因地适宜",切实摸准培训需求和培训对象的痛点。一般企业的培训重点对象包括:

(1)**新员工** 对企业新进员工进行培训,可以帮助他们更加顺利地进入工作状态,了解相关人事制度等,对融入企业有很好的助力作用。

(2)**骨干力量员工** 对企业的骨干力量进行培训,可以进一步提升他们的工作能力,明确个人和企业发展目标,树立更为清晰的职业规划目标。

(3)**有上升空间的员工** 企业发展过程中会出现许多优秀员工,可能由于资历、见识等给个人职业发展造成一定的阻碍,但是其综合素质极佳,有较大的上升空间,是比较值得培养的员工。

×××部门培训需求调查表						
填表部门：				填表日期：		
序 列	培训实施对象	培训主题/项目	培训形式	培训目的	培训时间	实施部门
1						
2						
3						
4						
5						
6						
7						
8						
9						
10						
制表人	签字：				日期：	
部门负责人意见	签字：				日期：	
填表备注说明：						
培训实施对象选项：总监级、中层管理人员、基层员工、全体员工等						
培训主题/项目选项：岗位技能培训、新员工入职培训、人事制度培训、管理思维培训、团队建设培训等						
培训形式选项：课堂培训、实施训练、户外培训或 OJT 培训等						
培训时间/周期选项：一周、一月、一个季度、半年、一年，或者根据需要等						
实施部门选项：部门内部培训、集团人力资源部、外请培训机构等						

（4）需要掌握其他技能的员工 一般有两种情况，一是企业需要复合型人才，如技术人员需要管理知识；二是企业需要部分员工进行转岗，针对转岗人员进行新岗位的培训。

3. 明确培训目标

说明培训对象经过培训之后要达到何种状态，可涉及理论、技能、综合素质等多方面。

根据需求确定的培训目标一般都较抽象，为了达到这一目标，需要进行分层细化工作，使其具有落地的可能性和操作性。最终的目的是需要员工通过培训后，了解、学习、掌握某些技能和知识，并运用所学去具体实践，并得到一个良好的结果，有了一定的改变。

将目标细化、明确，转化成各个层面上的小目标，针对小目标设定具体的操作计划，科学、有效、顺利地完成总目标的设定。

4. 概述培训内容及培训要求

培训内容一般包含三个层次，分别是知识培训、技能培训和素质培训，三个层次的培训内容、培训方式和培训重点等都不一样，是不同的培训方向。

从培训的基本项目上来说，西餐的培训内容主要体现在四个方面，分别是基本素质培训、职业知识培训、专业知识与技能培训、社会实践培训。

对于专业类西式烹调师培训，对知识概念、技能操作、综合素质、社会实践等多个方面都有不同程度的涉及，不同层级对应不同的培训内容和培训要求。

5. 说明培训时机及用时

（1）培训的时机 培训的时机是培训计划中需要明确的一个信息，该信息是培训计划中从准备实施到具体实施的一个转折点，需说明选择该时机的科学性，避免因为其他事情产生随时更换的情况，给培训造成不好的影响。一般培训的时机选择有以下几种情况。

① 有新员工加入时。一般新员工入职后，对工作环境、组织架构、人事行政、企业文化等方面不熟悉、不了解，需要将相关信息传达给他们，需要进行一定的培训。这类培训可以是集体的，也可以是单独的。具体可以根据企业大小而定，一般对于具体职位的工作程序和行为准则，可由直接主管和人事进行一对一培训；对于企业组织、岗位架构等方面的问题可集体培训，如在1~3月份入职的新员工，可在3月底进行一次集体培训。

② 企业引入新设备、新材料、新的管理模式等重大环境改变时。当员工的工作场景出现集体的、重大的改变时，为了使员工尽快熟悉，可以对员工进行相关的培训。

③ 员工即将晋升或岗位轮换时。当员工开始或准备换到新的工作岗位，为了使员工更好地适应新岗位，可以对员工进行培训。

④ 员工能力需要提升的时候。这个主要发生在员工自身能力达不到岗位需求，企业不得不进行培训的状况。

（2）培训时间 培训时间的确认需要综合考虑培训内容和培训对象，并结合培训时间的选择分析影响正常工作的程度，还与培训场地、培训讲师、每天受训时长等多方面因素有关。

培训时间可以是三天、一周、一个月、三个月等，对于特殊人员的培训也可以更长，具体选择需要有关方面共同决定。

6. 说明培训预算

可涉及人力成本、场地使用、设备、工具及材料等方面。

（1）**培训的人力成本**　不同的培训规格所需用的人力不同，如主管对下属的一对一培训和主管对部门人员的整体培训是不同的，相关人力成本有区别。

如果培训涵盖综合技能、知识概念、综合素质等多层次内容时，所涉及的方面会更多，如行政人员、仓储人员、采购人员、财务人员等，在众多人员中，培训讲师占有最核心的地位。

培训讲师一般来源于企业内部推荐或外聘，一般讲师需具备特殊知识和技能、丰富的岗位从业经验，有一定的表达能力，能对培训需求完整阐述，能完成培训目标规定的内容。

内部讲师和外聘讲师结合是较为普遍的培训组合方式。

（2）**培训的场地**　根据培训内容和方式的不同，培训场地的选择具有不同的针对性，一般可以分为内部培训场地及外部培训场地两大类。

内部培训场地可以最大化地节省费用，且组织方便，但是因其较为固定，培训形式单一，产生的效果比较有限，内部培训场地主要用于工作现场的培训和部分技术、知识概念、企业文化、人事制度、工作态度等多方面的培训。

相比较内部培训场地来说，外部培训场地需要付一定的场地费，组织难度较大，花费时间也更长，但是外部场地可以根据需求更有方向地选择，选择空间比较大，对于特殊设备、工作场景、工具设施等培训项目具有较好的培训效果。

（3）**设备、工具及材料等**　培训的内容和方式不同，培训期间所需要的工具、材料、设备等相关资料会有较大差别，为了使培训更好地进行，需要对相关费用进行预估，对于特殊物品需要提前确认，以免后期发生不能正常培训的状况。

7. 培训方法

培训方法是在实施培训的过程中使用的方式和手段，常见的有讲授法、问答法、演示法、实验法等，不同的方法适用于不同的培训内容，合适的方法可以使培训更加生动，使内容更加深刻。

8. 培训计划的拟定

在上述情况皆明确后，培训计划的拟定和编写也是重要工作之一，这是一份工作梳理和实施纲领。需要对培训内容开展较为全面的说明。

培训计划一般有根据企业战略发展目标设计的长期培训计划，还有短期的培训计划，也有针对某一技能的单项培训课程。

培训计划的基本内容包括培训目标、培训原则、培训需求、培训要求、培训时间、培训方式等，不同的培训计划拟定的核心重点不同。

1）长期培训计划是从企业战略发展目标出发的，其设计需要掌握企业组织架构、部门功能和人员组成，了解行业和企业未来发展的方向和趋势，了解各级部门的发展重点及各岗位人员的发展需求。

2）短期培训可以以年为单位，或者半年度、季度、月度等，短期培训可以由若干个单项培训课程组成，其主要内容涉及培训对象、培训内容、培训方法、培训预算等方面的说明，培训内容与长期培训计划的目标要保持一致。作为长期培训计划的一个重要分支，短期培训没有单项培训课程内容详细。

3）单项培训课程是建立在长期培训计划和短期培训的基础上的，其计划的拟定需要非常详细，一般涉及课程目标、培训内容、培训形式、培训方式、培训时机与时长、考核方式、培训目标、培训讲师、培训场地等细节的描述和策划。

9. 培训效果的评价

经过一段时间的培训后，对培训效果进行评价可以从两个方面着手：一是培训工作本身的效果评价；二是对受训者在培训后的综合表现做出评价。

1）对培训工作本身的评价。结合受训者的综合反应对本次培训内容进行讨论分析评定，给予组织培训的相关人员和相关课程等做出评价。

2）对培训工作本身和受训者的综合评价。在培训课程中，可以设定一定的考核项目，通过考核结果可以看出受训者相关的技术能力提升及培训的目标呈现。

3）对受训者的后续工作能力的评价。经过培训后，可以通过考核受训者在工作中的表现来评价培训的总体效果，如对比培训前后的工作成果等。

9.1.2 培训方法

在正式教学过程中，常见的教学方法有如下几类。

1. 语言形式类教学法

培训讲师通过语言系统连贯地向学员传授知识，通过循序渐进地叙述、描绘、解释、推论来传递信息、传授知识、阐明概念、论证规律，引导学员分析和认识问题。

这是比较常见的、传统的指导方式，传递知识的媒介是语言，作为传递经验和交流思想的主要工具，语言类指导法是指导方法中的主要方法，无论运用何种方法教学，都会有一定占比的语言类指导法。

（1）讲授法　讲授法是教师通过口头语言向学员传授知识、技术的方法，包括讲述法、讲解法、讲读法和讲演法。讲授法是较为普遍、最常用的教学方法，也常作为辅助教学方法与其他教学方法共同使用。

（2）问答法　问答法指教师按一定的教学要求向学生提出问题，并要求学生回答，通过问答的形式来引导学生获取新知识、巩固知识的方法，这类方法有利于激发学生的思辨能力，调动学习的积极性，培养学员独立思考的能力和语言表达组织能力。

（3）**讨论法**　讨论法是在教师的指导下，针对教学当中的疑难、争议、发散性等知识组织学生进行独立思考并共同讨论。

2. 直观形式类教学法

培训中借助多媒体、道具等把抽象的知识、科学原理展示给学员，帮助学员加深印象。或者将学员带到实践场景中，给学员更多真实的体验。

（1）**演示法**　演示法是在课程进行中，教师通过使用教具等实物展示、进行实践性制作、进行示范性实验等方式使学员通过实际观察获得知识，演示法可以加深学员对学习对象的印象，形成较为深刻且立体的概念，是西式面点培训中较为常见的教学方法。

（2）**参观法**　参观法是教师将学员带到校外场所，如生产基地、机器设备厂商处等，组织学生通过对实际事物和现象的观察、研究，使学生更好地获取知识。

3. 实际训练类教学法

培训的意义是帮助学员在实践工作中更好地实现自我价值，帮助学员更好地提升自我能力，讲师在进行演示或讲授后，学员在讲师指导下进行技术练习或信息比较，提升能力的同时也会帮助学员更好地理解知识概念与技术。

（1）**练习法**　练习法是学员在教师的指导下，反复地完成一定动作或活动方式，来完成对技能、技巧或行为习惯的教学方法，在西餐教学过程中，一般会采用"教师使用演示法，学员使用练习法"的组合方法来完成学员对产品制作的学习。

（2）**实验法**　实验法是使用一定的设备和材料，通过控制条件变化来观察实验对象变化的方法，从观察现象变化中获取规律性知识，在西餐的实际应用中也比较多见，如实验不同成熟度对牛排品质的影响，采用实验对比的方法可以让学员更深刻地了解火候在产品制作过程中的作用和意义。

（3）**实习法**　实习法是将一些知识付诸实践的一种教学方法，在西餐长期培训中较为常见。一般会在学员完成一段较为系统的培训后，相关学校或培训机构会将学员送到实习基底进行操作实践，使学员在实践过程中，更好地独立思考，更好地将所学的理论与产品知识运用到实际生产过程中。

技能训练

编制西式烹调师培训计划

西
式
烹
调
师
（
技
师
　
高
级
技
师
）

西式烹调师培训计划表

职业：　　　　　学时：　　　　　　　　　　编制日期：　　年　月　日

课程	序号	课程名称	各学时数		
			总数	理论	实训
菜肴制作	1	改良创新菜（10种）			
	2	经典菜肴（20种）			
	3	烘焙甜点（10类混酥、清酥等）			
	4	宴会装饰品（冰雕、黄油雕）			
管理工作	5	菜单制作			
	6	西餐宴会礼仪与组织			
	7	经营管理			
外语应用	8	西餐英语			
培训与研究	9	计划与大纲编写			
	10	技术研究报告			
总计					

西餐基础英语

1. 基础礼貌用语

（1）问候语

Good morning, sir.　　　　　　　　　　　早上好，先生。

Good afternoon, madam.　　　　　　　　下午好，夫人。

Good evening, ladies and gentlemen.　　　晚上好，女士们先生们。

Welcome to our hotel(restaurant, shop).　 欢迎光临我们的饭店（餐厅、商店）。

Thank you.　　　　　　　　　　　　　谢谢您。

Nice to meet you.　　　　　　　　　　　很高兴见到您。

How are you?　　　　　　　　　　　　你好吗？

（2）祝贺用语

Happy New Year!	新年好！
Merry Christmas!	圣诞快乐！
Have a nice holiday!	节日愉快！
Have a good time!	玩得愉快！

（3）感谢用语

Thank you very much.	非常感谢您。
You're welcome.	不用谢。
Thank you for your help.	谢谢您的帮助。
Thank you for your information.	谢谢您的信息。
Don't mention it.	不用谢（没关系）。
It's very kind of you.	您真客气。
My pleasure.	乐意为您效劳。
Thank you for your service.	谢谢您的服务。
At your service.	愿意为您效劳。

（4）道歉用语

I'm sorry, it's my fault.	对不起，这是我的错。
That's all right.	没关系。
I'm very sorry about it.	对此我十分抱歉。
I apologize for this.	我对此表示抱歉。
Never mind.	没关系。
I'm sorry to trouble you.	对不起，麻烦您了。
I'm terribly sorry!	真对不起。

（5）征询和请求

Do you speak English?	您说英语吗？
Sorry. Only a little.	对不起。只会一点儿。
How may I help you?	我能帮您什么吗？
What can I do for you?	我能为您做点什么？
Anything else I can do for you?	还有什么能为您效劳的？
No, thank you.	不，谢谢。
Please wait for a moment.	请等一下。
All right.	好的。
Would you do me a favor?	你能帮我一下吗？
Certainly!	当然可以。
Sit down, please.	请坐。

（6）告别用语

See you later.	等会见。
See you tomorrow.	明天见。
See you.	再见。
Goodbye and thank you for coming.	再见，谢谢您光临。
Goodbye!	再见。
Have a nice trip!	一路平安。
Thank you.	谢谢。
Goodbye, sir, and hope to see you again.	再见，先生。希望再见到您。

2. 餐饮服务专业用语

Welcome to our restaurant.	欢迎光临我们餐厅。
Please have a rest.	请您休息一下吧。
May I disturb you?	可以打扰您一会吗？
Have you made a reservation?	请问您预订过吗？
May I have your full name please?	请问尊姓大名？
Please take the elevator to the third floor.	请乘电梯上三楼。
How many people, please, sir?	先生，请问几位？
This way, follow me please.	请这边走，跟我来。
Will this table be alright?	这张桌子满意吗？
Sorry, all the tables by the window are booked.	对不起，靠窗桌子已订满。
Please be seated. Here's the menu.	请就座，给您菜单。
Excuse me. May I take your order?	请问您要点菜吗？
What would you like to drink?	请问喝什么饮料？
Would you like to have some wine with your meal?	您用餐时要喝点酒吗？
Please take your time and enjoy yourself.	请慢用。
We serve buffet in our restaurant.	我们餐厅供应自助餐。
Sir, your bill.	先生，您的账单。
How are you going to pay, in cash or by credit card?	您是付现金还是信用卡？
Goodbye, sir, hope to see you again.	先生，再见，欢迎您下次再来。

3. 厨房专业用语

What are we going to cook for breakfast?	今天早餐做什么？
Sorry, it's my fault.	对不起，这是我的错。

I'll correct it at once.	我立即改正。
What's my job for today?	我今天的工作是什么？
What's on the menu today?	今天的菜单都有些什么菜？
What are we going to prepare?	现在开始准备什么？
What are we going to cook for breakfast?	今天早餐做什么？
How long does it take to cook this course?	烹制这道菜需要多长时间？
Cook for about 10 minutes.	烹制大约10分钟。
Is the sauce enough for the dish?	这道菜汤汁够吗？
How about the flavor of this course?	这道菜口味如何？
It tastes too salty.	这道菜太咸了。
Any cooking wine for this course?	这道菜加酒吗？
No cooking wine, but add some stock.	不加酒，加调料。
What method do you use to cook this course?	这道菜是用什么烹调方法制作的？
Could you tell me the way to cook this course?	你能告诉我这个菜的做法吗？
Get that fish, please.	请把那条鱼取来。
Serve the dish, please.	请把这盘送过去。
Would you like to try it?	请您尝尝这道菜好吗？
Thanks for your help.	谢谢您的帮助。
This soup is thick, it should be a bit thinner.	汤太稠了，应该再稀些。
The sauce is too much, less sauce, please.	汁太多了，应该少一些。
This is the menu for the banquet and that's for a la carte.	这是宴会菜单，那是零点菜单。
Heat it up, please.	请把这盘菜加热一下。
Garnish it please.	请把这盘菜装饰一下。
Please fix a sandwich.	请制作一份三明治。
Boil the water please.	请把水煮开。
Please mix a vegetable salad.	请做一份蔬菜沙拉。
Sorry, the beef is used up.	对不起，牛肉用完了。
Sorry, I can't cook it.	对不起，这道菜我不会做。
It's time to do some cleaning.	现在可以搞卫生了。

4. 饭店专业词汇

（1）星期几

Monday	星期一	Wednesday	星期三
Tuesday	星期二	Thursday	星期四

Friday	星期五	Sunday	星期日
Saturday	星期六		

（2）月份

January	一月	July	七月
February	二月	August	八月
March	三月	September	九月
April	四月	October	十月
May	五月	November	十一月
June	六月	December	十二月

（3）天气

Sunny	晴	Rainy	雨
Cloudy	多云	Windy	刮风
Foggy	雾	Snowy	雪
Overcast	阴天	Hot	热
Warm	暖和	Cool	凉爽

（4）时间表达法

Half past twelve.	十二点半。
A quarter to five.	四点四十五分。

（5）餐饮部

Food safety	食品安全	Hygiene	卫生
Bar station	杯盘区	Log book	预订本
Seating chart	座位图	Napkin	餐巾
Bar stool	吧凳	Toast	烤面包
Coffee maker	咖啡机	Cruet stand	调味瓶架
Chopstick rest	筷子架	Aperitifs	餐前酒
Baby chair	婴儿座	Refrigerator	电冰箱
Sherry and port	雪莉酒和波特酒		

（6）厨房用具

Stove	炉灶	Oven	烤箱
Microwave oven	微波炉	Salamander	明火焗炉
Griller	铁扒炉	Deep fryer	炸炉
Gas range	煤气炉	Mixer	搅拌机
Kneader	揉面机	Toaster	吐司炉
Steamer	蒸箱	Fry pan	煎锅
Mincing machine	绞肉机	Mixing bowl	打蛋机

Saute pan	炒锅	Omelet pan	蛋卷锅
Sauce pan	沙司平底锅	Stock pot	汤桶
Double boiler	双层蒸锅	Colander	蔬菜滤水器
Roast pan	烤肉盘	Baking pan	烤盘
Food tong	食品夹	Fork	叉

（7）烹饪原料

Meat	肉类	Mutton	羊肉
Beef	牛肉	Thin flank	牛腩
Veal	小牛肉	Pork	猪肉
Lamb	小羊肉	Poultry	禽类
Rabbit meat	兔肉	Fillet	里脊肉
Kidney	腰子	Sirloin	牛里脊
Short plate	短肋	Rib	肋骨
Shoulder	前肩肉	Chicken	鸡肉
Duck	鸭子	Goose	鹅
Turkey	火鸡	Quail	鹌鹑
Pigeon	鸽子	Fish	鱼
Bacon	培根	Ham	火腿
Sausage	香肠	Egg	鸡蛋
Tomato	番茄	Eggplant	茄子
Beet	红菜头	Potato	土豆
Asparagus	芦笋	Parsley	欧芹
Cucumber	黄瓜	Bean	豆类
Cabbage	圆白菜	Cauliflower	菜花
Spinach	菠菜	Lettuce	生菜
Celery	芹菜	Onion	洋葱
Garlic	大蒜	Carrot	胡萝卜
Ginger	姜	Horse-radish	辣根
Mushroom	蘑菇	Apple	苹果
Pear	梨	Cherry	樱桃
Plum	李子	Strawberry	草莓
Grape	葡萄	Walnut	核桃
Almond	杏仁	Orange	柑橘
Lemon	柠檬	Pineapple	菠萝
Lychee	荔枝	Olive	橄榄

Watermelon	西瓜	Peach	桃
Salt	盐	Pepper	胡椒粉
Oil	植物油	Salad oil	沙拉油
Olive oil	橄榄油	Cream	奶油
Butter	黄油	Vinegar	醋
Honey	蜂蜜	Vanilla	香草
Jam	果酱		

（8）烹调术语

Blanching	初步热加工	Panfry	煎
Deep fry	炸	Saute	炒
Boil	煮	Braise	焖，炖
Stew	烩	Bake	烘烤
Roast	烤	Steam	蒸
Grill	扒	Poach	温煮
Skim	撇去	Stir	搅拌
Cut	切	Low heat	小火
High heat	大火	Smoke	烟熏
Thicken	变稠	Discard	弃掉
Pour	倒掉	Cool	冷却
Blend	搅匀	Season	调味
Melt	溶化	Dice	切丁
Chop	切碎	Peel	去皮
Mash	捣碎	Mince	切碎
Garnish	装饰	Sift	筛
Hot	热	Cold	冷
Sweet	甜	Salty	咸
Sour	酸		

9.2 技术研究

9.2.1 西餐菜肴制作的质量分析与缺陷纠正方法

1. 肉类菜肴

在肉类等菜肴制作中，质地、气味等方面常会出现质量问题，如肉质太老、肉类有异味等，主要纠正方法在烹饪方法及储存方面。可能的肉质调整纠正方法如下。

（1）**使用低温烹调** 高温会使蛋白质变硬和收缩，并且会导致水分大量流失，因此，低温烹调是肉类菜肴较常用的烹调方法。如果必须高温，则需要快速，如烤肉，快速操作仍可以保持肉类的柔嫩。

同时需注意液体或蒸汽要比气体导热快，所以沸水煮肉极容易将肉类煮过头，宜慢火煮肉，避免长时间沸水煮肉。

（2）**针对脂肪含量调整烹饪方法** 对于脂肪含量较高的肉类，如成年牛肉、羔羊肉，通常在烹饪中不需要另外添加脂肪类辅料，熏烤或烘烤即可；对于瘦肉的烹饪，可增加脂肪材料辅助，使肉类在加工过程中保持不干，同时需选择适宜的烹饪方法，如小牛肉，炒、煎、焖等方式会比烤更适宜。

（3）**针对冷冻肉的处理** 对于冷冻肉，需要先进行解冻，解冻需放在冰箱中冷藏解冻。直接烹饪冷冻肉，很可能出现外熟里生的现象，同时会浪费更多能源。

同时需注意要根据肉类大小选择解冻时间，如整鸡一般需要解冻 1~2 天，更大的禽类需要 2~4 天。如果时间比较紧急，可用流动的冷水进行解冻。

（4）**针对不同质地的肉类调整烹饪方法** 对于较硬的肉类，如畜类的腿肉，适宜使用炖的方法，会转化出更多骨胶。

（5）**针对不同种类的肉类调整烹饪方法** 如母鸡、公鸡、阉鸡，或者童子鸡与成年鸡，它们的组织有区别，肉质不同，不宜使用统一的方法烹饪。

（6）**成熟的把控** 牛羊肉通常三四成熟即可食用，猪肉一般要完全熟制后再食用。

禽类通常都需要烹饪至全熟状态，对于大块食品的成熟度把控要格外注意，如烤大只家禽，最正确的方法是使用温度计测量，内部温度为 82℃ 为熟，一般是将温度计插入大腿肉最厚的部位，不要碰到骨头即可。

（7）**做好前期处理** 对于不同部位的肉类的处理方法存在差异性，尤其是如肝、腰、胰等腺体肉类和心、舌、肚等肌肉类，要注意油脂纤维、静脉、硬膜等方位的处理。必要时，可以先焯一下，去除异味。

（8）可能的肉类储存纠正方法

1）采购时要确保肉的质量良好。

2）肉的包装不宜过紧，注意储存环境，潮湿、闭塞的空间易滋生细菌，易导致发霉变质。

3）肉类在不使用时，不能打开密封的包装。

4）肉类保存要保持分隔状态，避免出现交叉污染的现象。

5）肉类与空气的接触面越大，储存时间就越短。如搅碎的肉要比整块肉更易变质。

6）储存空间要保持清洁，要无异味。

7）-18℃的环境下，一般牛肉、小牛肉、羊肉可以储存6个月，猪肉可以储存4个月。

8）冻肉的解冻最好在冰箱中，在室温下解冻易滋生细菌。解冻完成的肉类，不宜再重复冷冻，否则会降低肉类的品质。

2. 蔬菜类菜肴

不同类的蔬菜可以采用的烹饪方法很多，主要目的是控制蔬菜的质地、口感、色泽及营养的变化，达到菜肴的色、味、形组合适宜。

蔬菜类菜肴常见的问题有色泽不自然、外观不整齐、质地黏稠或发硬、有异味或苦味、调料味过浓、搭配不合理等。

（1）可能的色泽变化的调整方法　在烹饪蔬菜时，要尽可能保持其原有颜色。天然色素是构成蔬菜颜色的一种混合物，不同的色素对于不同的温度、酸及其他成分会产生不同的变化。

1）白色蔬菜。白色蔬菜中的白色素即黄酮，多存在于土豆、洋葱、菜花、芹菜等蔬果中。白色素在酸中会显示白色，为了使此类蔬菜保持白色，可以在烹饪时加一点柠檬汁。且要注意烹调时间要短，过长会使白色变成黄色或灰色。

2）红色蔬菜。红色蔬菜中的红色素是花色素，多存在于红色圆白菜、甜菜和小浆果等蔬果中。红色素对酸和碱的反应十分强烈，在酸中红色素会变成亮红色，而在碱中则变成蓝绿色。做红色圆白菜时经常加入削皮的苹果是考虑这层原因的。

红色素极易溶于水，所以要缩短烹饪时间，烹饪用水不要过多。使用红色蔬菜制作出来的蔬菜汤汁可以用来制作沙司。

3）绿色蔬菜。绿色素即叶绿素，它存在于所有的蔬菜中，酸是绿色蔬菜的天敌，如果加酸或烹制时间过长都会使绿色变成橄榄绿。烹饪绿色蔬菜时可以敞着锅，以使酸更快地跑掉，烹饪时间尽量短，量多时可以分次进行，避免烹饪时间过长。

要注意烹饪中不要使用小苏打来保持绿色，小苏打会破坏维生素并使菜品变得黏稠。

4）黄色和橙色蔬菜。黄色和橙色多来源于胡萝卜素，多存在于胡萝卜、玉米、冬瓜、甘薯、番茄、红辣椒等蔬果中，其较为稳定，不易受酸碱影响，但是长时间烹饪会使其颜色变浅。

（2）可能的质地变化的调整方法

1）纤维方面。蔬菜的纤维结构（包括纤维质和果胶质）可以使蔬菜成型并增加其坚硬性。通过烹饪，可以使这些成分软化。但需注意酸性物质、糖类物质可以使纤维变得更坚硬；长时间的烹饪可以软化纤维。碱性物质同样可以，如小苏打，它会破坏蔬菜中的维生素，还会使蔬菜变成糊状物。

2）淀粉方面。对于干制的淀粉类食材，要浸泡吸水再煮制，这样淀粉颗粒才能完全变软。土豆、甘薯等材料也需要补充充足的水分，才能完全变软。

3）成熟度方面。不同蔬菜的质地成熟目的不同，如冬瓜、茄子需要烹饪至非常软，多数绿色蔬菜则至脆软状即可。基于此，蔬菜不要煮太久，切割要均匀，烹饪完成后要尽快食用。

（3）可能的味道变化的调整方法

1）对于多数蔬菜要减少烹饪过程中的香味散失。可通过减少烹饪时间来控制，如使用沸水制作、减少煮制用水，或者在适当的时机使用蒸汽制作。

2）对于气味比较浓郁的蔬菜要注意主动散失。如洋葱类、圆白菜类、根茎类等蔬菜，则需要尽快将气味散开，可以达到理想的味道。

3）选择恰当的蔬菜品类。相对来说，新鲜蔬菜的糖分比较高，尝起来有甜味，存储较久的蔬菜中的糖分会逐渐变成淀粉，如玉米、豌豆、胡萝卜、甜菜等。所以，选择蔬菜时宜采用新鲜的、储存时间较短的；对于储存较长的蔬菜，可以在烹饪时加入少许水减少甜味的损失。

3. 水产品

水产品分为两大类，一种为鱼类，这类水产的主要构成特征是有鳍和体内的骨架；另一种是贝类，这类水产品以外部有贝壳而内部无骨架为标志，如常见的牡蛎、文蛤等，此外贝类还包括头足类动物（贝壳退化的物种），主要包括鱿鱼、章鱼、乌贼等。

虽然它们各自只有几个体系，但每个体系下的品类都独具特色，对应的烹饪方法也不同。主要问题及难点在于肉类成熟度的掌握及烹饪方法的选择。

（1）可能遇到的鱼类烹饪过度 鱼类在加热时，肉类会分离成固有的片状。若将鱼加热到这个程度，离开热源后，其本身的余温会继续发挥作用，当拿到宾客面前时，菜肴基本已经被煮得过熟了。所以在鱼肉刚要分离成片状时，或者鱼肉与刺开始分离，鱼肉从半透明变成不透明时，就可以准备离开热源了。

（2）脂肪含量高低影响烹调方法 低脂肪的鱼类，如比目鱼、鲲鱼、鳕鱼、海鲈、河鲈、梭鱼等，几乎不含脂肪，因此鱼肉易变干，作为菜肴时一般会配有对应的汁来增加鱼肉的水分和油性。如果使用干性烹调，如炙烤、煎、炒等，需要增加油脂。

高脂肪的鱼类，如三文鱼、金枪鱼、鳟鱼、鲭鱼等，在吸收过多的热量后依然能保持不干，适合炙烤、煮的方式。

（3）注意鱼类的加工与储存 鱼类与贝类产品都是极易变质的食品，新鲜的鱼吃起来和闻起来都应该是新鲜的、鱼腥味不强烈。

部位	新鲜鱼的特点	非新鲜鱼的特点
气味	新鲜、无臭味	强烈鱼腥味
眼睛	清澈、明亮突出	混浊、下陷
鱼鳃	红色或粉色	灰色或棕色
鱼肉的质地	结实，有弹性	软，容易凹陷
鱼鳞	闪光，紧贴皮肤	松弛，无光泽

鱼类短时间储存应该在 -1~1℃，保持鱼肉的水分，避免与其他食材存放在一起，避免挤压鱼肉，及时剔除压烂损坏的鱼肉。长时间储存需要 -18℃ 或更低的温度，且要密封，高脂肪鱼可保存 2 个月，低脂肪鱼可保存 6 个月。

冷冻的鱼在烹饪前需要解冻，解冻过的鱼不要重新冷冻。

（4）贝类产品的挑选与判断

1）带壳的牡蛎、蛤、贻贝必须是活的才适合食用，鲜活时它们的壳是紧闭的，或者碰触时，它会立马把壳闭上。死的或带有臭味的要丢弃。

2）鱿鱼、章鱼等食材必须清洗，切掉触须，扔掉头部、嘴部，摘除内脏。章鱼肉质比较结实，一般较大的章鱼肉质会硬，较少使用。章鱼一般慢火长时间炖煮，或者采用机械嫩化处理。

3）甲壳类较常用的有龙虾、石龙虾、河虾、蟹等。此类食材一旦出现强烈的腥味就表示存放过久，或者已经腐坏。

4. 土豆及其他淀粉类食物

土豆、大米、面粉是最常见的淀粉类食物，也多是主食的主要材料。

（1）土豆

1）土豆的挑选。土豆外表应不萎缩、不软、没有芽、不带绿颜色、不腐烂，发芽和表皮带绿色的土豆易造成食品安全问题。

土豆的品种有许多，不同的菜肴要选择适宜的品类与制作方法，蜡质新品种土豆水分含量高、糖分含量高、淀粉含量低，外表小巧、呈圆形或椭圆形，熟后仍会保持形状，较硬，适合整个煮，可做沙拉、汤等。

深棕色或爱达荷土豆表皮略粗，最适宜制作炸薯条。

2）土豆的烹调。土豆制作的菜肴非常多，其中蒸和煮是较常用的处理方式，在煮土豆时要使用冷水，不能使用热水，否则易造成成熟不均匀，以此制作的菜肴有颗粒感。

① 制作土豆泥宜选择淀粉多的土豆，不宜使用新鲜的土豆。用文火煮至变软，土豆必须全熟，但是不能过度，否则会产生过多的水，还可以放入烤箱中烤制，使土豆更干，搅打成泥后使用加热过的器皿盛装，否则土豆变冷不易再进行其他操作。

② 土豆烘烤后应该以白色、黏糊状为佳，不应该呈现灰色。若想出现脆皮，可以在表面抹一层油。这里需注意包裹锡纸烘烤的结果与直接烘烤的结果是完全不一样的，锡纸烘烤有"蒸"的效果。

（2）**大米**　可食用大米的种类非常多，普通大米有中长短之分，还有半熟米、速食大米等，在西餐制作中，常用到各类特殊大米。

1）阿波罗大米。意大利短粒大米，是西餐制作中较常用的一类大米。

2）巴司马提大米。这是一种气味比较特别的大米，颗粒特别长，常见于印度及周边国家。

3）淡黄米。东南亚较常见的一种长粒白米，非常香，带有花香气。

4）威哈尼米。米粒颜色发红，带有很深的、纯朴的香味。

5）糯米。烹饪后很黏的大米，常见于亚洲食品中。

蒸煮大米的方法有许多，米水比例和烹煮时间的不同会形成不同的结果。水量主要取决于烹煮空间的大小、食用者对于米软硬的喜好程度、大米的种类、大米的存储时间等。

烹煮大米常见的方法有蒸煮法（适用制作不发黏的大米）、肉饭法（类似炖煮法）及意大利调味饭制法（先炒后煮），具体制作时要根据具体品种把控时间与方法。

9.2.2　烹调的基础理化知识

1. 食物成熟的热传递

食物的成熟是将热量从热源上传递到食物中的过程，热量传递是改变食物内部分子结构、改变食物内外性状的基础条件之一。在日常生活中，热传递有三种方式，即传导、对流和辐射。

（1）**热传递的基本概念**

1）传导。传导指热量从温度高的地方往温度低的部位移送，达到热量平衡的一个物理过程，其没有表现出宏观方面的运动，只在相互接触的物质间进行。热传导的发生条件是只要物体接触且存在温度差，那么热传导就会存在，即热量从物体温度较高的一部分沿着物体传到温度较低的部分。

在产品制作中，热源通过直接接触物传递给食材表面，再慢慢传至食材中心。对于不同的接触材料，其导热的速度是不同的，如金属是优良的热能导体，但是不同的金属传递速度也是不同的，如铜、铝的传热速度快，不锈钢传热速度相较就慢一些。

如在煎牛排的过程中，热量通过锅具传递给牛排，牛排会呈现外部先熟内部后熟的现象，热量从外部逐渐向内部中心传递，直至全部成熟。想要制作出不同成熟程度的牛排，就需要严格控制热量的传递，同时需要考虑在远离热源后，物质内部依然存在着一定的热传导，应注意余热的处理工作。

示例：牛排内部的热传导现象

| 一分熟 | 三分熟 | 五分熟 | 七分熟 | 全熟 |

2）对流。热对流发生在流体中，即在气体和液体材料中，流体的宏观运动引起流体各部分发生相对位移，从而引起冷热掺杂，产生热量的传递，在这个过程中也伴随着热传导现象。

对流有两种方式，即自然对流和机械对流。

① 自然对流。在物理现象中，较热的流体会发生上浮，较冷的下沉，这个过程会不断重复，就形成了自然对流，它直接引起热量的不断循环，这个过程通常只发生在垂直方向。如果对流的过程中有固体物质阻挡，那么对流便会沿着能够通过的最近的点流过，继续上下沉浮，所以如果在加热菜品的过程中，在热气流的传导过程中加入遮挡物，会有效降低热量。

② 机械对流。自然对流的方式较慢，且发生区域有限，利用外力改变对流的方向，可以使热量更快地向所需方向传递，这个过程加快气流循环，就加快了食物成熟的进度。热风炉就是通过机械对流产生更有效、更均匀的热量传递。

3）辐射。物体通过电磁波来传递能量的方式称为辐射，其中因热而发出的辐射能现象称为热辐射。辐射与前两种热量传递方式不同的是，前两种都需要有物质存在，而辐射可以在真空中传递能量，且在真空中的传递最高效。

辐射产生的热量接触到食物表面后，只能使食物表面拥有热量，内部的传递还是需要热传导或热对流的。

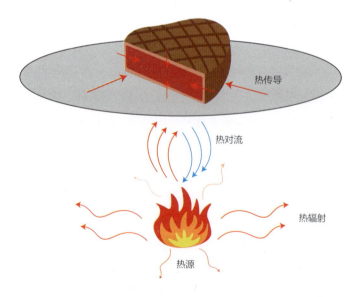

辐射热在烹调中无处不在，但多为辅助，以其为主要加热方式的烹调有以下两种形式。

① 红外线辐射。辐射以光速向各个方向发射，被食物吸收，西餐制作中，常用的红外线

炉具等是以此方式加工食品的。

②微波辐射（高频电磁波）。微波炉通电后会使自身产生超高频电磁波，渗透入食物内部，激活食物水分子开始剧烈运动，摩擦产生热量。微波加热的穿透力比较强，加热迅速，但是却无法给食物上色。

在实际应用中，食品成熟的方式有很多，且往往不会只使用单一的形式独立进行，只是采用不同的工具进行加热，其热传递发生的方式与产生的效果有主次之分而已。

（2）烹调过程中的热传递方式　在烹调过程中，食材的成熟方法众多，但其传热形式大致可以分为两类，即单面（平面）传热和全面（空间）传热。

1）单面（平面）传热。该形式下，原料只有一个面能够接受热源，常见的烹调方法有煎、焗、扒等。

2）全面（空间）传热。该形式下，原料的每个面或大多数面能同时接受热源，常见的烹调方法有煮、烩、烤、炸等。

（3）烹调过程中常见介质的热传递

1）以固体为介质传热。烹调中常见的介质有金属、盐、石头等。

以金属为介质的热传递是将加工好的原料放在热的金属板或其他金属器具上，使热量传入原料内部，其一般烹调温度可达300~500℃，常见的传热金属有铁、不锈钢等。

盐、石头属于颗粒状的固体介质，受热后依靠传导的方式对食物进行热量传递，其保温性能良好，但不能自主流动，需要在加工过程中不断翻动才能使加工的原料受热均匀。这类介质在西餐中不常用到，部分中餐制作中会使用。

2）以液态为介质传热。烹调中常见的介质有水、油等。

液体介质的流动性好，液体在静置状况下，传热方式主要是传导，在运动过程中主要传递方式还有对流。

水在标准大气压下，沸点为100℃，此时温度持续升高，水就会变成水蒸气，并带走大量的热量一直保持水温在100℃。

在这个状态下，继续加热的力度会影响水的状态，较大的热量会造成大量的水蒸气持续蒸发，形成沸腾状态，此时适宜短时间烹调食物以获得软嫩的口感；如果使用较小的热量维持水的温度在100℃，水蒸气量较小，水形成微沸状态，这时就比较适合把食物烹至软烂。对应的烹调方法有煮、焖、烩等。

油比水升温快，吸收的热量也多，可以使食物迅速成熟，形成外脆里嫩的口感特点，对应的烹调方法有炸、煎等。

3）以气态为介质传热。烹调中常见的介质有水蒸气、微波等。

蒸汽是达到沸点之后产生汽化的水，其传热方式主要是对流，传热的温度高低由气压的高低和火力的大小决定。水蒸气的加热温度可达120℃，饱和的水蒸气可以快速加热食物而减少原料中水分的损失，对应的烹调方法是蒸。对于不同菜肴品质的要求，可采用蒸的不同方式。如速蒸可得到鲜嫩的菜肴，缓蒸可得到软烂的菜肴，放气速蒸可以得到极嫩的菜肴。

通过热辐射直接将热量辐射到原料的表面，依靠空气的对流形成空间内的恒温环境，空间内辐射热与对流热并存，水分蒸发，食材成熟，表层产生干脆焦香的烘焙风味。对应的烹调方法有焗、烤、微波等。

2. 菜肴的口味

（1）味觉的概念与分类　味觉是人类辨别外界物体味道的感觉，从广义上说，味觉是从准备进食，到看见食物，再从口腔到消化道所引起的一系列的感觉。这一过程包括了心理味觉、物理味觉及化学味觉。

各类味觉的定义及作用		
味觉种类	定义	作用
心理味觉	人们在进食前后及进食中，从心理上对食物产生的感觉	心理味觉状况良好可以引起食欲，提高消化率
物理味觉	物理味觉也称为口感，来源于菜肴的物理性质对人的口腔触觉器官的刺激	能感受到菜肴的质地变化，如老、嫩、软、硬、焦、脆、韧等
化学味觉	化学味觉接近口语中的味道的含义，是由菜肴中的化学物质刺激味觉器官引起的感觉	能感受到咸味、甜味、苦味、辣味、鲜味等

因生活习惯、饮食习俗的不同，不同的国家和民族对"味觉"有不同的形容与分类。如我国常习惯将味觉分为酸、甜、苦、咸、辣、鲜、涩七种，欧美国家则常分为甜、酸、苦、咸、辣、金属味六种，日本分为咸、酸、苦、甜、辣五种，印度分为甜、酸、咸、苦、辣、淡、涩、不正常八种。

从生理上来说，人只有基本味觉，分别是甜、酸、苦、咸，它们是直接刺激味蕾产生的，也称为基本味。而辣味主要是刺激口腔黏膜而引起的痛觉，鲜味是一种较复杂的"风味强化剂"或"风味增效剂"。

（2）味觉原理　味的感受器官是味蕾，是主要分布于舌面上的许多突起乳头，少数分布于软腭、会咽、咽喉，在舌黏膜褶皱处的侧面分布更为稠密。每个人有9000~10000个味蕾，每个味蕾由40~60个味细胞构成，与味神经相连，味蕾从受到刺激至产生味觉只需要1.5~4毫秒，比视觉、听觉、触觉都要快，其中咸味感觉是最快的，苦味最慢。

由于味蕾乳头在舌面上的分布不同，舌面的不同部位对各种味觉的敏感度不同。

（3）影响味觉的因素

1）浓度。味感物质的浓度不同，对味觉产生的结果也是不同的。如酸味、咸味在低浓度时会给人带来愉快的感觉，高浓度时这种愉快感就会有很大程度的下降。

2）温度。最能刺激人们味觉的温度是10~40℃，不在这个区间内产生的味觉都会减弱。对于四种基本味，从0~37℃，味觉的敏感性随温度升高而增强，当温度高于37℃时敏感性随着温度升高而降低。

3）溶解度。各种呈味物质只有溶解于水时才具有味感，完全不溶于水的物质是不具有味感的。不同的物质溶解度不同，溶解速度也不同，对味蕾产生味觉也会有不同的影响。一般溶解度越高,味感就越充分。

4)油脂因素。呈味物质溶于水,但不易溶于油脂,所以油脂对味觉产生有减弱作用。但油脂可以使食物的口味更加柔和协调。如黄油属于油包水物质,所以感受其味道的时间相对较长,但是它与多类食材组合都较协调。

5)生理因素。人由于年龄、性别、生活习惯的不同,对不同味觉的敏感程度也是不同的。如儿童对糖的敏感度是成人的两倍。此外,由于地理、文化等方面的差异,也会影响人们对浓度的感受,导致对味觉的敏感度不同。

6)各种呈味物质的相互作用对味觉的影响。不同的呈味物质组合会有一定的相互作用,如在鲜味的汤中加入盐可以使鲜味更加明显。

(4)主要味觉的理化性质

1)咸味及咸味物质。咸味在烹调中具有调和滋味、增鲜、提味、定味的重要作用,可以显示原料本身具有的鲜味,也有解腻、去除异味的作用。目前,盐是较为理想的咸味剂,主要成分是氯化钠,属于中性盐,通过电解质的电解作用,氯化钠电离成为钠离子和氯离子,钠离子呈现出咸味,所以盐不仅可以调味,也能维护人体的生理平衡。

2)甜味及甜味物质。甜味在烹调过程中具有去腥解腻、矫正口味的作用,与酸发生酯化反应可以提高菜品的香味,在一般烹调中,是仅次于咸味的调味品。常用的甜味剂有蔗糖、果糖、葡萄糖、麦芽糖、乳糖、海藻糖、转化糖浆、玉米糖浆等,甜度高低为果糖＞蔗糖＞葡萄糖＞海藻糖＞麦芽糖＞乳糖;转化糖浆＞玉米糖浆。

3)酸味及酸味物质。酸味是由氢离子刺激味觉神经产生的,凡是在溶液中能电离出氢离子的化合物都具有酸味。酸味是一种重要的基本味,可以调和菜肴滋味、去除异味、增加菜肴香味、软化韧性材料,同时也有抑菌、杀菌、健胃消食等作用。过去酸味物质多来自植物性原料及其酿造品,随着化学工业的发展,目前也生产出许多食品级的酸味物质。烹调中常见的酸味物质有醋酸、柠檬酸、乳酸、酒石酸、苹果酸、草酸等。

4)苦味及苦味物质。人的味蕾对苦味的感觉是最为敏感的,但反应的速度要稍慢一点。苦味会给人带来不愉快的感觉,但将其以恰当的方式混合其他味会产生丰富的风味,如巧克力、啤酒等。苦味具有刺激胃口的作用,广泛存在于植物性食物中,如橘子皮、柠檬皮等。苦味一般在低温时人的感觉更强,高温时强度降低。

5)辣味及辣味物质。辣味不属于基本味,它不是由味觉感官产生的,而是辣味物质作用于口腔中的痛觉神经和鼻膜产生的灼痛感,使人产生具有刺激的生理快感。辣味具有很强的刺激性,带有辛香味,是一种复合味,一般可以分为热辣味和辛辣味。

辣味			
分类	特性	辣味物质	主要食物
热辣味(火辣味)	作用于口腔,引起口腔的烧灼感,对鼻腔没有明显的刺激	辣椒素、胡椒碱	辣椒、胡椒
辛辣味	除作用于口腔外,还具有一定的挥发性,能刺激鼻腔黏膜,引起冲鼻感	蒜素、黑芥子甙	洋葱、姜、蒜、芥菜、辣根

辣味除了能引起刺激感觉外，还能给食品增香、压制异味，也有解腻的作用，能促进胃液分泌、增进食欲、促进血液循环、祛湿等。同时需注意，过多食用辣味，会伤害人体肠胃。

6）鲜味及鲜味物质。在烹调菜肴中，鲜味可以丰富菜肴滋味，激发人的食欲。主要产生鲜味的物质是氨基酸、核苷酸、琥珀酸等，主要存在于各种肉类、水产类、蕈类等食物中。厨房中常见的呈鲜调味品是味精（谷氨酸钠）。

7）涩味及涩味物质。涩味是由于涩味物质作用于口腔，导致口腔黏膜的蛋白质凝固而产生的收敛感觉。通常涩味会给人不愉快的感觉，一般会通过焯水的方法去除。产生涩味的物质有单宁、多酚类、草酸、金属铁、明矾等，主要存在于水果、蔬菜、茶、未成熟的水果中。

3. 菜肴的色彩

（1）**菜肴外观色彩的意义与作用**　菜肴呈现的外观色彩是评定菜肴质量好坏的重要标志之一。长期的饮食习惯，使人们对菜肴的色彩形成了条件反射，使之与味觉、情绪之间产生了某些内在的联系，如红色容易联想起浓厚的香味、酸甜的风味；白色会联想起质洁、软嫩、清淡的感觉；绿色会联想到新鲜、清淡的感觉。

（2）**菜肴的天然颜色**　烹饪原料中含有许多天然色素，这些色素对人体无毒害，有些还具有一定的营养价值。如呈绿色的叶绿素、呈橙红色的胡萝卜素、呈棕褐色的可可色素等。

（3）**食材烹调过程中颜色变化与保护方法**

1）褐变。褐变反应在食品加工中是较为普遍的变色现象，根据是否有酶的参与，分为酶促褐变、非酶褐变反应，如常见的水果去皮后的氧化作用就是酶促褐变的现象之一，焦糖熬制的过程就是非酶褐变反应的现象之一。

2）天然色素的变化。天然色素对氧气、温度、酸碱等条件都较敏感，在一定环境下自身呈色会产生一定的变化。如叶绿素是绿色蔬菜、水果的主要色素，在稀酸性溶液中发生化学反应而出现褐色，在弱碱性溶液中会相对稳定，短时间加热可形成叶绿酸呈鲜绿色；肉中的颜色主要是由肌红蛋白产生，肉类加热会使蛋白质变性，导致红色的肌红蛋白转变成褐色的变性肌红蛋白。

4. 菜肴的香气

（1）**菜肴香气的产生与意义**　菜肴香气主要来自菜肴中的挥发性物质，多是具有挥发性的烃、酸、碱、醇、酯、含硫、含氮的化合物，它们浮游于空气中，经鼻腔刺激嗅觉神经，传达至中枢神经，便会使人感觉到香气。菜肴所具有的香气是决定菜肴质量的重要标志之一，是菜肴风味的重要组成内容。

（2）**菜肴的香气成分**　每款菜肴香气组成成分较复杂，可能来自主料、辅料及调味料，也可以是加热过程中产生的其他物质。如一般蔬菜的香气成分有醇、酯、醛、酮等，如大蒜中的大蒜辣素，香菜中的芫荽油等；蕈类一般都具有诱人的香气，如香菇中的香菇精；水产品中的香味多需要经过烹饪才能完全释放，但是它带有六氢吡啶类化合物，有腥气；肉类在加热过程中其内的氨基酸与羰基化合物发生反应，之后又连续反应生成香气物质。

（3）菜肴的香气成分保护　一般菜肴的温度越高，香气中的挥发性物质越易挥发。在烹调过程中，热菜要确保香气不外溢，可以采取密封的方式，如盖盖子。

5. 菜肴的形

形指菜肴的成型与造型，原料形态、处理技法、拼摆方法都直接影响菜肴呈现的"形"。

（1）菜肴造型的构成

1）原料形态。烹饪原料都具有自身特定的形态，可原型展现，也可以依托技法改变，如整鱼与鱼蓉。

2）餐具形态。餐具是装盛菜点的器皿，是菜肴成型展现的一部分，餐具主要的作用是盛装食物，同时具有装饰、突出菜肴的作用。餐具根据形态、材质、形状等可以分为不同种类，形态如深凹面的锅碗形餐具、浅凹面的汤盆形餐具、平面形态的盘碟形餐具。材质有陶瓷、竹木、金银等材质，形状有圆形、长圆形、长方形、方形等。具体使用时，需要根据菜肴具体的量和重点特征来组合搭配，要适宜、美观，才能给菜肴整体加分。

3）点缀造型。点缀是菜品成型后的装饰方法，点缀材料具有可食性，但不是菜品的主要组成部分，对菜肴起到装饰作用，一般点缀方法有垫底、围边、点角等方法。

西餐菜肴常见的点缀方法	
点缀方法	点缀特点
垫底	运用色彩和形状上的对比，主菜展示在点缀材料上
围边	运用色彩和形状上的对比，将点缀材料围在主菜一周
点角	在主菜一侧使用点缀材料，与主菜有色彩、形状上的呼应，有视觉效果上的加分
盖帽	将点缀材料覆盖在主菜的表面或顶部

（2）菜肴造型的基本原则

1）坚持实用性为主、装饰性为辅的原则。所有的装盘材料都应以方便进食、增强食欲为目的，切勿胡乱堆砌材料，切勿追求华而不实，装饰材料要避免喧宾夺主，所用的一切材料都应确保食品的安全性特点。

2）坚持准确、迅速、卫生的规范化操作。在主菜出来前，相关点缀要注意把控节奏，不能影响菜肴出品。一般要提前准备好。

（3）菜肴摆盘的方法

1）特异摆盘。特异性包括形状、位置、色彩、质地等，主体产品或辅助产品有别于视线中的其他产品，利用外形的各因素变化拉开图形之间的差距，形成强烈的视觉变化。

2）同类摆盘。类似产品的组合搭配，产品不是完全一样的，有某些共同的因素，但是每个产品又有不同的展出效果，组合形成的样式容易使画面产生统一感，画面协调又富有变化。

3）规律性摆盘。形态产生连续的有规律性的变化组合，产生节奏和渐变，给人非常生动的流动感。

4）对比摆盘。和色彩对比类似，进行组合的产品的大小、疏密、形状、空间等都可以当作对比因素。

5）重复摆盘。用完全相同的视觉元素组织成一个画面，能给人整齐、秩序化的印象，富有整体感。

6）发射形摆盘。发射也是一种重复，不过表现形式比较特殊，它是元素围绕一个点或多个点向内散开或向外散开的一种表现。在视觉上这种构成的效果具有明显的开放态度，空间感也很强。

9.2.3 技术研究总结撰写要求与方法

1. 技术研究总结撰写要求

技术研究总结是技术成果鉴定的核心文件，是评价、审查成果新颖性、先进性、实用性的关键性材料，也是指导技术应用、技术推广的主要文件。

技术研究总结撰写的基本原则和要求是实事求是、不造假、不牵强，科学严谨，逻辑性强，观点鲜明。要做到技术用语规范，数据准确可靠，计量单位统一而符合法规，配图清晰，标记明确。

技术研究总结不同于试验报告和一般性科技论文，它具有以下几个特点。

（1）**系统性** 技术研究总结需要对技术研究工作进行系统而全面的总结。

（2）**综合性** 总结是将各项研究有机地组合成一个整体，也需对研究成果做出经济方面的评测与总结。

（3）**对比性** 总结内容需要具有与国内外同类技术相比较的信息。

2. 技术研究总结撰写方法

（1）**标题（成果名称）** 技术报告的标题要简明扼要，一般不超过 35 个汉字，命题要鲜明地体现出该项技术的实质、技术的特点及其研究的范畴。在确定成果名称时，避免使用抽象的名称，避免使用带商业名称的内容，同时要避免使用范畴过宽的名称。

（2）**摘要（提要）** 为了方便审阅者在阅读前对该项技术全貌有一个大概的了解，标题下面要写一份摘要，字数可控制在 500 字以内。摘要中要写明研究的依据及采用的技术原理；在研究过程中解决的技术关键或难点，主要技术内容的特点及在生产、科研等方面实施的价值。阅读者在看了摘要后，既能对该项技术全貌有概念，又能了解其中主要技术内容的新颖性、先进性和实用性。

摘要中的文字要精练简洁，有高度概括的能力。

（3）**正文** 正文内容要全面客观地反映技术研制的起步基础与技术难度，技术或学术水平创新点，经济效益与生态、社会效益，应用前景与促进技术进步作用。

正文内容主要包括立题依据、研究方案与内容，可涉及试验材料与方法、试验过程与结果等，要有技术关键与创新点的描述，要涵盖技术适应范围、技术推广应用与经济效益，要明确技术使用过程中存在的问题,并针对问题提出改进意见。

1)立题依据。概述国内外同类技术概况,主要技术经济指标及尚需解决的问题,研究(制)的基础和预计的目标。

2)任务来源和要求。以开题报告、计划任务书或合同书为依据。

3)研究方案和内容是研究(制)报告的重点。其中研究方案即确定研究的途径和技术路线,它反映项目所采用的技术、工艺、材料和设备等。研究内容指项目的主要组成部分所解决的技术难点(技术关键)及其所采用的试验材料和方法,最终所达到的技术水平。

复习思考题

1. 培训方案一般涉及几个方面?
2. 企业培训的重点对象包括哪些人群?
3. 怎么选择培训时机?
4. 常见的培训方法有哪些?
5. 绿色蔬菜中的绿色素指什么?
6. 食物成熟的热传递有哪些方式?
7. 辣味是通过什么方式产生的?

西式烹调师（技师 高级技师）

模拟试卷

西式烹调师（技师）理论知识试卷

注 意 事 项

1. 考试时间：90 分钟。
2. 请按要求在试卷的标封处填写您的姓名、准考证号和所在单位的名称。
3. 请仔细阅读回答要求，在规定的位置填写答案。

合计＼题型	一	二	三	四	五	总 分	评分人
得 分							

得 分	
评分人	

一、单项选择题（将正确答案的序号填入括号内，每小题 1 分，共 40 分）

1. 关于禽类说法正确的是（　　）。
   A. 西餐常用鸡、鸭、鹅、鸽子和鹌鹑作为原料
   B. 火鸡最初是在法国驯养的
   C. 禽类肉分为白色肉和黄色肉
   D. 红色肉和白色肉的烹调时间是一样的

2. 番茄芝士沙拉用到的芝士是（　　）。
   A. 蓝纹芝士　　B. 切达芝士　　C. 金文弼芝士　　D. 水牛芝士

3. T 骨牛排位于牛的（　　）部位。
   A. 上脑　　B. 里脊　　C. 上腰　　D. 肋条

4. "酿馅鸡蛋"这道菜中的鸡蛋是（　　）。
   A. 全熟白煮蛋　　B. 带壳溏心蛋　　C. 全熟煎蛋　　D. 溏心煎蛋

5. 除碳、氢、氧、（　　）四种元素以有机化合物形式存在外，其余元素均统称为无机盐或矿物质。
   A. 氮　　B. 氦　　C. 钠　　D. 锌

6. （　　）又称为外加毛利率，是菜点毛利额与菜点成本之间的比率。
   A．销售毛利率　　　B．内扣毛利率　　　C．成本毛利率　　　D．菜点毛利率

7. 蔬菜汤可以加入动物性原料（　　）制成。
   A．清汤　　　　　　B．海鲜基础汤　　　C．蔬菜泥　　　　　D．奶油基础汤

8. 不适合配厨师沙拉的酱汁是（　　）。
   A．黑椒少司　　　　B．蘑菇少司　　　　C．千岛汁　　　　　D．荷兰汁

9. 匈牙利烩牛肉的色泽是（　　）。
   A．焦褐色　　　　　B．深褐色　　　　　C．暗红色　　　　　D．浅褐色

10. 黑胡椒少司的制作过程加入了（　　）。
    A．黄油　　　　　　B．橄榄油　　　　　C．色拉油　　　　　D．大豆油

11. 西冷牛排又称（　　）。
    A．沙朗牛排　　　　B．肋眼牛排　　　　C．肋骨牛排　　　　D．无骨牛排

12. Toaster 指（　　）。
    A．焗炉　　　　　　B．煎锅　　　　　　C．烤面包机　　　　D．冰箱

13. 燃气源与设备之间用软管连接，管的长度不得超过（　　）。
    A．1米　　　　　　 B．2米　　　　　　 C．3米　　　　　　 D．4米

14. 杂肉串需要的辅料有葱头、（　　）、蘑菇。
    A．洋葱　　　　　　B．大蒜　　　　　　C．青椒　　　　　　D．土豆

15. 中文的（　　）容易阅读，适合作为西餐菜单的名称和菜肴的介绍。
    A．宋体　　　　　　B．仿宋体　　　　　C．楷体　　　　　　D．黑体

16. （　　）是烹饪行业人员应自觉遵守的职业道德。
    A．公平交易，货真价实　　　　　B．不徇私情，不谋私利
    C．忠于职守，爱岗敬业　　　　　D．尊师爱徒，团结协作

17. 沙丁鱼的去骨主要是为了去除沙丁鱼的（　　）。
    A．鱼皮　　　　　　B．鱼头　　　　　　C．鱼腹　　　　　　D．脊骨

18. 关于职业道德建设说法错误的是（　　）。
    A．每个人都应该积极参与职业道德建设
    B．职业道德建设不是一蹴而就的
    C．职业道德建设不是每个职业都需要做的
    D．加强职业道德建设有利于社会发展

19. 恺撒沙拉一般作为全餐的（　　）道菜。
    A．第一　　　　　　B．第二　　　　　　C．第三　　　　　　D．第四

20. 以下说法正确的是（　　）。
    A．新鲜的鱼无臭味、鱼鳃红色或粉色、鱼肉结实有弹性、鱼鳞紧贴鱼皮
    B．新鲜鱼放入冻库保存后可以直接使用

C. 金枪鱼肉色橙黄、无小刺

D. 金枪鱼又叫石肠鱼

21. 关于道德，准确的说法是（　　）。

    A. 做事符合他人利益就是有道德

    B. 道德就是做好人好事

    C. 道德是处理人与人、人与社会、人与自然之间关系的特殊行为规范

    D. 道德因人、因时而异，没有确定的标准

22. 下列不是芝士分类依据的是（　　）。

    A. 生产工艺　　　B. 质地　　　C. 形状外观　　　D. 制作天气

23. 加工肋骨牛排时，将肋骨横着锯掉（　　），并用刀剔除脊肉表层部分多余的脂肪。

    A. 2/3　　　B. 1/3　　　C. 1/2　　　D. 1/4

24. 学院沙拉不常使用的材料是（　　）。

    A. 海鲜　　　B. 鸡蛋　　　C. 土豆　　　D. 酸黄瓜

25. 菜点烹制工艺流程的第一阶段为食品原料的（　　）阶段。

    A. 选择　　　B. 加工　　　C. 烹调　　　D. 组配

26. 烩分为红烩和（　　）。

    A. 干烩　　　B. 油烩　　　C. 酱烩　　　D. 白烩

27. 一字形布局通常指所有炉灶、炸锅、烤箱等加热设备均以（　　）布局，依墙排列，置于一个长方形的通风排气罩下。

    A. 直线型　　　B. 相背型　　　C. L形　　　D. U形

28. 关于面粉说法错误的是（　　）。

    A. 高筋面粉适合做面包　　　B. 低筋面粉适合做蛋糕

    C. 中筋面粉就是高筋面粉加低筋面粉　　　D. 蛋白质含量是面粉分类的重要依据

29. 在竞争激烈的市场中，（　　）才是厨师职业得以强化和长胜的根本。

    A. 基本功　　　B. 烹调技能　　　C. 创新　　　D. 传承

30. 制作炸弹面糊时，糖浆的温度为（　　）。

    A. 117~121℃　　　B. 121~125℃　　　C. 125~129℃　　　D. 129~133℃

31. 成品羊肉串应该具备（　　）的口感。

    A. 嫩滑爽口　　　B. 外焦里嫩　　　C. 软烂不柴　　　D. 鲜嫩多汁

32. 法式焗蜗牛使用的油脂通常是（　　）。

    A. 色拉油

    B. 橄榄油

    C. 黄油

    D. 大豆油

33. 下列选项对维生素D的生理功能叙述正确的是（　　）。

    A. 促进体内钙和磷的代谢

    B. 延缓衰老和记忆力减退

    C. 促进生育

    D. 促进凝血

34. 顾客消费行为变得更加理性，他们对菜价、质量、卫生、服务及（　　）都提出了一定的要求。

　　A．餐厅的环境　　　B．菜肴的营养　　　C．菜肴的外观　　　D．菜肴的口味

35. 以下少司中不是番茄少司的衍变少司的是（　　）。

　　A．蘑菇少司　　　B．杂香草少司　　　C．橙香番茄少司　　　D．葡萄牙少司

36. 樱桃是下列哪个单词（　　）。

　　A．Cherry　　　B．Strawberry　　　C．Fig　　　D．Pear

37. 中型饭店的厨房与用餐区域面积的比例为（　　）。

　　A．1∶2　　　B．1∶2.1　　　C．1∶2.2　　　D．1∶2.3

38. 新鲜出炉的蛋挞冷藏最好不超过（　　）小时。

　　A．24　　　B．36　　　C．48　　　D．60

39. U形布局将工作台、冰柜及加热设备沿（　　）摆放，留一出口供人员、原料进出，出品可从窗口接递。

　　A．一周　　　B．周围　　　C．U形　　　D．四周

40. 根据成型方式的不同，产品大致可分为烤布丁、冷冻（冷藏）布丁与（　　）布丁。

　　A．煮　　　B．常温　　　C．蒸　　　D．液体

得　分	
评分人	

二、多项选择题（将正确答案的序号填入括号内，每小题1分，共20分）

1. 以下不属于布朗少司的衍变少司的是（　　）。

　　A．班尼士少司　　　B．蘑菇少司　　　C．莫内少司　　　D．番茄少司

2. 学校餐厅的菜单要考虑的因素有（　　）。

　　A．学生的年龄　　　B．学生的性别　　　C．学生的营养需求　　　D．学生的口味

3. （　　）不是衡量厨房质量的因素。

　　A．原料质量　　　B．成品质量　　　C．原料加工质量　　　D．配色

4. 直线型布局需要每位厨师按分工相对固定地负责某些菜肴的烹调，所需工具设备均分布在其左右和（　　）。

　　A．前后　　　B．左右　　　C．附近　　　D．周围

5. 新鲜蔬果中含的糖类主要有淀粉、（　　）等。

　　A．脂肪　　　B．果胶　　　C．蛋白质　　　D．纤维素

6. 菜单的作用有（　　）。

　　A．反映餐厅特色　　　B．宣传餐厅　　　C．经营餐厅　　　D．为企业带来效益

7. 鱼类的海鲜有（　　）。

   A. Salmon　　　　　B. Cod　　　　　　C. Tuna　　　　　　D. Bass

8. 以下哪些单词不是杏仁和榛子（　　）。

   A. Almond　　　　　B. Filbert hazelnut　C. Pinenut　　　　D. Chestnut

9. 关于烩类菜肴说法正确的有（　　）。

   A. 少司的温度保持在 80~90℃　　　　　B. 烤箱温度最高为 170℃

   C. 少司用量刚好覆盖原料　　　　　　　D. 大部分需要经过初步热加工

10. 以下对于荷兰少司的描述错误的是（　　）。

    A. 制作成功的状态应该是半流质　　　　B. 主料为蛋黄和黄油

    C. 颜色为深黄色，带有光泽　　　　　　D. 主料是蛋白

11. 餐厅不再是一个纯粹的吃饭的地方，还是人们（　　）的场所。

    A. 洽谈业务　　　B. 举办婚宴　　　C. 各种庆典　　　D. 聚会

12. 由于厨房电器设备的工作环境较为恶劣，因此应严格按照有关制度经常对电器设备进行（　　）检查，及时消除隐患。

    A. 漏电　　　　　B. 绝缘老化　　　C. 接地保护　　　D. 零部件完好性

13. （　　）是千岛酱的配料。

    A. 马乃司酱汁　　B. 番茄　　　　　C. 酸黄瓜　　　　D. 煮鸡蛋

14. 法式洋葱汤的成品质量要求是（　　）。

    A. 汤汁浅褐色　　B. 口味鲜香　　　C. 洋葱味浓郁　　D. 汤汁浓厚

15. 土豆烩羊肉的成品质量标准是（　　）。

    A. 色泽浅褐色　　　　　　　　　　　B. 块状，整齐均匀，表层有少司

    C. 浓香，微甜　　　　　　　　　　　D. 羊肉外焦里嫩

16. 冷菜厨师负责冷菜、沙拉、（　　）等菜肴的制作。

    A. 面包　　　　　B. 少司　　　　　C. 汤汁　　　　　D. 水果盘

17. 法式菠菜焗牡蛎的质量标准是（　　）。

    A. 金黄色　　　　　　　　　　　　　B. 表面丰满不塌陷

    C. 口味咸酸，鲜香　　　　　　　　　D. 鲜嫩多汁

18. 关于贻贝说法错误的是（　　）。

    A. 贻贝和青口是两个物种　　　　　　B. 贻贝又叫海虹

    C. 应用软刷小心清洗贻贝　　　　　　D. 用冷水清洗干净，去除海草等杂物

19. 制作罗宋汤需要用到的材料有（　　）。

    A. 牛腩　　　　　B. 番茄酱　　　　C. 洋葱　　　　　D. 大蒜

20. 匈牙利烩牛肉的质量标准是（　　）。

    A. 色泽浅褐色　　　　　　　　　　　B. 块状均匀，表面布满少司

    C. 浓香，微甜　　　　　　　　　　　D. 口感软烂不柴

三、计算题（每小题 5 分，共 10 分）

1. 某公司宴请外商举办西餐宴会，宴会费用标准为 200 元/人，预订人数为 50 人。若宴会的销售毛利率是 55%，求该宴会的成本。

2. 某厨房将 3 千克干鱿鱼涨发后得到 4.8 千克水发鱿鱼，求干鱿鱼的净料率。

四、简述题（每小题 10 分，共 20 分）

1. 简述鸭子的拆解过程。

2. 简述开酥的步骤。

五、综合题（每小题 10 分，共 10 分）

画出牛肉各部位的分解图。

西式烹调师（高级技师）理论知识试卷

注 意 事 项

1. 考试时间：90 分钟。
2. 请按要求在试卷的标封处填写您的姓名、准考证号和所在单位的名称。
3. 请仔细阅读回答要求，在规定的位置填写答案。

题型合计	一	二	三	四	总　分	评分人
得　分						

得　分	
评分人	

一、单项选择题（将正确答案的序号填入括号内，每小题 1 分，共 40 分）

1. 食品原料检验合格后（　　）清理入库。
   A. 同时　　　　B. 分类　　　　C. 立即　　　　D. 无须

2. （　　）可以增加菜肴的变化，提高菜肴档次。
   A. 点缀　　　　B. 造型　　　　C. 餐具　　　　D. 菜肴介绍

3. 国内通用标准是（　　）个餐位配备 1 名厨房人员。
   A. 10~15　　　B. 15~20　　　C. 20~25　　　D. 25~30

4. 对人体有生理意义的单糖主要有葡萄糖、果糖和（　　）。
   A. 乳糖　　　　B. 蔗糖　　　　C. 半乳糖　　　D. 糖原

5. 总体来讲，除（　　）外，西餐供餐的其他形式都属于套餐范畴。
   A. 自助餐　　　B. 冷餐　　　　C. 宴会　　　　D. 鸡尾酒会

6. 制作鹅肝菜肴时，把鹅肝放入锅中，盖上锅盖，热水保持 75℃的状态加热（　　）分钟。
   A. 20　　　　　B. 30　　　　　C. 40　　　　　D. 50

7. 与烹饪人员从事的工作没有密切关系的是（　　）。
   A.《中华人民共和国劳动法》　　　　B.《中华人民共和国野生动物保护法》
   C.《中华人民共和国婚姻法》　　　　D.《中华人民共和国消费者权益保护法》

8. 美国菜口味趋于清淡，在用料上，肉汤用低脂或低胆固醇的（　　）、鸵鸟肉等。
   A. 鸡肉　　　　B. 水牛肉　　　C. 羊肉　　　　D. 鸭肉

9. 道德是人类社会生活中依据社会舆论、（　　）和内心信念，以善恶评价为标准的意识、规范、行为和活动的总称。
   A. 国家法律 B. 社会法则 C. 传统习惯 D. 个人约定

10. 水浴指将食物浸入温度为（　　）的液体中低温烹调。
    A. 60~65℃ B. 65~70℃ C. 71~85℃ D. 85~90℃

11. 所有油脂都有比（　　）黏性高的特点。
    A. 盐 B. 水 C. 糖 D. 酱

12. 在使用任何一种设备前，都必须先详细阅读（　　）。
    A. 功能 B. 产品说明书 C. 使用说明书 D. 保修单

13. 宴会台面按用途可分为食用台面、观赏台面、（　　）三种。
    A. 艺术台面 B. 异形台面 C. 喜庆台面 D. 酒会台面

14. 鸡尾酒会每杯酒水一般为（　　）。
    A. 200~220毫升 B. 220~240毫升 C. 220~260毫升 D. 220~280毫升

15. 人们庆祝生日常常要在生日宴会上配（　　）。
    A. 鲜花 B. 礼物 C. 生日蛋糕 D. 音乐

16. 竞争可以大大促进（　　）的快速发展。
    A. 社会经济 B. 社会生产力 C. 生产技术 D. 生产规模

17. 在-18℃或更低温度下，高脂肪鱼可储存（　　）个月。
    A. 5 B. 4 C. 3 D. 2

18. 脂肪可分为动物脂肪和（　　）两种。
    A. 矿物脂肪 B. 植物脂肪 C. 人工合成脂肪 D. 饱和脂肪

19. （　　）、爱人民、爱劳动、爱科学和爱社会主义是社会主义道德建设的基本要求。
    A. 爱民族 B. 爱祖国 C. 爱和平 D. 爱团结

20. 罗宋汤最早起源于（　　）。
    A. 俄罗斯 B. 波兰 C. 乌克兰 D. 意大利

21. 厨房工作专间人员要做到"三白"，即衣白、帽白、（　　）。
    A. 工作裤白 B. 围裙白 C. 手套白 D. 口罩白

22. 意大利人通常把风干火腿当作（　　）。
    A. 配菜 B. 开胃菜 C. 主菜 D. 副菜

23. 真空低温烹调机把水预热至（　　）。
    A. 40℃ B. 45℃ C. 50℃ D. 55℃

24. 西餐菜单有多种形状，但最适用的形状是（　　）。
    A. 长方形 B. 正方形 C. 多边形 D. 不规则形

25. 菜单文字不宜超过菜单总篇幅面积的（　　）。
    A. 40% B. 50% C. 60% D. 70%

26. 南意菜系更喜欢用（　　）烹调食物。
    A. 橄榄油　　　　B. 色拉油　　　　C. 辣椒油　　　　D. 牛油
27. 恺撒沙拉起源于（　　）。
    A. 美国　　　　　B. 英国　　　　　C. 法国　　　　　D. 墨西哥
28. 西餐宴会菜单的文字种类最多不超过（　　）种。
    A. 1　　　　　　B. 2　　　　　　 C. 3　　　　　　 D. 4
29. HACCP 体系自 20 世纪 60 年代在美国出现并于（　　）在某些领域率先成为法规后，得到了国际上的普遍关注和认可。
    A. 20 世纪 70 年代　　　　　　　　B. 20 世纪 40 年代
    C. 20 世纪 80 年代　　　　　　　　D. 20 世纪 90 年代
30. 法式餐饮服务中的主菜采取（　　）的原则。
    A. 左上右撤　　　B. 右上左撤　　　C. 右上右撤　　　D. 左上左撤
31. 宴会预订订金一般为总价的（　　）左右。
    A. 5%　　　　　B. 10%　　　　　C. 15%　　　　　D. 20%
32. 美国开创了（　　）菜肴。
    A. 火鸡　　　　　B. 沙拉　　　　　C. 牛肉　　　　　D. 家禽
33. 斟酒时，瓶口离杯口 1~2 厘米，斟（　　）分满即可。
    A. 六　　　　　　B. 七　　　　　　C. 八　　　　　　D. 九
34. 蟑螂在气温（　　）℃时最活跃。
    A. 20~28　　　　B. 22~30　　　　C. 24~32　　　　D. 26~34
35. 厨房设计布局决定厨房员工的（　　）。
    A. 工作环境　　　B. 工作速度　　　C. 工作效率　　　D. 工作质量
36. 餐厅应设计（　　）合理的标准菜单，进行促销推广。
    A. 样式　　　　　B. 成本　　　　　C. 价格　　　　　D. 数量
37. 进入食品操作间工作时，要做到三净，即工作服、工作帽、（　　）干净。
    A. 工作手套　　　B. 工作手帕　　　C. 工作口罩　　　D. 工作鞋
38. 法式烤羊腿、烤牛肉只需（　　）熟。
    A. 三四成　　　　B. 五六成　　　　C. 六七成　　　　D. 七八成
39. 正式宴会，点心、饮料、水果占宴会总成本的（　　）。
    A. 10%　　　　　B. 15%　　　　　C. 20%　　　　　D. 25%
40. 厨房操作人员（　　）穿戴整洁的白色工作衣、帽，不戴饰物、不涂指甲油、厨房内不吸烟。
    A. 无须　　　　　B. 统一　　　　　C. 经常　　　　　D. 保持

得　分	
评分人	

二、多项选择题（将正确答案的序号填入括号内，每小题1分，共10分）

1. 触电方式分为（　　）。
   A. 接触触电　　　B. 接触电压触电　　　C. 两相触电　　　D. 跨步触电
2. 冷餐会的要求是（　　）。
   A. 选料新鲜卫生　　　　　　　　　B. 整形菜肴完整无损
   C. 菜点原料要多样　　　　　　　　D. 菜点风格不同
3. 制作法式苹果挞需要用到的材料有（　　）。
   A. 面粉　　　　B. 鸡蛋　　　　C. 黄油　　　　D. 苹果
4. 意大利面有多种形状，如条状、（　　）等。
   A. 蝴蝶状　　　B. 螺旋状　　　C. 片状　　　D. 贝壳状
5. 俄式炒牛柳的质量标准有（　　）。
   A. 汤汁深红色　　B. 口味浓香　　C. 鲜嫩适口　　D. 盘内有少量余汁
6. 西式宴会服务方式有法式服务、（　　）和自助式服务。
   A. 俄式服务　　B. 美式服务　　C. 英式服务　　D. 综合式服务
7. 厨房大型设备应安装在（　　）、防火且便于操作的地方。
   A. 通风　　　　B. 干燥　　　　C. 明亮　　　　D. 靠窗
8. 熬制肉酱需要的原料有（　　）。
   A. 牛肉馅　　　B. 洋葱　　　　C. 西芹　　　　D. 胡萝卜
9. 制作汉堡牛扒需要用到的材料有（　　）。
   A. 牛肉馅　　　B. 洋葱　　　　C. 黄油　　　　D. 面包片
10. 西餐的就餐形式包括宴会、冷餐酒会、（　　）等。
    A. 热菜酒会　　B. 鸡尾酒会　　C. 自助餐　　　D. 点菜

得　分	
评分人	

三、判断题（将判断结果填入括号中。正确的填"√"，错误的填"×"。每题1分，共20分）

1. 德国人对饮食的要求不高，菜肴风格朴实无华、丰盛实惠。　　　　　　　　（　　）
2. 油炸锅的油都是反复使用的，所以不用清理。　　　　　　　　　　　　　　（　　）

3. 职业道德是人们在特定的职业活动中所应遵循的行为规范的总和。（   ）
4. 现代大型酒店西餐厨房组织的优点是节省劳动力，降低人工成本和经营成本，减少厨房占地面积，节省能源。（   ）
5. 红酒烩梨要保持梨的完好外形和脆嫩质地。（   ）
6. 冷餐会菜肴装盘，既要美观又要实用，既要丰富多彩又要便于取食。（   ）
7. 西餐中牛羊肉一般搭配白葡萄酒。（   ）
8. 法国菜代表的是精致、浪漫、高雅和昂贵。（   ）
9. 西点师与中餐厨师、西餐厨师并称为烹饪的三大职业。（   ）
10. 顾客的类型决定了菜单的格式。（   ）
11. 迎宾宴讲究四美：环境美、菜品美、器皿美、服务美，而餐具器皿的精美则更让人赏心悦目。（   ）
12. 一般社会型西餐厅规模较小，其西餐厨房根据菜肴生产的需要分为若干部门，每个部门由一名厨师负责生产及管理。（   ）
13. 提高产品创新能力，企业才能够跟得上时代的发展，从而提高企业的核心竞争力。（   ）
14. 鸡尾酒会除饮用各种鸡尾酒外，还备有其他饮料。（   ）
15. 在食品组成成分中，一般不含有害物质或有害物质含量极微，不对人体产生危害。（   ）
16. 厨房安全管理必须能通过细致的监督和检查，使厨房员工养成安全操作的习惯，确保厨房设备和设施的正确运行，避免事故的发生。（   ）
17. 组织指为了达到某种特定目的而结合起来的群体。（   ）
18. 意大利生牛肉片是用牛柳制作的。（   ）
19. 举办鸡尾酒会简单而实用，热闹、欢快且又适用于不同的场合。（   ）
20. 牛肉饼放入冰箱冷藏 1~2 小时后再煎制，可以使牛肉扒更好地结壳上色。（   ）

得　分	
评分人	

四、综合题（每小题 15 分，共 30 分）

1. 画出鸡蛋内部组成结构图。

2. 画出羊肉各部位的分解图。

参考答案

西式烹调师（技师）理论知识试卷标准答案

一、单项选择题

1. C 2. D 3. C 4. A 5. A 6. D 7. A 8. C 9. C 10. A
11. A 12. C 13. B 14. C 15. A 16. C 17. D 18. C 19. A 20. A
21. C 22. D 23. A 24. A 25. A 26. D 27. A 28. C 29. C 30. A
31. B 32. C 33. A 34. A 35. A 36. A 37. C 38. A 39. D 40. C

二、多项选择题

1. BD 2. CD 3. AC 4. AC 5. BD 6. ABCD 7. ABC
8. AB 9. AB 10. AD 11. ABCD 12. ABCD 13. CD 14. ABCD
15. ABCD 16. BD 17. ABCD 18. AC 19. ABC 20. ABCD

三、计算题

1. 宴会成本 = 参加宴会人数 × 每人的宴会费用标准 × 成本率

    = 参加宴会人数 × 每人的宴会费用标准 ×（1- 销售毛利率）

    =200 × 50 ×（1-55%）=4500（元）

2. 净料率 = 净料重 / 毛料重 ×100%

    4.8/3 × 100%=160%

四、简述题

1. 1）去头、颈、爪。先切除鸭子头部、脖子和鸭爪。

    2）取胸脯肉。用刀插入鸭胸，沿着胸腔骨剔下鸭胸肉，切除多余皮脂。

    3）取翅膀。将鸭翅向外拉开，从关节处切下鸭翅，将鸭翅尖的尖部切除。

    4）取腿部。将鸭腿向外拉开，从关节处切下鸭腿；腿肉可以进一步去骨使用，适宜制作肉卷、腿排。

2. 开酥由冷水面团和油面团组合制作而成，"面包油"和"油包面"都可。二者在操作时，流程大致相同，一般先将冷水面团和油面团处理成所需形状，再将两者互为表里进行包裹（两边对折包裹法、中间对折法、四角对折法），最后进行反复擀制和折叠（三折、四折），制成具有一定层次的面坯。

五、综合题

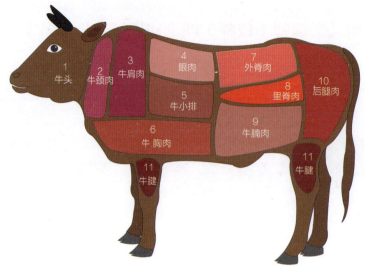

牛肉各部位的分解图

西式烹调师（高级技师）理论知识试卷标准答案

一、单项选择题

1. C   2. C   3. A   4. C   5. B   6. A   7. C   8. B   9. C   10. C
11. B 12. C 13. A 14. D 15. C 16. B 17. D 18. B 19. B 20. A
21. D 22. B 23. C 24. A 25. B 26. A 27. C 28. C 29. D 30. C
31. D 32. A 33. C 34. C 35. A 36. B 37. D 38. D 39. C 40. B

二、多项选择题

1. ABC   2. ABCD   3. ABCD   4. ABCD   5. ABCD
6. ABCD 7. AB   8. ABCD   9. ABCD 10. BCD

三、判断题

1. ×   2. ×   3. √   4. √   5. √   6. √   7. ×   8. √   9. √   10. ×
11. √ 12. √ 13. √ 14. √ 15. × 16. √ 17. √ 18. √ 19. √ 20. √

四、综合题

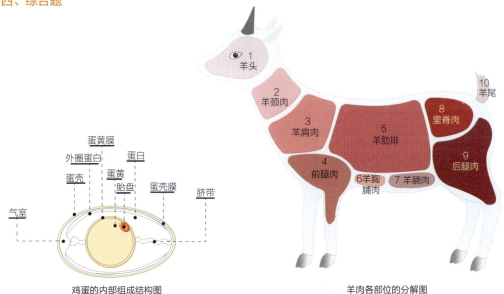

鸡蛋的内部组成结构图　　　　羊肉各部位的分解图

参考文献

[1] 李晓. 西式烹调工艺 [M]. 北京：科学出版社，2016.

[2] 赖声强，陈栋，王芳. 西式烹调师 [M]. 北京：中国劳动社会保障出版社，2020.

[3] 人力资源和社会保障部教材办公室，中国就业培训技术指导中心上海分中心，上海市职业技能鉴定中心. 西式烹调师：三级 [M]. 北京：中国劳动社会保障出版社，2015.

[4] 人力资源和社会保障部教材办公室. 西餐烹调技术 [M]. 北京：中国劳动社会保障出版社，2018.

[5] 蓝武强. 西餐烹饪基础 [M]. 沈阳：辽宁科学技术出版社，2018.

[6] 高海薇，边振明. 西餐工艺 [M]. 武汉：华中科技大学出版社，2021.

[7] 李祥睿，陈洪华. 西餐工艺学 [M]. 北京：中国纺织出版社，2019.

[8] 马基. 食物与厨艺：奶·蛋·肉·鱼 [M]. 蔡承志，译. 北京：北京美术摄影出版社，2013.

[9] 王森. 日本料理 [M]. 北京：中国轻工业出版社，2018.

[10] 王森. 名厨西餐 [M]. 北京：中国轻工业出版社，2018.

[11] 闫文胜. 西餐烹调技术 [M]. 2版. 北京：高等教育出版社，2012.

[12] 邹伟，李刚. 中式烹调技艺 [M]. 3版. 北京：高等教育出版社，2022.

[13] 陆理民. 西餐工艺与实训 [M]. 北京：中国旅游出版社，2013.

[14] 王秋明. 主题宴会设计与管理实务 [M]. 2版. 北京：清华大学出版社，2017.

[15] 白学彬. 瓜雕宝典 [M]. 福州：福建科学技术出版社，2018.

[16] 犀文图书. 盘饰基础技法 [M]. 北京：中国纺织出版社，2013.

[17] 杨顺龙. 蔬果切雕盘饰动物造型详解 [M]. 福州：福建科学技术出版社，2018.

[18] 曹永华，母建伟. 食品雕刻 [M]. 北京：科学出版社，2019.

[19] 孔令海. 餐饮食品装饰艺术造型设计 [M]. 北京：中国轻工业出版社，2013.

[20] 大卫·谷滋蔓，邱子峰. 星厨食物造型美学 [M]. 北京：中国轻工业出版社，2021.

[21] 刘澜江，郑月红. 主题宴会设计 [M]. 北京：中国商业出版社，2013.

[22] 马基. 食物与厨艺：面食·酱料·甜点·饮料 [M]. 蔡承志，译. 北京：北京美术摄影出版社，2013.

[23] 吉斯伦. 专业烹饪 [M]. 4版. 李正喜，译. 大连：大连理工大学出版社，2005.

[24] 王森. 时尚前卫分子美食 [M]. 青岛：青岛出版社，2012.